普通高等教育"十二五"规划教材（高职高专教育）

C#程序设计项目化教程

主　编　秦桂英　马海峰
副主编　朱　轩　苏宝莉
编　写　陈爱民　陈　桢　崔小慧
主　审　刘贤锋

中国电力出版社
CHINA ELECTRIC POWER PRESS

内 容 提 要

本书为普通高等教育"十二五"规划教材（高职高专教育）。本书以C#为开发语言，以Visual Studio 2010作为开发平台，数据库采用SQL Server 2005。全书围绕一个"学生选课管理系统"，通过精心设计的7个项目共43个任务，主要介绍了C#语言基础知识、分支结构和循环结构程序的设计方法、数组的应用、程序调试与异常处理方法、面向对象程序设计方法、Windows编程基础、控件应用、文件处理技术、ADO.NET数据库编程技术、应用程序的打包和部署等内容。内容详略得当，讲解深入浅出，通过"做中学、学中做"，使读者在明确要完成一个任务的前提下去学习知识，训练技能，边学边做，不断学习与提高，实践性很强。

本书可作为高等职业技术学院、高等专科学校、成人高校及本科院校中的二级职业技术学院计算机相关专业开设C#语言程序设计或面向对象Windows程序设计课程的教材，也可作各种计算机培训班学习C#语言的教材或编程爱好者的自学参考书。

图书在版编目（CIP）数据

C#程序设计项目化教程 / 秦桂英，马海峰主编. —北京：中国电力出版社，2013.12（2019.8重印）

普通高等教育"十二五"规划教材. 高职高专教育

ISBN 978-7-5123-5387-9

Ⅰ. ①C… Ⅱ. ①秦… ②马… Ⅲ. ①C 语言－程序设计－高等职业教育－教材 Ⅳ. ①TP312

中国版本图书馆 CIP 数据核字（2013）第 309622 号

中国电力出版社出版、发行

（北京市东城区北京站西街 19 号 100005 http://www.cepp.sgcc.com.cn）
三河市百盛印装有限公司印刷
各地新华书店经售

*

2013 年 12 月第一版 2019 年 8 月北京第二次印刷
787 毫米×1092 毫米 16 开本 16 印张 391 千字
定价 30.00 元

前　言

　　C#是微软公司开发的一种简洁、安全的面向对象的编程语言，是微软.NET 开发环境的重要组成部分。它是一种全新的编程语言，融合了 C++的强大功能及 Visual Basic 的易用性等优点。开发人员可以通过它编写在.NET Framework 上运行的各种安全可靠的应用程序，如控制台应用程序、Windows 窗体应用程序和 Web 应用程序等。C#凭借其强大的操作能力、优雅的语法风格、简单易用的编程界面及高效的代码编写方式，深受广大编程人员的喜爱。

　　随着.NET 技术的广泛应用，很多开设.NET 方向的高职院校陆续将 C#作为必修的程序设计语言。为了帮助高职院校的老师系统、全面地讲授这门课程，快速引导学生进入 Visual C#的编程世界，编者结合近年来的教学实践和编程经验，根据高职学生的认知规律精心编写了此书。

　　本书打破"章、节"编写模式，按任务驱动的项目教学的思路进行编写，建立了以项目为导向、用工作任务进行驱动的教材体系，力求使学生在探索实践的过程中迅速掌握使用 Visual C#进行应用程序设计的必备知识和技巧。全书围绕"学生选课管理系统"，分别介绍了如何使用 C# Visual Studio 2010 开发平台创建控制台应用程序实现简单的学生选课管理系统和创建 Windows 应用程序实现学生选课管理系统。各个项目的任务逐步递进，由浅入深，一步一步带领学生在完成项目任务的过程中掌握知识的应用，并能举一反三。各项目任务经过集成后，最终可构成一个完整的学生选课管理系统应用程序，并能完成整个系统的打包与部署。

　　本书根据高职学生的特点，结合高职高专的培养目标，以项目为主线，精心编排内容，讲解深入浅出。本书共 7 个项目，含 43 个任务。具体内容如下。

　　项目 1 介绍了 C#编程环境和 C#语言的基本语法知识，这部分是学习编程的入门知识，主要为后续内容奠定基础。项目 2 介绍了程序调试及异常处理方法。项目 3 主要讲解如何通过 C#语言进行面向对象编程，这部分对建立学生面向对象的编程思维非常重要，面向对象编程的三大特征——封装、继承、多态都得到了很好的讲解和应用。项目 4 介绍了如何通过 C#语言在 Visual Studio.NET 集成开发环境下开发 Windows 窗体应用程序。项目 5 介绍了.NET 框架中的文件处理技术。项目 6 介绍了 ADO.NET 数据库访问技术。项目 7 介绍了应用程序的打包和部署。

　　作为面向高职高专学生的教材，本书具有以下特点。

　　（1）本书根据高职学生的特点，重视基础内容，突出实用性，采用任务驱动的模式，注重培养学生的实践操作能力，促进了"教、学、做"一体化教学，使读者能学以致用。

　　（2）由浅入深，易学易懂。本书所选项目从最基础的 C#基本语句编写到面向对象程序设计，再到 Windows 窗体程序设计、数据库编程等，内容由浅入深，读者学习时可以没有任何编程基础，可以从最基础的知识点开始学习。

　　（3）讲解通俗易懂，步骤详细。本书的每个项目都有完整的开发流程，每个任务的开发步骤都以通俗易懂的语言进行描述。

（4）内容衔接合理，强调知识体系的连续性。在项目实施过程中，各任务逐步递进，能让读者对知识点应用有连贯性，而非孤立地掌握和应用各个知识点。可以解决为什么用以及如何用的问题。

（5）以一个完整项目贯穿始终。通过一个完整项目的实施，可以让读者体会使用 C# Visual Studio 2010 开发平台创建 C#应用程序的全过程，在做和学的过程中更好地理解软件工程设计的思想，培养工程应用能力和项目构建能力，很好地体现了高职特色。

本书由常州机电职业技术学院秦桂英、马海峰主编，朱轩、苏宝莉副主编。参加本书编写的还有陈爱民、陈桢、崔小慧。其中项目 1 由马海峰编写，项目 2 由陈爱民、崔小慧编写，项目 3 由苏宝莉编写，项目 4、项目 5 由秦桂英编写，项目 6 由朱轩编写，项目 7 由陈桢编写。全书由秦桂英统稿，由刘贤锋主审。

限于时间和编者水平，书中不妥或疏漏之处在所难免，恳请广大读者提出批评和建议。

编　者

2013 年 9 月

目　　录

项目1　C# 基 础 编 程

本项目主要介绍 C#语言、.NET 框架、Visual Studio.NET 开发环境的使用、C#语言的基础语法知识。

【主要内容】

◇ 什么是 C#语言和.NET 平台
◇ 使用 Visual Studio 2010 创建 C#应用程序的方法
◇ C#数据类型
◇ 数据输入、输出
◇ 运算符与表达式
◇ 选择结构与循环结构
◇ 使用数组

【能力目标】

◇ 了解 C#语言、认识.NET 框架的组成
◇ 熟悉 C#编程环境，能创建并运行简单的控制台应用程序
◇ 了解数据类型、会定义变量和常量
◇ 掌握 C#中数据输入/输出方法
◇ 掌握 C#中运算符、表达式及控制语句的使用方法
◇ 会使用数组处理相同类型的数据

【项目描述】

本项目使用 Visual Studio 2010 集成开发环境开发简单的 C#控制台应用程序，涉及知识点有：C#数据类型与类型转换、数据的输入/输出方法、运算符和表达式的应用、选择结构与循环结构在程序中的应用、数组的应用等。

模块1　初识 C#语言与.NET 平台

本模块主要介绍 C#语言和.NET 平台的概念、开发.NET 应用程序的运行环境，以及 C#语言的语法知识。

.NET 平台构建于开放的 Internet 协议和标准之上，并提供工具和服务以新的方式整合计算和通信。.NET 平台既是一个软件开发环境，也是一个软件运行环境。它是微软公司提出的新一代软件开发模型，是一种面向网络，支持各种用户终端的开发平台环境，是生成、部署和运行所有.NET 应用程序的基础。

.NET 平台的主要内容是.NET 框架（Microsoft.NET Framework），其用于构建 Windows、

Windows store、Windows Phone、Windows Server 等应用程序。.NET 框架实际上是一个运行在 Windows 系统操作系统上的一个系统应用程序，它采用一种全新的网络计算机模式，通过标准的 Internet 协议如 XML 和 SOAP 等，解决了异质平台上的分布式松耦合计算问题。

C#（读作 C sharp）是 Visual Studio.NET 中引入的一种新型编程语言。它是由 C 和 C++ 语言发展而来的，具有更简单、更先进、类型安全及面向对象等特点。

任务 1   了解.NET 框架、Visual Studio .NET 集成开发环境

📢 学习目标

 ◇ 了解 C#语言与.NET Framework
 ◇ 掌握 Visual Studio 2010 集成开发环境的安装和使用

✎ 任务描述

本项目将创建一个控制台应用程序和一个 Windows 应用程序。通过本项目的练习，让读者熟悉 C#语言和 Visual Studio .NET 集成开发环境，并掌握创建 C#应用程序的方法和步骤。

🔧 知识准备

1．.NET Framework 和 c#语言

（1）.NET Framework 概述。.NET Framework（简称.NET 框架）是由微软公司提出的新一代软件开发模型，是一种面向网络，支持各种用户终端的开发平台环境，是生成、部署和运行所有.NET 应用程序的基础。该框架为开发人员提供了统一的、面向对象的、分层的和可扩展的类库集（API）。

.NET Framework 平台包括 C#和 Visual Basic 等编程语言、公共语言运行库和广泛的类库。公共语言运行库和.NET Framework 类库是其中两个主要组件。.NET Framework 架构如图 1-1 所示。

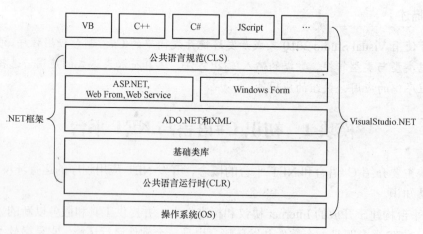

图 1-1   .NET Framework 架构

公共语言运行库（Common Language Runtime）简称 CLR，是.NET Framework 的基础，负责管理运行 C#语言生成的程序文件，直接与 Windows 操作系统交互。CLR 提供内存管理、

线程执行、代码执行、代码安全验证、编译和其他系统服务，这些功能是在公共语言运行库上运行的托管代码所固有的。

.NET Framework 类库是一个与公共语言运行库紧密集成的可重用的类型集合，包括各种类、接口和值类型，提供了对系统功能的访问，是建立.NET Framework 应用程序、组件和控件的基础。.NET 类库简化了.NET 应用程序的开发，可以使用它开发多种应用程序和服务。这些应用程序包括传统的命令行（控制台应用程序）或 Windows GUI 应用程序（Windows 窗体），也包括 ASP.NET 应用程序、Web 服务、Windows 服务等。

（2）C#语言简介。C#语言是微软公司在 2000 年 7 月发布的一种全新的程序设计语言，主要用于开发可以在.NET 平台上运行的应用程序。C#是从 C 和 C++派生出来的一种简单、现代、面向对象和类型安全的编程语言，其语言体系都构建在.NET 框架上，并且能够与.NET 框架完美结合。

微软公司对 C#的定义："C#是一种类型安全的、现代的、简单的，由 C 和 C++衍生出来的面向对象的编程语言，它是牢牢根植于 C 和 C++语言之上的，并可立即被 C 和 C++的使用者所熟悉。"

C#语言具有如下特点。

1）语法简洁。C#语法表现力强，关键字不到 90 个，而且简单易学。C#在带来快速开发应用程序的能力的同时，并没有去掉 C 与 C++所具有的优良特性，它继承了 C 和 C++的特点，简化了 C++语言在类、命名空间、方法重载和异常处理等方面的操作，摒弃了 C++的复杂性，更易用，更少出错。

2）更加安全。C#语言不运行指针，不允许直接的内存操作。一切对内存的访问都必须通过对象的引用变量来实现，只允许访问内存中允许访问的部分，这就防止病毒程序使用非法指针访问私有成员，也避免指针的误操作产生的错误。C#不再支持多重继承，避免了以往类层次结构中由于多重继承带来的可怕后果。.NET 框架为 C#提供了一个强大的、易用的、逻辑结构一致的程序设计环境。同时，公共语言运行时（Common Language Runtime）为 C#程序语言提供了一个托管的运行时环境，使程序比以往更加稳定、安全。

3）体现面向对象设计。C#语言是完全面向对象的，具有面向对象语言所应有的一切特性：封装、继承和多态。

4）与 Web 紧密结合。C#支持绝大多数的 Web 标准，如 HTML、XML、SOAP 等。

5）强大的安全机制。可以消除软件开发中的常见错误（如语法错误），.NET 提供的垃圾回收器能够帮助开发者有效地管理内存资源。

6）兼容性。因为 C#遵循.NET 的公共语言规范（CLS），从而保证能够与其他语言开发的组件兼容。

7）灵活的版本处理技术。因为 C#语言本身内置了版本控制功能，使得开发人员可以更容易地开发和维护。

8）完善的错误、异常处理机制。C#提供了完善的错误和异常处理机制，使程序在交付应用时能够更加健壮。

2. Visual Studio .NET 集成开发环境

（1）Visual Studio .NET 集成开发环境。Visual Studio .NET 是微软公司推出的开发环境，是目前最流行的 Windows 平台应用程序开发环境之一。Visual Studio .NET 提供了一整套的

4   C#程序设计项目化教程

开发工具，可以生成 ASP.NET Web 应用程序、Web 服务应用程序，也可以创建 Windows 平台下的 Windows 应用程序和移动设备应用程序。Visual Studio 整合了多种语言，如 Visual Basic、Visual C#、Visual C++等，使开发人员在一个相同的开发环境中自由的发挥自己的长处。并且，还可以创建混合语言的应用程序项目。目前已经开发到 10.0 版本，也就是 Visual Studio 2010（简称 VS 2010）。

Visual Studio 2010 的 IDE 为 Visual Basic.NET、Visual C#.NET、Visual C++.NET 等提供了统一的集成开发环境，拥有强大的功能。了解并掌握这些功能可以帮助用户快速有效地建立应用程序。

（2）安装 Visual Studio 2010 系统的必备条件。安装 Visual Studio 2010 之前，首先要了解安装 Visual Studio 2010 所需的必备条件，检查计算机的软硬件配置是否满足 Visual Studio 2010 开发环境的安装要求，具体要求如表 1-1 所示。

表 1-1　　　　　　　　　　　安装 Visual Studio 2010 所需的必备条件

软　硬　件	描　　述
处理器	1.6GHz 处理器，建议使用 2.0GHz 双核处理器
RAM	1GB，建议使用 2GB 内存
可用硬盘空间	系统驱动器上需要 5.4GB 的可用空间，安装驱动器上需要 2GB 的可用空间
CD-ROM 驱动器或 DVD-ROM	必须使用
显示器	分辨率 800×600 像素，256 色，建议使用 1024×768，增强色 16 位
操作系统	Windows Server 2003（SP2）、Windows Vista、Windows 7

任务实施

步骤 1：启动 Visual Studio 2010。

单击"开始"按钮，选择"所有程序"→Microsoft Visual 2010→Microsoft Visual 2010 命令，打开 Visual Studio 2010 集成开发环境，首先出现的是"起始页"窗口，如图 1-2 所示。

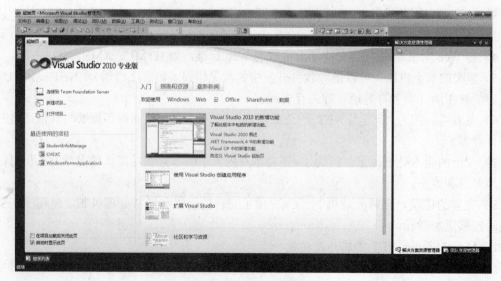

图 1-2　"起始页"窗口

"起始页"是进入 Visual Studio 的入口屏幕，为用户提供了一个中心位置来设置集成开发环境的参数、阅读文档、或进行其他操作。例如：

- 最近使用的项目：列出了最近打开过的项目，可以在项目列表中进行选择，打开相应的项目。也可以通过"打开项目"和"新建项目"按钮，打开或创建一个新项目。
- 指南和资源：提供学习帮助相关链接。

步骤 2：显示/隐藏起始页。

在默认情况下，每次 Visual Studio 2010 启动时都会显示起始页。可以通过"工具"→"选项"命令打开"选项"窗口，在左侧选择"启动"，在右侧设置启动时显示空环境，则下次启动 Visual Studio 2010 时将不显示起始页。如果起始页不可见，还可以选择"视图"菜单，在弹出的对话框中选择"其他窗口"→"起始页"打开起始页。

任务 2　创建控制台应用程序——显示"欢迎使用学生选课管理系统"

学习目标
◇ 掌握控制台应用程序的创建与运行
◇ 掌握 Windows 应用程序的创建与运行

任务描述
使用 Visual Studio 2010 创建控制台应用程序，显示学生选课管理系统的初始界面，显示欢迎信息和功能菜单。运行界面如图 1-3 所示。

图 1-3　学生选课管理系统运行界面

知识准备

1. 创建项目

用 Visual Studio 2010 开发的所有应用程序都是通过解决方案（扩展名：sln）和项目来组织和管理应用程序的文件。解决方案是一个逻辑上的容器，它包含构成应用程序的项目和文件。项目是 Visual Studio 的基本组织构件，文件、资源、引用以及其他应用程序构件在这里被组织起来。一个解决方案中可包含一个或多个项目，除项目外，解决方案中还可包含其他独立于项目的文件。这些文件分为两类：一类是在解决方案中由多个项目共享的文件，它们将被生成到应用程序中；另一类是杂项文件，它们不会被生成到应用程序中，而仅仅是被解决方案引用但不属于解决方案。

解决方案和项目的所有管理操作都可以通过"解决方案资源管理器"窗口来完成，在"解决方案资源管理器"窗口中，解决方案和它所包含的项目被组织成一个层次结构。

在 Visual Studio 中执行"文件"→"新建"→"项目"命令，打开"新建项目"对话框，如图 1-4 所示。

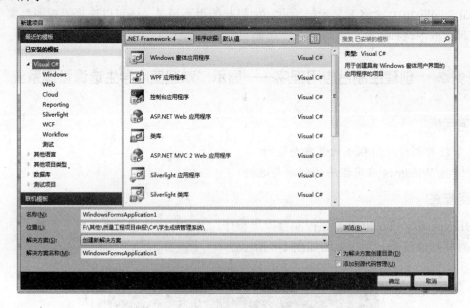

图 1-4 "新建项目"对话框

在该对话框中，项目类型选择"Visual C#"，模板选择"控制台应用程序"或"Windows应用程序"，指定项目保存的名称及路径，单击"确定"按钮。新建项目后，可以看到 C#应用程序的开发环境由若干个窗口组成，如图 1-5 所示。

2. 编辑源程序

在代码编辑窗口中，修改 Program.cs 的代码如下。

```
class Program
{    static void Main(string[] args)
    {    Console.WriteLine("Hello World!");
        Console.ReadLine();
    }
}
```

3. 编译、运行程序

可以采用以下三种方式。

（1）单击"调试"→"开始执行（不调试）"命令，或按 Ctrl+F5 键启动程序不进行调试。

（2）单击"调试"→"启动调试"命令，或按 F5 键启动程序调试。

（3）单击工具栏中的三角按钮启动程序。

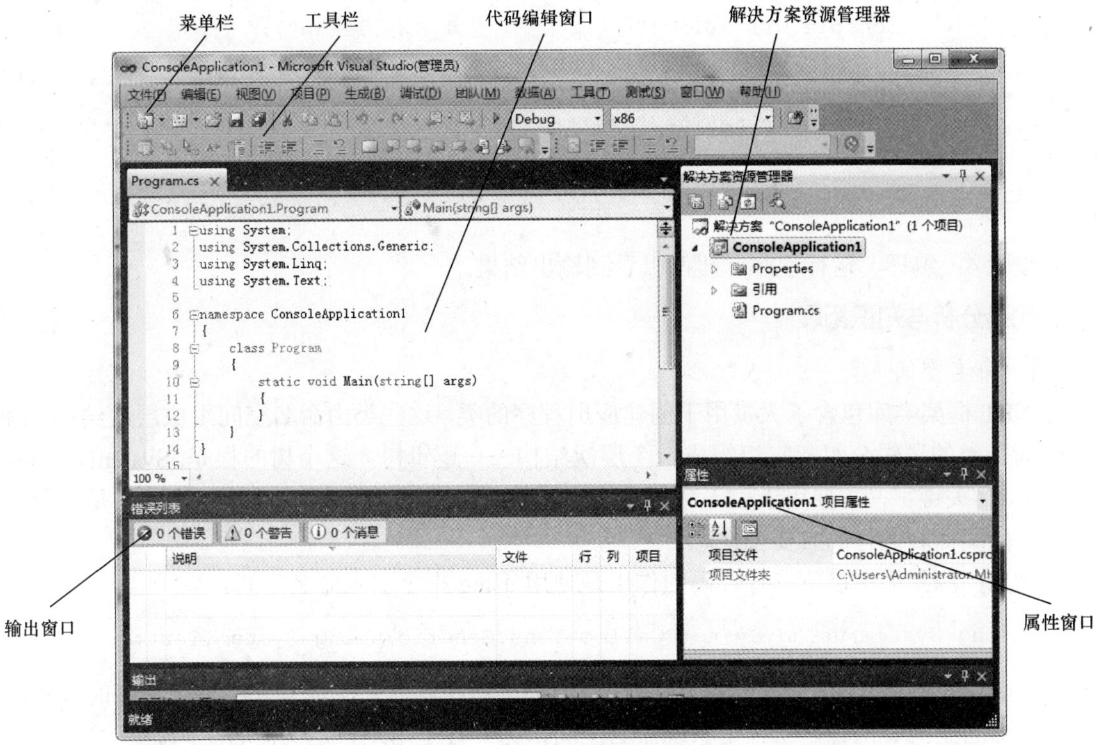

图 1-5　C#控制台应用程序主窗口

任务实施

步骤 1：单击“开始”→“程序”→Microsoft Visual Studio 2010 命令，打开 Microsoft Visual Studio 2010。

步骤 2：执行“文件”→“新建”→“项目”命令，打开“新建项目”对话框，在该对话框中，项目类型选择“Visual C#”，模板选择“控制台应用程序”，项目名称为“E1_2”，并选择保存路径。选中“创建解决方案的目录”复选框，单击“确定”按钮。

步骤 3：在代码编辑窗口中，自动生成了 Program 文件的框架，在 Main( )方法中编写以下代码。

```
using System;
using System.Collections.Generic;
using System.Linq;
using System.Text;
namespace E1_2
{class Program
   {
   static void Main(string[] args)
      {
         Console.WriteLine("\n       欢迎使用学生选课管理系统");
         Console.WriteLine("\n\n************************************");
         Console.WriteLine("        1、添加学生\n");
         Console.WriteLine("        2、修改学生\n");
         Console.WriteLine("        3、查询学生\n");
```

```
        Console.WriteLine("                    4、浏览学生\n");
        Console.WriteLine("                    5、删除学生\n");
        Console.WriteLine("                    6、退出系统\n");
        Console.WriteLine("*****************************************");
    }
  }
}
```

步骤 4：编译、运行程序，即可以看到输出结果。

📖 代码分析与知识拓展

1. 命名空间

.NET 框架类库包含了大量用于创建应用程序的类，这些类由命名空间组成层次结构。命名空间是类的逻辑分组，它组织成一个层次结构——逻辑树，这个树的根是 System。using 是一个 C#关键字，主要用于引入命名空间。using 语句通常位于程序的第一行，它是让程序得以正确编译和运行的必要条件。

例如，源程序中以下三行代码的作用是使用 using 指令引入命名空间。

```
"using System;using System.Collections.Generic;using System.Text;"
```

命名空间既是 Visual Studio 提供系统资源的分层组织方式，也是分层组织程序的方式。因此，命名空间有两种，一种是系统命名空间，另一种是用户自定义命名空间。

（1）引入系统命名空间。应用程序要用到各种.NET 类库中的类，必须在源程序最前面使用 using 指令引入类所在的命名空间。例如，System 是 Visual Studio .NET 中的最基本的命名空间，表示基本类库，包含提供输入/输出、字符串操作、图像、网络通信、安全性管理、文本管理等标准功能的类。在创建项目时，Visual Studio 平台都会自动生成导入该命名空间的代码 using System;，并且放在程序代码的起始处，它向编译器提供了 System 名称空间中定义的类型信息。

（2）引入用户自定义命名空间。命名空间还用于在 C#应用程序中定义作用域，通过命名空间的声明，程序员可以为 C#应用程序提供一个层次结构。

例如，代码中"namespace E1_2"表示声明命名空间。

C#中用户定义源代码通常包含在与当前项目同名的命名空间中。用户也可以通过关键字 namespace 声明一个命名空间，然后在这个命名空间内定义自己的类。整个命名空间中的内容被包含在一对大括号{ }中。

在其他命名空间中，如果要使用 E1_2 命名空间中的类，必须使用以下语句进行引入。

```
using   E1_2;
```

2. C#程序结构

（1）在"解决方案资源管理器"窗口中，有一个 Program.cs 文件，该文件是控制台应用程序的主文件。因为该文件包含一个 Main( )主方法，主方法是程序执行的入口，程序启动时，将最先执行 Main( )中的代码。

（2）位于 System 名称空间下的 Console 类提供了各种从控制台窗口输入/输出的方法。如 Write( )和 WriteLine( )、Read( )等。

3. 创建 Windows 应用程序

也可以使用 Visual Studio 2010 创建 Windows 应用程序。在新建项目时，模板应选择"Windows 应用程序"，其他操作与创建控制台应用程序类似。Windows 应用程序的开发界面如图 1-6 所示。关于 Windows 应用程序的开发将在项目 4 中介绍。

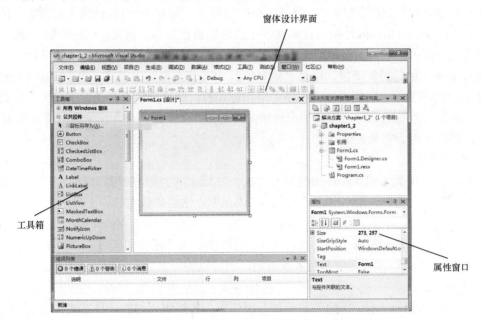

图 1-6　Windows 应用程序开发界面

模块 2　了解 C#语法基础

每一种程序设计语言都有自己的编码规则，C#语言也不例外。下面简单介绍 C#程序的基本语法规则。

1. 标识符

在 C#中，标识符是用来标识变量名称、常量名称、方法名称、数组名称、类名称、属性名称等的有效字符序列。使用标识符时，要尽量简洁，以使读者见名知意。

C#标识符的组成规则如下。

（1）由字母、下划线（_）或数字组成。标识符允许使用"@"开头，它表示标识符与所保留的关键字相同。

（2）C#中标识符一般以字母或下划线（_）开头。

（3）最大长度为 255 个字符。

（4）不能有空格。

（5）不可以使用 C#中的关键字。

（6）区分大小写。

在.NET 命名空间中有 PascalCase 和 CamelCase 两种标识符命名方式，一种是 Pascal 大小写，将标识符的首字母和后面连接的每个单词的首字母都大写。另一种是 Camel 大小写，标识符的首字母小写，而后面连接的每个单词的首字母都大写，如 backColor。

通常，对程序中的简单变量采用 CamelCase 命名方式，而对于较高级别的命名规则，如用户自定义的函数、类、属性等，使用 PascalCase 命名方式。

2. 关键字

在 C#代码中常常使用关键字，关键字也叫保留字，是对 C#有特殊意义的预定义的字符串。关键字在 Visual Studio 环境的代码视图中默认以蓝色显示。例如，代码中的 using（用于引用命名空间的关键字）、namespace（用于声明名称空间的关键字）、class（类关键字，用于定义类）、new（运算符关键字，用来创建对象）、if（分支语句关键字，用于实现选择结构）等，均为 C#的关键字。它们不能在程序中用作标识符，即不能将这些关键字作为用户自定义的变量、函数、类等的名称，除非加上前缀@。例如，@if 是一个合法的标识符，而 if 不是合法的标识符，因为它是关键字。

3. 类和方法

C#中，必须用类来组织程序的变量与方法，"Main" 方法是应用程序的入口。C#要求每个程序必须有且只能有一个 "Main" 方法。"Main" 方法必须放在某一个类中。

4. 语句

C#代码由一系语句组成，语句就是 C#应用程序中执行操作的指令。C#中的语句必须用分号 ";" 结束。可以在一行中书写多条语句，也可以将一条语句书写在多行上。

5. 大括号

在 C#中，大括号 "{" 和 "}" 是一种范围标志，是组织代码的一种方式，用于标识应用程序中逻辑上有紧密联系的一段代码的开始与结束。大括号可以嵌套，以表示应用程序中的不同层次。

由大括号括起来的一系列语句构成块，又称代码块。代码块可以包含任意多条语句，或者根本不包含语句。在代码块中声明的变量或常量只可用于同一代码块中的语句。例如，以下循环语句的循环体就是一个代码块，其中的变量 i 的作用范围局限于 while 循环语句内。

```
while(true)
{
    int i=0;
    ......
}
```

注意：大括号字符不需要附带分号。

6. C#程序的格式

（1）缩进与空格。缩进用于表示代码的结构层次，缩进不是必须的，也不强制要求，但是缩进可以清晰地表示程序的结构层次，在程序设计中应该使用统一的缩进格式书写代码。空格有两种作用，一种是语法要求，必须遵守，一种是为使语句不至于太拥挤。例如，int i = 3。

另外，在 C#中，圆点 "."、分号 ";"、大括号 "{}" 和空格都有特殊的分隔作用，我们将其统称为分隔符。

（2）字母大小写。C#中的字母可以大小写混合，但是必须注意的是，C#代码是区分大小写的，即把同一字母的大小写当做两个不同的字符对待。例如，"C Sharp" 与小写 "c Sharp"

是不同的字符串。

（3）注释。编写注释能方便阅读代码。注释不是强制，但良好的注释习惯可让代码更加优雅和可读。C#中的注释基本有两种，第一种是单行注释，第二种是多行注释（又称块注释）。单行注释以双斜线"//"开始，不能换行。多行注释以"/*"开始，以"*/"结束，可以换行。例如：

```
//单行注释,一般对单个语句进行注释。
/* 多行注释 */。
```

此外，C#还可以根据特定的注释自动创建 XML 格式的文档说明，C#编译器将代码中的文档注释处理到 XML 文件中，这类注释是以三个斜杠（///）开始的单行注释。

任务1　使用数据类型处理学生基本信息

📢 学习目标

- ✧ 掌握常量、变量的定义与使用
- ✧ 了解 C#中数据类型
- ✧ 掌握数据类型的转换

✏ 任务描述

在学生选课管理系统中，学生的基本信息有姓名、学号、性别、班级、年龄、兴趣爱好、入学时间等，必须声明变量用来表示学生各项基本信息。

📌 知识准备

1. 变量

变量是在程序运行过程中其值会发生变化的量。变量是 C#程序中的基本存储单元，变量包括变量名、变量的值、变量类型、变量作用域等要素。

（1）变量名。变量名必须是合法的标识符，为变量起名时要遵守以下规范。

1）变量名只能由字母、数字和下划线组成，而且不能包含空格、标点符号、运算符等其他符号。

2）变量名必须以字母或下划线开头。

3）大小写敏感。

4）变量名不能与C#中的库函数名、关键字、或运算符相同，允许在标识符前加上"@"前缀。

通常，简单变量名首单词小写，其余单词首字母大写，如 age、dateOfBirth。

（2）变量的值。变量的值表示变量的名称所指向的内存空间中存储的内容。变量必须先定义后使用。所谓定义是要告诉编译器它是一个什么样的变量。

变量定义的形式如下。

```
[访问修饰符]　数据类型　变量名[=初始值];
例如:
int    a=20,b=30;              //声明 int 类型变量,并赋初始值
double    f;                   //声明 double 类型变量
```

变量的访问修饰符限制了变量的可见性，可以用 public、protected、private、internal、protected internal 等来限制。public 修饰的变量允许任何地方对它的访问，private 修饰的变量只能在它所属的类中被访问，protected 修饰的变量只能在它所属的类中被访问，或在该类的派生类中被访问，如果不使用修饰符，默认情况下为 private。

注意：变量在使用前必须被赋值，如果使用未赋初始值的变量将会导致编译错误。变量可以在定义时被赋值，如前例中变量 a 和 b，也可以在定义时不赋值，在程序代码中使用赋值语句直接对变量进行赋值。例如：

f=20.5;

对于一些类中的数据成员变量，如果声明变量的时候没有给变量赋初始值，变量会带有默认的初始值。默认初始值如表 1-2 所示。

表1-2   变量默认初始值

值 类 型	默认初始值
数值类型（decimal/double/float/int/long/short/byte 等）	0 或 0.0
bool	false
char	'\0'
enum	0
string	空字符串
object	null

（3）变量类型。变量类型决定何种类型的数据可以被存储在这个变量中、数据的取值范围，以及什么样的操作可以被执行。例如，表示年龄的变量一定是整型数。

（4）变量的作用域。变量的作用域也称变量的作用范围，是可以访问该变量的区域。变量的作用域一般是由变量声明的位置决定的。

变量的作用域大致分为以下几种：静态变量作用域、实例变量作用域、方法参数作用域、局部变量作用域和异常处理参数作用域。

1）静态变量作用域。带有 static 修饰符声明的成员变量为静态成员变量，该变量可以为其所在类的所有实例共享。也就是说当某个类的实例修改了静态成员变量，其修改值为该类的其他所有实例所见。

2）实例变量作用域。不带 static 修饰符声明的变量为实例成员变量，作用域为包含该成员的类。

3）方法参数作用域。方法参数变量只在该方法的语句块内有效，当该参数被调用时，它的生命周期开始，方法执行完毕，它的生命周期结束。

4）局部变量作用域。局部变量在其被定义的位置开始起作用，直到该局部变量被定义的语句块执行结束为止。

5）异常处理作用域。异常处理参数变量的作用域只在错误处理语句块内（即 catch 语句块内）存在。

2. 常量

常量是在程序运行过程中其值保持不变的量, 其类型可以是任何一种值类型或引用类型,如整型常量、浮点型常量、布尔型常量、字符型常量及对象引用常量等。为了便于识别，常量名一般全部采用大写。

定义一个常量，其语法格式如下：

```
[修饰符]  const   数据类型    常量名=表达式;
```

例如：

```
const   double  f=2.5;
```

注意：常量必须在声明的时候被初始化，一经初始化了，就不能改变。

例如，以下代码列出了定义常量的合法与非法情况。

```
const double  PI=3.1415926L;           //合法。声明了一个常量,并完成了初始化
const double PI;                       //非法。在该语句中必须为 PI 赋值
```

3. 数据类型

C#里面的数据类型分为两种：值类型和引用类型。

（1）值类型。值类型包括简单值类型和复合型类型。简单值类型可以再细分为整数类型、字符类型、实数类型和布尔类型；而复合类型则是简单类型的复合，包括结构（struct）类型和枚举（enum）类型。

1）整数类型。整数类型是值类型中的一种，C#支持八个预定义的整数类型，表 1-3 列出了 C#中的所有整数类型。

表 1-3　　　　　　　　　　　　　　整 数 类 型

数据类型	说 明	取值范围	.NET 系统类型
sbyte	有符号 8 位整数	−128～127	SByte
byte	无符号 8 位整数	0～255	Byte
short	有符号 16 位整数	−32 768～32 767	Int16
ushort	无符号 16 位整数	0～65 535	UInt16
Int	有符号 32 位整数	−2 147 489 648～2 147 483 647	Int32
uint	无符号 32 位整数	0～42 994 967 295	UInt32
long	有符号 64 位整数	-263～263	Int64
ulong	无符号 64 位整数	0～264	UInt64

如果一个整数没有进行任何明确的声明，默认为是 int。为了指定并区分输入的值为其他类型，可在数字后加上对应字符。如 uint 类型在数字后加字符 U，long 类型在数字后加 L。

2）字符类型。C#中采用 Unicode 字符集来表示字符类型，一个 Unicode 字符为 16 位长，它可以用来表示世界上大多数的语言。

字符必须用单引用引起来，可以按以下方法给一个字符变量赋值。

```
char   c1 = 'A';                       //一个简单字符
char   c2 ='中'                        //表示一个汉字
```

也可以通过十六进制转义符（前缀\x）或 Unicode 表示法（前缀\u）给变量赋值，例如：

```
char  c3 = '\x0065';
char  c4 = '\u0065';
```

常见转义字符如表 1-4 所示。

表 1-4   常 见 转 义 字 符

转 义 字 符	含 义	值（Unicode）
\'	单引号	0x0027
\"	双引号	0x0022
\\	反斜杠	0x005C
\0	空字符	0x0000
\a	警铃	0x0007
\b	退格	0x0008
\f	换页	0x000C
\n	换行	0x000A
\r	回车	0x000D
\t	水平制表	0x0009
\v	垂直制表	0x000B

注意：.NET 中，不允许将 char 类型和 8 位的 byte 类型进行隐式转换。例如：

```
byte  n='a';                    //错误提示:无法将类型"char"隐式转换为"byte"
```

但是，可以运用显式转换。例如：

```
byte  n = (byte)'a';
```

3）实数类型。实数类型有 float、double 和 decimal 三种类型，分别叫单精度、双精度和固定精度类型，表 1-5 列出了实数类型。

表 1-5   实 数 类 型

数据类型	说明	取值范围	.NET 系统类型
float	32 位单精度实数	$1.5×10^{-45}\sim3.4×10^{38}$	System.Single
double	64 位双精度实数	$5.0×10^{-324}\sim1.7×10^{308}$	System.Double
demcimal	128 位十进制实数	$1.0×10^{-28}\sim7.9×10^{28}$	System.Decimal

如果一个实数没有进行任何明确的声明，则默认是 double 类型，若想指定为 float 类型，可以在其后面加字符 f 或 F。例如：

```
double   d=2.5f;
```

4）布尔类型。布尔类型的关键字是 bool，对应于.NET 类库中的 System.Boolean 结构，它在计算机中占 4 字节，即 32 位存储空间。布尔类型表示逻辑变量，只有两种取值："真"和"假"。在 C#中，分别采用 true 和 false 两个值来表示。在程序中主要用作条件判断，或实现分支结构。

这里要特别注意区别：在 C 和 C++中，用 0 来表示"假"，其他任何非 0 的式子都表示

"真"。由于在.NET 中引入了类型安全机制，在 C#中 bool 类型不能和任何整数值进行转换。即在 C#中，true 值不能被其他任何非零值所代替。例如，以下将整数类型转换成布尔类型是不合法的。

```
bool x=1                              //错误,不存在这种写法。
bool x=true 或 x=false                //正确,可以被执行
```

5）结构类型。在实际应用中，一组相关的数据可能是相同类型的，也有可能是不同类型的。例如，描述一个学生的基本信息：学号、姓名、性别、年龄……。各项数据类型不一致，但各项数据又是相关的，且往往要作为一个整体来应用，这时就需要一种类型来定义一系列相关的数据，这种类型就是结构类型。结构类型中的每个变量称为结构的成员。

结构类型用 struct 进行声明，声明结构类型的语法格式如下。

```
struct 结构名称
{
    结构成员定义;
}
```

例如，以下结构类型描述的是学生的基本信息。

```
struct person
{
    String  name;                     //姓名
    int     age;                      //年龄
    string  sex;                      //性别
}
```

声明结构类型后，就可以声明该结构类型的结构变量。声明结构变量的语法格式如下。

```
结构名称　变量名称;
```

例如：

```
person  p1,p2;
```

要访问结构变量的某个成员，可以采用以下格式来完成。

```
变量名称.成员名称
```

例如：

```
p1.name 表示 p1 变量的姓名。
```

6）枚举类型。枚举类型实际上为一组在逻辑上密不可分的整数值提供一个便于记忆的符号。

枚举类型用关键字 enum 来定义。

例如，以下代码声明一个代表星期的枚举类型，并声明一个该类型的变量 day。

```
enum Weekday
{
Sunday,Monday,Tuesday,Wednesday,Thursday,Friday,Saturday
};
Weekday  day;
```

编译系统对枚举元素按常量处理，程序中不能对枚举元素进行赋值操作。

（2）引用类型。C#预内置了两种引用类型：Object 类型和 String 类型。在 C#的统一类型系统中，所有类型包括用户定义类型、引用类型和值类型等，都是直接或间接从 System.Object 继承的。Object 类型是所有值类型和引用类型的基类，可以将任何类型的值赋给 Object 类型的变量。String 类型是直接从 Object 中继承来的类。C#中用 String 类型表示字符串，字符串是用双引号括起来的多个 Unicode 字符序列，常用于表示文本。例如：

```
String  s="欢迎学习 C# 语言！";
```

除了 Object 类型和 String 类型是引用类型之外，引用类型还包括类（class）、接口（interface）、委托（delegate）和数组（array）等。

1）类（class）。类是一组具有相同数据结构和相同操作的对象集合。创建类的实例必须使用关键字 new 来进行声明。

类和结构之间的根本区别在于：结构是值类型，而类是引用类型。对于值类型，每个变量直接包含自身的所有数据，每创建一个变量，就在内存中开辟一块区域；而对于引用类型，每个变量只存储对目标存储数据的引用，每创建一个变量，就增加一个指向目标数据的指针。

2）接口（interface）。应用程序之间要相互调用，就必须事先达成一个协议，被调用的一方在协议中对自己所能提供的服务进行描述。在 C#中，这个协议就是接口。接口定义中对方法的声明，既不包括访问限制修饰符，也不包括方法的执行代码。如果某个类继承了一个接口，那么它就要实现该接口所定义的服务，也就是实现接口中的方法。

3）委托。委托是 C#中的一种引用类型，是面向对象、类型安全的。委托用于封装某个方法的调用过程。在 C#中，通过关键字 delegate 来声明委托。

4）数组。数组主要用于对同一数据类型的数据进行批量处理。在 C#中，数组需要初始化之后才能使用。例如：

```
int[]  a = new int[3]{2,3,5};
int[] a = {2,3,5};
```

对规则多维数组，调用 Length 属性所得的值为整个数组的长度；而调用其 GetLength 方法，参数为 0 时得到数组第一维的长度，为 1 时得到数组第二维的长度，依次类推。而对于不规则多维数组，调用 Length 属性和以 0 为参数调用其 GetLength 方法，得到的都是第一维的长度。

❀ 任务实施

步骤 1：打开项目 E1_2，进入代码编辑窗口。

步骤 2：在 Progrm 类的 Main( )方法中添加以下代码。

```
//定义变量描述学生基本信息
    string sutid;
    string stuname;
    string stusex;
    string stuclass,stuinterest;
    int stuage;
    DateTime rxsj;
```

步骤 3：修改以上代码，给变量赋初值。

```
string sutid="8888";
string stuname="陈明";
string stusex="女";
string stuclass="软件1231",stuinterest="旅游";
int stuage=19;
DateTime rxsj=DateTime.Parse("2012-9-1");
```

步骤4：保存项目。此时运行程序并没有任何输出结果，因为程序中没有对变量的值进行输出，数据的输入、输出方法将在下一任务中介绍。

💬 **知识拓展**

在C#中，相容的数据类型的变量之间可以进行类型转换。数据类型的转换分为数值类型转换、枚举类型转换和引用类型转换。有的转换是系统默认的，称为隐式转换，有的转换则需要明确指定转换的类型，称为显式转换。

1. 数值转换

数值转换有一个原则，即从低精度类型到高精度类型通常可以进行隐式转换，而从高精度类型到低精度类型则必须进行显式转换。

（1）隐式转换。表1-6为数值类型隐式转换规则。

表1-6 数 值 类 型 隐 式 转 换

转换前的类型	转换后的类型
sbyte	short，int，long，float，double，decimal
byte	short，ushort，int，uint，long，ulong，float，double，decimal
short	int，long，float，double，decimal
ushort	int，uint，long，ulong，float，double，decimal
int	long，float，double，decimal
uint	long，ulong，float，double，decimal
long，ulong	float，double，decimal
float	double
char	ushort，int，uint，long，ulong，float，double，decimal

其中，可以使用 sizeof（DataType）获取数据类型所占空间大小，但不适用于引用类型。例如，sizeof（float）可以得到 float 类型数据占4字节。

以下语句可以实现数值类型的隐式转换。

```
int i = 100;
long j = 1000;
j = i;                          //隐式转换,由低精度到高精度的转换
```

（2）显式转换，又叫强制类型转换。指当不存在相应的隐式转换时，将一种数值类型转换成另一种数值类型。与隐式转换正好相反，显式转换需要用户明确地指定转换的类型。

可以通过以下三种方法实现显式转换。

1）强制类型转换，用于将变量或表达式的值转换为括号中指定的数据类型。

强制类型转换的语法格式：（转换后的类型）（变量或表达式）

例如，可以使用以下语句将 j 赋值给 i。

```
i = (int)j;                        //显式转换,由高精度到底精度的转换
```

2）使用 System.Convert 类实现预定义类型之间转换。System.Convert 类返回与指定类型的值等效的类型，该类支持 Boolean、Char、SByte、Byte、Int16、Int32、Int64、UInt16、UInt32、UInt64、Single、Double、Decimal、DateTime 和 String 等基类型。例如，Convert.ToInt32（要转换的变量值），可以将括号内指定的值转换为 32 位有符号整数。例如：

```
int   age=System.Convert.ToInt32(Console.ReadLine());
                                  //将输入的字符串形式的年龄转换为数值型数据。
string s = System.Convert.ToString(3.14);
                                  // 将 double 类型数据 3.14 转换为字符串类型
```

3）使用 DataType.Prase 方法实现类型转换。C#的预定义值类型差不多都有静态方法 Prase( )，可以将文本转换为相应的类型，很实用。

例如，Int16.Parse（String）将数字的字符串表示形式转换为它的等效 16 位有符号整数。

同理，在任务实施第 3 步中代码：`DateTime rxsj=DateTime.Parse("2012-9-1");`的作用是将字符串形式的日期转换为 DateTime 类型数据。

通常，System.Convert 类可以转换的类型较多，DataType.Prase 只能转换数字类型的字符串。

2. 枚举转换

枚举类型与其他任何类型之间不存在隐式转换，而和枚举类型相关的显式转换包括以下几种。

（1）从所有整数类型（包括字符类型）和实数类型到枚举类型的显式转换。

（2）从枚举类型到所有整数类型（包括字符类型）和实数类型的显式转换。

（3）从枚举类型到枚举类型的显式转换。

3. 装箱和拆箱转换

装箱和拆箱转换主要是值类型与引用类型之间相互转换。例如：

```
object obj = 10;
int i = (int)obj;              //拆箱
int j = 100;
object obj2 = j;              //装箱
```

在数据类型转换的过程中，会进行转换检查。如果出现转换失败，程序就会抛出一个 System.InvalidCastException 异常。

任务 2   输入、输出学生基本信息

学习目标

◇ 了解 C#中数据输入/输出的方法
◇ 正确实现数据的输入/输出

任务描述

在学生选课管理系统中，按提示输入一名学生的各项基本信息，并分行输出学生所有信息。运行界面如图 1-7 所示。

图 1-7　程序运行界面

知识准备

1. 常用的输入/输出方法

C#程序通常使用.NET 框架的运行时类库提供的输入/输出服务。位于 System 命名空间下的 Console 类提供了各种从控制台窗口输入/输出数据的方法，如 Write( )和 WriteLine( )、Read( )等。

（1）Read( )：用于从标准输入流读取下一个字符。该方法返回一个 int 类型值。例如：

```
char c =(char)Console.Read();                //输入一个字符
Console.WriteLine (c);                       //输出一个字符
```

（2）ReadLine( )：用于从标准输入流读取下一行字符，返回值为 string 类型。例如：

```
string   name=Console.ReadLine();            //从键盘输入字符串
```

（3）WriteLine( )方法或 Write( )方法的作用是将文本输出到应用程序的控制台窗口，前者输出后自动换行，后者不换行。例如：

```
Console.Write ("hello world");
```

输出结果为 hello world，光标处于当前行末尾。

```
Console.WriteLine ("hello world");
```

输出结果为 hello world，光标处于下一行首。

2. 格式化输出

使用 WriteLine( )方法或 Write( )方法可以控制输出数据的格式。

格式输出的语法格式为 Console.WriteLine（格式字符串，替代值 0，替代值 1，……）；

其中，{0}、{1}……称为占位符，输出文本时，每个占位符被对应顺序上的替代值替换。占位符从 0 开始，每次递增 1，占位符的总数应等于格式字符串后指定的替代值总个数。

例如，

```
Console.WriteLine("我是{0}的一名大一学生,我的名字叫{1}","常州机电","陈明");
```

输出结果为我是常州机电的一名大一学生，我的名字叫陈明在输出语句中，可以任意通过格式字符串使用占位符和替代值，使文本的输出更丰富。即，占位符{0}、{1}……可以在格式字符串中不计较顺序和次数任意出现。例如：

```
Console.WriteLine("{0} {1} {0}","常州机电","陈明");
```

输出结果为常州机电　　陈明　　常州机电

3. 输出格式字符串可指定宽度、对齐方式等

例如：

{0，−8}：输出第一个参数，值占 8 字符宽度，且为左对齐。

{1，8}：输出第二个参数，值占 8 字符宽度，且为右对齐。

{1：D7}：作为整数输出第二个参数，域宽为 7，用 0 补齐。

{0：E4}：输出以指数表示，且具有 4 位小数。

不同类型数据可以使用不同的格式字符，见表 1-7 所示。

表 1-7　　　　　　　　　　　　　　　格　式　字　符

格式字符	说　　明	示　　例
C	按货币格式输出	Console.Write ("{0：C}", 3.1);　输出$3.1 Console.Write ("{0：C}", −3.1);　输出（$3.1)
D	输出整数。若指定宽度，如{0：D5}，输出将以前导 0 填充	Console.Write ("{0：D5}", 31); 输出 00031，域宽为 5，右对齐
E	以指数表示。精度指定符设置小数位数，默认为 6 位，在小数点前面总是 1 位数	Console.Write ("{0：E}", 314.56);输出 3.145600E+002 {0：E4}表示输出以指数表示，且具有 4 位小数
F	定点表示。精度指定符控制小数位数，可接受 0	Console.Write ("{0：F2}", 31);　输出 31.00 Console.Write ("{0：F0}", 31);　输出 31
N	产生带有嵌入逗号的值	Console.Write ("{0：N}", 888888);　输出 888, 888.00

∾ 任务实施

步骤 1：创建控制台应用程序，项目名称为 E1_2。

步骤 2：在 Main( )方法中输入以下代码，实现数据的输入、输出。

```
static void Main(string[] args)
    {
        //定义变量描述学生基本信息
        string stuid,stuname,stusex,stuclass,stuinterest;
        int stuage;
        DateTime rxsj;
        //输入学生基本信息
        Console.Write("请输入学号:");
        stuid = Console.ReadLine();
        Console.Write("请输入姓名:");
        stuname = Console.ReadLine();
        Console.Write("请输入性别:");
        stusex = Console.ReadLine();
        Console.Write("请输入班级:");
        stuclass = Console.ReadLine();
        Console.Write("请输入兴趣爱好:");
```

```
        stuinterest = Console.ReadLine();
        Console.Write("请输入年龄:");
        stuage = int.Parse(Console.ReadLine());
        Console.Write("请输入入学时间:");
        rxsj =DateTime.Parse(Console.ReadLine());
        //输出学生基本信息
        Console.WriteLine("***********以下输出该学生的所有信息**********");
        Console.WriteLine("学号:{0}",stuid);
        Console.WriteLine("姓名:{0}",stuname);
        Console.WriteLine("性别:{0}",stusex);
        Console.WriteLine("年龄:{0}",stuage);
        Console.WriteLine("班级:{0}",stuclass);
        Console.WriteLine("入学时间:{0}",rxsj.ToShortDateString());
        Console.WriteLine("兴趣爱好:{0}",stuinterest);
    }
```

步骤 3：调试、运行程序。

代码分析与知识拓展

1. 代码分析

程序代码中，以下内容是进行数据类型转换。

```
Console.Write("请输入年龄:");
stuage = int.Parse(Console.ReadLine());
Console.Write("请输入入学时间:");
rxsj =DateTime.Parse();
```

使用 Console.ReadLine( )方法输入时，得到的是字符串形式的数据，赋值给 int 类型变量 stuage 时必须要进行类型转换。同样，要将输入的字符串形式的日期赋值给 DateTime 类型变量时也要进行类型转换。

2. 日期与时间的格式化输出

常见的日期与时间格式指示符见表 1-8 所示。

表 1-8 日期与时间格式指示符

格式指定符	名 称	输 出 格 式
d	短日期格式	mm/dd/yy
D	长日期格式	day, month, dd, yyyy
f	完整日期/时间格式（短时间）	day, month, dd, yyyy hh: mm AM/PM
F	完整日期/时间格式（长时间）	day, month, dd, yyyy hh: mm: ss AM/PM
g	常规日期/时间格式（短时间）	mm/dd/yyyy hh: mm
G	常规日期/时间格式（长时间）	mm/dd/yyyy hh: mm: ss
M 或 m	月日格式	month day
R 或 r	RFC1123 格式	ddd, dd month yyyy hh: mm: ss GMP
s	可排序的日期/时间格式	yyyy-mm-dd hh: mm: ss
t	短时间格式	hh: mm AM/PM

续表

格式指定符	名　称	输　出　格　式
T	长时间格式	hh：mm：ss AM/PM
u	通用的可排序日期/时间模式	yyyy-mm-dd hh：mm：ss
U	通用的可排序日期/时间格式	day，month dd，yyyy hh：mm：ss AM/PM

可以使用不同格式指示符设置日期与时间的输出格式，例如：

```
//声明 DateTime 类型变量 dt,获取系统当前时间
DateTime dt = DateTime.Now;
Console.WriteLine("d  {0:d}",dt);                      //以短日期格式输出
Console.WriteLine("D  {0:D}",dt);                      //以长日期格式输出
//以常规日期/时间格式(长时间)输出
Console.WriteLine("G  {0:G}",dt);
//以月日格式输出
Console.WriteLine("m  {0:m}",dt);
Console.WriteLine("M  {0:M}",dt);
//以 RFC1123 格式输出 Console.WriteLine("r  {0:r}",dt);
Console.WriteLine("R  {0:R}",dt);
......
```

任务 3　　使用运算符、表达式处理数据

🔊 学习目标

◇　了解 C#中的运算符和表达式
◇　掌握运算符的使用

✒ 任务描述

格式化输出学生各项基本信息，运行界面如图 1-8 所示，要求如下。

图 1-8　格式化输出界面

（1）使用字符串连接运算符在一行显示多项信息；

（2）当性别为男时，输出头衔为"帅哥"，性别为女时，输出头衔为"美女"；

（3）入学时间的格式为"××××年××月××日"。

知识准备

运算符与表达式是密不可分的。前面已经学习了变量的声明及使用方法，变量通过与运算符组合可以形成表达式，而表达式是计算的基本组成部分。C#提供了大量的运算符，如算术运算符、关系运算符、逻辑运算符等。运算符的应用非常广泛，本任务将和读者一起来学习运算符和表达式的应用。

1．算术运算符

算术运算符用于创建执行数学操作的表达式，包括加、减、乘、除及其他操作的运算符。

（1）+、-运算符。

1）加法运算符"+"：可以运用于整数类型、实数类型、枚举类型、字符串类型和委托类型。例如，对 2 个数执行加法运算，或对两个字符串执行连接运算，以下表达式是合法的。

```
8 + 8;                                    //表达式运算的结果为16
"中国" + "常州";                           //连接后得到字符串"中国常州"
```

2）"-"运算符：既可以作为一元运算符，也可作为二元运算符。

一元运算符是对操作数取负运算。例如，int　a=5;，表达式（-a）可以得到-5。

二元运算符用于两个操作数相减运算。

（2）*、/、%运算符。

1）乘法运算符"*"：用于计算操作数的积。一般说来，所有的数值类型都可以参与乘法、除法运算，但在运算时需要考虑其运算结果是否超越了数据类型所能容纳的最大值。

2）除法运算符"/"：用于求两数的商。所有数值类型都具有预定义的除法运算符。默认的返回值的类型与精度最高的操作数类型相同。比如，5/2 的结果为 2，而 5.0/2 结果为 2.5。注意：如果两个整数类型的变量相除，返回的结果是不大于相除之值的最大整数。

3）求模运算符%：又称求余运算符。用于计算两个操作数相除后所得的余数。C#中的求余运算既适用于整数类型，也同样适用于浮点数类型。例如，5%3 的结果为 2，而 5%1.5 的结果则为 0.5。

（3）++/--运算符。自增/自减运算符用来对一个操作数执行加 1/减 1 运算。自增/自减运算符既可以用前缀形式，也可以用后缀形式。若使用前缀形式，将会先将操作数的值加 1 或减 1，然后再计算表达式的结果，如下列代码所示。

```
int i=5;
int k=++i;                                //计算后 k=6,i=6;
```

而使用后缀形式的话，将会先计算表达式的结果，然后再将操作数的值进行增加或是减少，如下列代码所示。

```
int i=5;
int k=i++;                                //计算后 k=5,i=6;
```

2．关系运算符

C#中常用的关系运算符有==、!=、<、>、<=、>=。关系运算可以理解为一种"判断"，判断的结果要么是"true"，要么是"false"，也就是说关系表达式的返回值总是布尔值。

C#中，关系运算符的优先级低于算术运算符。表 1-9 列出了六种 C#关系运算符。

表 1-9   **关 系 运 算 符**

运算符	运 算 结 果
a==b	如果 a 等于 b，则为 true，否则为 false
a!=b	如果 a 不等于 b，则为 true，否则为 false
a>b	如果 a 大于 b，则为 true，否则为 false
a<b	如果 a 小于 b，则为 true，否则为 false
a>=b	如果 a 大于或等于 b，则为 true，否则为 false
a<=b	如果 a 小于或等于 b，则为 true，否则为 false

对于整数和实数类型，以上六种运算符都可以适用。除此之外，is 运算符也可以被认为是一种关系运算符。

is 运算符用于检查操作数或表达式是否为指定类型。例如，表达式 "e is T" 的结果就是一个布尔值。其中，e 是一个表达式，T 是一种数据类型，表达式的返回值是一个布尔值。例如：

```
Console.WriteLine(1 is int);                  //输出 true
Console.WriteLine(1 is float);                //输出 false
```

3. 逻辑运算符

C#的逻辑运算符有&&（逻辑与）、||（逻辑或）、!（逻辑非）。逻辑非的优先级最高，逻辑与的优先级高于逻辑或。

逻辑与和逻辑或运算符都是二元操作符，要求有两个操作数。而逻辑非为一元操作符，只有一个操作数。用逻辑运算符将关系表达式或布尔表达式连接起来就是逻辑表达式。逻辑表达式的值仍然是一个布尔值。

表 1-10 列出了三种 C#逻辑运算符。

表 1-10   **逻 辑 运 算 符**

运算符	运 算 结 果
a && b	当表达式 a 和 b 均为 true 时，结果才为 true
a ‖ b	当表达式 a 和 b 均为 false 时，结果才为 false
! a	对操作数求反。当表达式 a 为 false 时返回 true，当表达式 a 为 true 时返回 false

例如，假设年份为 year，可以使用以下逻辑表达式判断是否闰年：

```
(year%400)==0||((year%4)==0&&(year%100)!=0)
```

如果表达式为 true，则该年份是闰年，否则不是闰年。

注意：使用逻辑运算符时，要特别注意短路运算，即有时不需要执行所有的操作数，就可以确定逻辑表达式的结果，例如：

表达式：expr1 && expr2

只有 expr1 为 true 时，才需要继续判断 expr2 值。如果 expr1 为 false，那么逻辑表达式的值已经确定为 false，不需要继续求 expr2 值。

同样，表达式：expr1 || expr2

只有 expr1 为 false 时，才需要继续判断 expr2 值。如果 expr1 为 true，那么逻辑表达式的值就已经确定为 true，不需要再求 expr2 值。

4. 条件运算符

条件运算符"? :"，根据布尔型表达式的值返回两个值中的一个。条件表达式的格式如下。

条件表达式 ? 表达式 1 ： 表达式 2 ；

运算规则是：首先求出条件表达式的值，如果条件表达式的值为 true，则以表达式 1 的值作为整个表达式的值，如果条件表达式的值为 false，则以表达式 2 的值作为整个表达式的值。

例如，以下代码用于求两个数中的较大数。

```
int a = 10;
int b = 30;
int max = a > b ? a : b;
```

5. 赋值运算符

赋值运算符"="可以用于给一个变量赋值，C#中可以对变量进行连续赋值，这时赋值运算符是右结合性的，也就是说运算符按从右向左的顺序被执行。

例如，表达式 a=b=c 等价于表达式 a=（b=c）。

C#中也可以使用复合赋值运算符，如表达式 a+=3 等价于 a=a+3。

以上介绍了 C#中常用的几类运算符，表达式中的运算符都按照运算符的特定顺序进行计算，即运算符的优先级，优先级高的运算符先执行。当表达式中出现两个具有相同优先级的运算符时，它们根据结合性进行计算。左结合性的运算符按从左到右的顺序计算。例如，a*b/3 相当于（a*b）/3。右结合性的运算符按从右到左的顺序计算。赋值运算符和条件运算符"? :" 都是右结合运算符。其他所有二元运算符都是左结合运算符。各种运算符的优先级关系见表 1-11 所示。

表 1-11　　　　　　　　　　　　运 算 符 优 先 级

优先级（从高到低）	类 型	运 算 符
1	基本	x.y、f（x）、a[x]、x ++、x − −、new、typeof、checked、unchecked
2	一元	+ − ! ~ ++x -x （T）x
3	乘除	* / %
4	加减	+ −
5	位移	<< >>
6	关系和类型检测	< > <= >= is as
7	相等	== !=
8	逻辑 AND	&
9	逻辑 XOR	^
10	逻辑 OR	|
11	条件 AND	&&

优先级（从高到低）	类　　型	运　算　符
12	条件 OR	||
13	条件	?:
14	赋值	= *= /= %= += -= <<= >>= &= ^= |=

任务实施

步骤 1：打开项目，在上一任务中已经使用以下代码实现了学生信息的分行输出：

```
Console.WriteLine("\n********分行输出学生基本信息*********");
Console.WriteLine("学号:{0}",stuid);
Console.WriteLine("姓名:{0}",stuname);
Console.WriteLine("性别:{0}",stusex);
Console.WriteLine("年龄:{0}",stuage);
Console.WriteLine("班级:{0}",stuclass);
Console.WriteLine("入学时间:{0}",rxsj.ToShortDateString());
Console.WriteLine("兴趣爱好:{0}",stuinterest);
```

步骤 2：在 Main( )方法中声明 string 类型变量 title，用于表示头衔。

```
string title;
```

使用条件运算符，根据性别 stusex 的值判断，获取不同的头衔。

```
title = (stusex == "男") ? "帅哥" : "美女";
```

步骤 3：使用字符串连接运算符“+”，将表示学生基本信息的多个字符串连接为一个字符串。例如：

```
string stuInfo = "学号:" + stuid + "\t 姓名:" + stuname + "\n 性别:" + stusex +
"\t 年龄:" + stuage + "\n 班级:" + stuclass +  "\t 兴趣爱好:" + stuinterest +"\n 入
学时间:" + rxsj.ToString("yyyy 年 MM 月 dd 日");
```

步骤 4：在 Main( )中输入如下完整代码，格式化输出学生基本信息。

```
string title;
title = (stusex == "男") ? "帅哥" : "美女";
Console.WriteLine("\n********格式化输出学生基本信息*********");
Console.WriteLine(title+" 你好!\n 以下是你的个人信息:");
string stuInfo = "学号:" + stuid + "\t 姓名:" + stuname + "\n 性别:" + stusex +
"\t 年龄:" + stuage + "\n 班级:" + stuclass +  "\t 兴趣爱好:" + stuinterest +"\n 入
学时间:" + rxsj.ToString("yyyy 年 mm 月 dd 日");
Console.WriteLine(stuInfo);
```

步骤 5：调试、运行程序，即可得到如图 1-8 所示的格式化输出界面。

知识拓展

（1）代码分析。在本任务中，输入、输出学生基本信息的代码全部放在 Main( )方法中。通常，如果程序中需要实现的功能较多时，可以把实现某一功能的代码定义成方法，然后通过调用方法实现相应功能。因此，可以将本任务中的程序代码作以下修改。

```
class Program
```

```
    {
    //将描述学生基本信息的变量声明为类的成员
    static  string stuid,stuname,stusex,stuclass,stuinterest;
    static  int stuage;
    static  DateTime rxsj;
// Main()中分别调用类的静态方法 inputStu、outputStu 实现数据输入、输出
    static void Main(string[] args)
    {
    inputStu();
    outputStu();
    }
//定义静态方法 inputStu(),实现数据输入
    public static void inputStu()
    {
      Console.Write("请输入学号:");
      stuid = Console.ReadLine();
      Console.Write("请输入姓名:");
      stuname = Console.ReadLine();
      Console.Write("请输入性别:");
      stusex = Console.ReadLine();
      Console.Write("请输入班级:");
      stuclass = Console.ReadLine();
      Console.Write("请输入兴趣爱好:");
      stuinterest = Console.ReadLine();
      Console.Write("请输入年龄:");
      stuage = int.Parse(Console.ReadLine());
      Console.Write("请输入入学时间:");
      rxsj = DateTime.Parse(Console.ReadLine());
    }
//定义静态方法 outputStu (),实现格式化输出
    public  static void outputStu()
    {
      string title;
      title = (stusex == "男") ? "帅哥" : "美女";
      Console.WriteLine("\n*********格式化输出学生基本信息*********");
      Console.WriteLine(title+" 你好!\n 以下是你的个人信息:");
      string stuInfo = "学号:" + stuid + "\t 姓名:" + stuname + "\n 性别:" + stusex
+ "\t 年龄:" + stuage + "\n 班级:" + stuclass +  "\t 兴趣爱好:" + stuinterest +"\n
入学时间:" + rxsj.ToString("yyyy 年 mm 月 dd 日");
      Console.WriteLine(stuInfo);
    }
  }
}
```

（2）静态方法。用 **static** 修饰的方法为静态方法。调用静态方法的格式是：类名.方法名。
例如:

```
class  Student
{
    ……
    public  static void  max()   //在 Student 类中定义的静态方法
    {
      ……
    }
```

```
}
```

可以使用语句 Student.max(); 来调用 max 方法。

本任务中的 Main( )方法中以下代码也是用于调用静态方法，由于这些静态方法与 Main( )
方法处于同一个类中，调用时可以省略类名。

```
inputStu();                                    //等价于 Program.inputStu();
outputStu();                                   //同上
```

模块 3　选择结构与循环结构

C#程序由一系列语句构成。最常见的语句是简单语句，一般一句占一行，以分号结束。
前面的大部分程序都是由多个简单语句构成的，按照编写的顺序执行，中途不能发生任何变
化。然而实际编程中经常会出现选择结构与循环结构等，这里就要用到流程控制语句。

C#语言中常用的流程控制语句及其所用到的关键字如下。

条件语句：if-else、switch-case

循环语句：while、do-while、for、foreach

跳转语句：break、continue

任务 1　使用条件语句实现系统功能选择菜单

◁: 学习目标

◇ 掌握 if 语句和 if-else 语句的使用方法

◇ 掌握 switch 语句的使用方法

✎ 任务描述

使用 if 语句实现学生选课管理系统的功能选择，当出现欢迎界面和功能菜单时，提示输
入功能菜单的序号，从而调用相应的方法。运行效果如图 1-9 所示。

图 1-9　系统功能菜单选择界面

知识准备

当程序中需要进行两个或两个以上的选择时，可以根据条件判断来选择要执行的 组语句。C#语言中提供的条件语句有 if 语句和 switch 语句。

1．if 语句

if 语句根据布尔表达式的值来选择要执行的语句。if 语句主要有三种表达形式：if、if-else、if-else if。它们的共同点是，当表达式的值为 true 时，就会执行 if 语句后的代码块。3 种形式的 if 语句的流程图如图 1-10 所示。

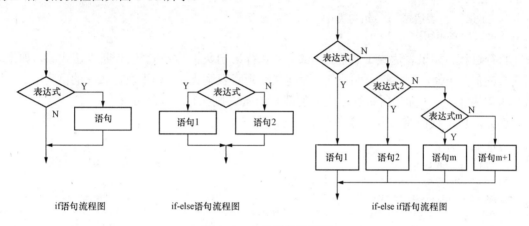

图 1-10   分支结构流程图

（1）if 语句。

语法格式为：

```
if(表达式)
{
语句块;
}
```

执行过程：如果表达式的值为 true，则执行语句块，否则语句块不会被执行。其中，语句块可以是一条或多条语句。

例如，比较变量 x，y，如果 x>y，则交换 x 和 y 的值。

```
int  x=10,y=20,t;
if(x>y){t=x;x=y;y=t;}
```

（2）if-else 语句。

语法格式：

```
    if(表达式) 语句块 1;
    else  语句块 2;
```

执行过程：如果表达式的值为 true，则执行语句 1，否则执行语句 2。

例如，比较变量 x，y，如果 x>y，输出 x，否则输出 y。

```
int  x=10,y=20 ;
if(x>y) Console.WriteLine(x);
else  Console.WriteLine(y);
```

通常，对于两分支的简单 if 语句也可以使用条件运算符（？：）来处理，上述代码可以改写成以下形式：

```
(x>y) ? Console.WriteLine(x): Console.WriteLine(y);
```

（3）if-else if 语句。

语法格式：
```
if(表达式 1) {语句块 1}
    else if(表达式 2) {语句块 2}
     ……
    else if(表达式 n) {语句块 n}
    else  {语句块 n+1}
```

执行过程：如果表达式 1 的值为 true，则执行语句块 1，否则继续判断表达式 2，如果表达式 2 的值为 true，则执行语句块 2，否则继续判断表达式 3，如果表达式 3 的值为 true，则执行语句块 3，……如果所有表达式的值都为 false，则执行语句块 n+1。

例如，以下代码将百分制成绩转换为等级制。

```
int  score;                                  //score 表示百分制成绩
string  grade;                               //grade 表示等级制成绩
if (score >= 90) grade = "优秀";
else if (score >=80 && score<90) grade = "良好";
else if (score >= 70 && score < 90) grade = "中等";
else if (score >= 60 && score <70) grade = "及格";
else   grade = "不及格";
```

2. switch 语句

switch 语句用于实现多重选择，即根据表达式的值从多个分支中选择一条来执行。语法格式如下。

```
switch(表达式)
    { case 常量表达式 1: {语句块 1}    break;
      case 常量表达式 2: {语句块 2}    break;
      ……
      case 常量表达式 n: {语句块 n}    break;
      default:           {语句块 n+1}  break;
    }
```

执行过程：首先计算 switch 后表达式的值，当表达式的值与某个 case 标记后面的常量表达式相等时，程序就执行该 case 标记后的语句块。若没有任何一个 case 常量表达式的值与 switch 表达式的值相等，但定义了 default 分支，则执行 default 后的语句块。

使用 switch 语句需要注意以下几点。

（1）表达式的数据类型可以是 sbyte、byte、short、ushort、int、uint、long、ulong、char、string 或枚举类型。

（2）常量表达式的类型必须是与 switch 表达式的类型相同或都能进行隐式转换。

（3）不同 case 关键字后面的常量表达式必须不同。

（4）一个 switch 语句中只能有一个 default 标签，也可以没有 default 标签。

（5）每个 case 后都必须使用 break 语句，即不允许从一个 case 自动贯穿到其他 case，否则编译时将报错。

例如：以下代码使用 switch 语句将百分制成绩转换为等级制。

```
int  score;                              //score 表示百分制成绩
string  grade;                           //grade 表示等级制成绩
switch (score/10)
  {
     case 10:
     case 9: grade = "优秀"; break;
     case 8: grade = "良好"; break;
     case 7: grade = "中等"; break;
     case 6: grade = "及格"; break;
     default: grade = "不及格"; break;
  }
```

任务实施

步骤 1：打开上一任务中的项目，运行程序显示系统功能菜单后，首先输入以下代码，显示出提示信息："输入（1—6），选择操作："

```
Console.Write("输入(1—6),选择操作:");
```

步骤 2：声明一个 int 类型变量，用于接收用户输入的选项。

```
int c;
c =int.Parse(Console.ReadLine());
```

步骤 3：系统功能菜单的选择是多分支结构，可以使用 if-else 语句或 switch 语句实现。首先使用 if-else 语句实现分支结构，在 Main( )方法中输入以下代码。

```
if (c == 1) inputStu();
else if (c == 2) modifyStu();
else if (c == 3) findStu();
else if (c == 4) dispStu();
else if (c == 5) delStu();
else Environment.Exit(0);
```

当用户输入 1 时，调用 inputStu( )方法输入学生信息，当输入 2 时，调用 modifyStu( )方法修改学生信息，当输入 3 时，调用 findStu( )方法查找学生信息，当输入 4 时，调用 dispStu( )方法显示所有学生信息，当输入 5 时，调用 delStu( )方法删除学生信息，当输入 6 时，退出系统。

步骤 4：调试、运行程序。

步骤 5：使用 switch 语句实现功能菜单的选择。首先将第 3 步中的 if 语句代码注释，然后输入以下代码：

```
switch (c)
{
  case 1: inputStu(); break;
  case 2: modifyStu(); break;
  case 3: findStu(); break;
  case 4: dispStu(); break;
  case 5: delStu(); break;
```

```
case 6: Environment.Exit(0); break;
}
```

步骤6：调试、运行程序。

💬 知识拓展

1. if语句的使用注意点

（1）表达式必须用括号"（"和"）"括起来。

（2）if 后面的表达式可以是常量、变量。表达式的值必须是布尔类型（可以是布尔类型的值 true 或 false，也可以是值为布尔类型的表达式，如 score >= 90 等）。

特别提醒：在 C#中 bool 类型不能和整数值相互转换。即在 C#中，true 值不能被其他任何非零值所代替。以下用法是错误的。

```
if(1) Console.WriteLine("true");
else Console.WriteLine("false");
```

2. switch 语句的使用注意点

switch 语句非常有用，但在使用时必须注意以下几点。

（1）只能针对基本数据类型使用 switch，这些类型包括 int 和 string 等。对于其他类型，则必须使用 if 语句。

（2）case 标签必须是常量表达式，如 42 或者"42"，不能是变量、表达式。如果需要在运行时计算 case 标签的值，必须使用 if 语句。例如：

```
switch(k)
  {……
      case i:                            //错误:case 中值只能用常量,不能为变量
       Console.WriteLine("*****");
      break;
   ……
  }
```

（3）case 标签必须是唯一性的表达式；也就是说，不允许两个 case 具有相同的值。

（4）由于 C#存在不准贯穿的规则，在使用 C#编程时，必须为 switch 语句中的每个 case（包括 default）都提供一个 break 语句。但有一种情况除外，合并了 case 情况，可以不写 break。例如：

```
switch (c)
  {……
    case 3:                  //case 3 和 case 4 两个分支合并,可以不用 break 语句
    case 4: dispStu(); break;        //C#中必须写 break
    ……
  }
```

任务 2　实现系统菜单功能的循环选择

🔊 学习目标

✧ 了解循环结构

✧ 掌握 while、do-while、for、foreach 语句的使用方法
✧ 掌握跳转语句 break、continue 语句的用法

任务描述

使用循环完善菜单的循环选择功能并提示用户是否继续使用系统。"继续使用请输入 1，退出系统请输入 2："当用户输入 1 时，可以继续选择系统功能，当用户输入 2 时，退出应用程序。程序运行界面如图 1-11 所示。

图 1-11　系统功能菜单的循环选择界面

知识准备

程序设计中，除了需要根据条件选择程序分支外，有时也需要使用循环实现一个程序模块的重复执行，这对于简化程序、更好地组织算法有着很重要的意义。C#语言提供了 4 种循环语句，分别是：while、do-while、for、foreach 语句。

1. while 语句

while 语句的语法格式为：
```
while(表达式)
{语句块}
```

while 语句的执行过程如下。

（1）计算表达式的值。

（2）当表达式的值为 true 时，执行语句块，然后程序转至第（1）步。

（3）当布尔表达式的值为 false 时，while 循环结束。

例如：以下代码使用 while 语句求 n!。

```
static void Main(string[] args)
  {
    int i=1,n,t=1;
    n = int.Parse(Console.ReadLine());
    while (i <= n)
    {
```

```
        t = t * i;
        i++;
    }
    Console.WriteLine("{0}!={1}",n,t);
}
```

使用 while 语句时要注意以下几点。

（1）while 语句是先判断循环条件，当条件满足时，反复执行循环体。所以在 while 语句中，循环体内的语句可能一次都不被执行。

（2）在循环体内必须有改变循环变量的语句，避免构成死循环。

（3）while 语句可以在语句块中通过 break 关键字来终止并跳出循环。也可以用 continue 语句来停止 continue 语句后的代码的执行，并继续下一次循环条件的判断。

2. do-while 语句

do-while 语句是先执行循环体再判断条件，语法格式为：

```
do
    {语句块}
while(表达式);
```

do-while 语句的执行过程如下。

（1）执行语句块。

（2）计算 while 后表达式的值，若为 true 则回到（1）继续执行，若为 false 则终止 do-while 循环。

例如，以下代码使用 do-while 语句求 n!。

```
do
    {
        t = t * i;
        i++;
    } while (i <= n);
```

使用 do-while 语句时要注意以下几点。

（1）do-while 语句与 while 语句不同的是，do-while 语句中的语句块至少执行一次。

（2）在循环体内也必须有改变循环变量的语句，避免构成死循环。

（3）在 do-while 循环语句中同样允许用 break 语句终止循环、用 continue 语句跳过循环体中剩余的语句而强行执行下一次循环。

3. for 语句

for 语句的格式为：

```
for(初始化表达式;条件表达式;迭代表达式)
    {语句块}
```

其中，初始化表达式用于初始化循环变量，由一个变量声明或由一个逗号表达式列表组成。条件表达式用于测试循环的终止条件，是一个布尔表达式（结果是布尔值 true 或 false）。迭代表达式用于改变循环变量的值，由一个表达式或由一个逗号分隔的表达式列表组成。

例如：`for(int i=0;i<100;i++)……`

或：　`for(int i=0,j=0;i<100;i++,j=j+2) ……`

for 语句的执行过程如下。

（1）在 for 循环开始执行时，执行初始化表达式。注意此部分只执行一次。

（2）计算条件表达式的值，如果为 true，则执行语句块，然后执行步骤（3）；如果为 false，则结束 for 循环，并执行该循环以后的语句。

（3）计算迭代表达式，然后回到（2）继续执行。

例如，以下代码使用 for 语句求 n!。

```
int  i,t,n;
n = int.Parse(Console.ReadLine());
for (i = 1,t = 1; i <= n;i++)t = t * i;
Console.WriteLine("{0}!={1}",n,t);
```

同样，在 for 语句中可以使用 break 和 continue 语句，来达到控制循环的目的。

例如，当计算出的阶乘值大于 100 时就提前结束循环，可以对以上代码作如下改写。

```
for (i = 1,t = 1; i <= n; i++)
    {
       t = t * i;
       if (t > 100) break;
    }
```

4. foreach 语句

foreach 语句是 C#中新引入的一种循环语句。foreach 语句针对数组或集合中的每个元素，循环执行循环体内的嵌入语句，检查指定的元素是否位于给定的数组或集合中。如果在则执行指定的语句，否则退出 foreach 循环。

foreach 语句的格式为：

```
foreach([变量类型] 循环变量 in 集合或数组)
{循环语句块}
```

其中，变量类型用来声明循环变量，每执行一次循环语句块，循环变量就依次取集合或数组中的下一个元素代入其中。

例如，以下代码使用 foreach 语句统计出一个一维数组中奇数和偶数的个数。

```
static void Main(string[] args)
{
  int[] a = new int[10] { 45,63,55,6,34,22,78,23,43,90 };
  int x = 0,y = 0;   //x,y 表示奇、偶数的个数
  foreach (int k in a)
  {
    if (k % 2 == 0) x++;
    else y++;
  }
  Console.WriteLine("奇数共有:{0}个,偶数共有:{1}个",x,y);
}
```

使用 foreach 语句时要注意以下几点。

（1）循环变量是一个只读型局部变量，不允许修改循环变量的值，如果试图改变它的值将引发编译错误。

（2）foreach 语句中循环变量类型必须与数组或集合中的数据类型一致。如果不一致，则

必须有一个从数组或集合中的元素类型到循环变量类型的显式转换。

（3）利用 foreach 语句遍历数组时，对于一维数组，执行顺序是从下标为 0 的元素开始，一直到数组的最后一个元素；对于多维数组，元素下标的递增是从最右边那一维开始的，依次类推。

（4）foreach 语句中也可以使用 break 和 continue 语句控制循环的跳转。

5. 跳转语句

跳转语句是中断程序的顺序执行，无条件地转入到另一个地方继续执行。循环语句中常用的跳转语句有 break 语句和 continue 语句。

（1）break 语句。break 语句可用来跳出 switch 语句，也可以跳出 while、do-while、for、foreach 等循环语句。当多个 while、do-while、for、foreach 语句彼此嵌套时，break 语句完成其所在层内的跳转，若要穿越多个嵌套层直接转移控制，可以使用 goto 语句。

（2）continue 语句。continue 语句只能用于循环结构。程序中遇到 continue 语句，会结束本次循环。与 break 语句不同的是，它不会跳出当前的循环体，而只是终止一次循环，接着进行下一次循环条件的判断。同样，当多个 while、do-while、for、foreach 语句彼此嵌套时，continue 语句完成其所在层内的跳转，若要穿越多个嵌套层直接转移控制，可以使用 goto 语句。

例如：以下程序输出 1000 之内既是 3 的倍数又是 8 的倍数的前 10 个数。

```
static void Main(string[] args)
{
    int count = 0;
    for (int i = 1; i < 1000; i++)
    {
        if ((i % 3 == 0) && (i % 8 == 0))
        {
            count++;
            if (count > 10) break;  //数量大于 10 时跳出循环
            Console.Write("{0}  ",i);
        }
        else continue;
    }
}
```

程序运行界面如图 1-12 所示。

图 1-12　程序运行界面

❥ 任务实施

步骤 1：打开任务 6 的项目，修改 Main( )中的代码如下。

```
int  c;
bool b=true;
```

```
do
{
Console.Write("输入(1-6),选择操作:");
c = int.Parse(Console.ReadLine());
switch (c)
{
    case 1: inputStu(); break;
    case 2: modifyStu(); break;
    case 3: findStu(); break;
    case 4: dispStu(); break;
    case 5: delStu(); break;
    case 6: Environment.Exit(0); break;
}
Console.Write("继续使用请输入1,退出系统请输入2: ");
c=int.Parse(Console.ReadLine());
if (c == 1) b = true;
else if (c == 2) b = false;
}while(b);
```

以上语句的循环条件 b 是根据输入的选项确定,当输入 1 时,b 为 true,循环继续,当输入 2 时,b 为 false,循环结束,退出系统。

步骤 2:调试、运行程序。

💬 **知识拓展**

(1)循环执行次数。使用循环时要特别注意循环执行过程,for 语句和 while 语句,是先判断循环条件后执行循环体,do-while 则是先执行一次循环体后判断循环条件。所以 for 语句和 while 语句的循环体有可能一次都不会执行,而 do-while 语句至少要执行一次循环体。

一般情况下,for 语句、while 语句、do-while 语句几种循环可相互替代。for 循环功能强于 while、do-while。但若不是明显地给出循环变量初、终值(或修改条件),则应用 while 或 do-while 语句,以增强程序的结构化和可读性。而 foreach 语句主要用于遍历数组或集合。

(2)循环嵌套。循环嵌套是指循环体内又包含另一个完整的循环结构(多重循环)。C#语言的 for 语句、while 语句、do-while 语句、foreach 语句都允许循环嵌套。

例如,使用循环嵌套输出如图 1-13 所示的图案。代码如下。

图 1-13　程序运行结果

```
static void Main(string[] args)
    {
        for (int i = 0; i <= 5; i++)            //外层循环,执行 6 次
        {
          //内层循环,执行 i+1 次
            for (int j = 0; j <= i; j++) Console.Write("*");
            Console.WriteLine();
        }
    }
```

其中，外层循环用于控制行数，共输出 6 行。内层循环用于输出各行上的星号。

模块 4　使　用　数　组

数组是一种引用数据类型，是具有相同数据类型的项的有序集合。在批量处理数据的时候，要使用数组。例如，存储班级 50 名同学的一门课程成绩，如果定义基本类型的变量来表示，会产生大量的变量，代码会很烦琐冗长。如果将多个学生的成绩放在一个数组中，统一处理，就会很方便。数组按维数可分为一维数组、二维数组等。可以使用一维数组处理相同数据类型的数据，也可以使用二维数组处理相同类型数据的行列、矩阵等问题。

在 C#中，数组有如下特点。

（1）数组由若干个相同类型的元素组成。数组元素可以是任何类型，包括数组类型。

（2）数组可以有一维或多维，每个维都有一个长度。数组中元素个数（称为数组的长度）等于该数组所有维的长度的连乘积。

（3）数组元素由数组的所有维的下标共同唯一确定（下标从 0 开始）。

任务1　使用一维数组处理学生成绩

学习目标

◇ 掌握如何声明一维数组、创建数组、初始化数组
◇ 会引用数组元素
◇ 能使用一维数组处理相同数据类型的数据

任务描述

在学生选课管理系统中，可以使用一维数组存储多名同学的一门课程成绩，也可以使用一维数组存储一名同学的各门课程成绩。本任务将使用一维数组存储五名同学的 C#课程成绩，求最高分、最低分、平均分，并对成绩进行排序。程序运行界面如图 1-14 所示。

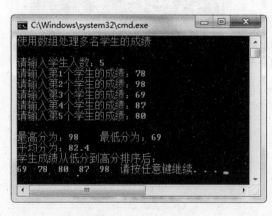

图 1-14　程序运行界面

知识准备

一维数组是最基本的数组类型，用于处理相同类型的一组数据，使用一维数组时必须先定义后使用。

1. 一维数组的定义与初始化

一维数组的定义分为两步：

第 1 步：声明数组。

第 2 步：创建数组（为数组分配空间）并初始化数组元素。

（1）声明数组。声明数据是指声明一个长度不确定的一维数组，可以先不指定大小，在其创建的时候再指定。

声明一维数组的语法格式如下：

数据类型 [] 数组名;

例如：

```
double [] score;                        //声明了一个一维实型数组,数组名为 score;
string[] stuName;                       //声明了一个一维字符串数组,数组名为 stuName;
```

数组声明后，还没有创建数组，即没有为数组中的元素分配任何内存空间，因此，声明数组后，需要对数组实例化。

（2）创建数组。数组的创建指利用 new 运算符为数组各元素分配内存空间，并把它们初始化为默认值。如果数组元素类型为值类型，则默认值为 0；如果数组类型为引用类型，则默认值为空引用 null。

创建一维数组的语法格式如下：

数组名=new 数据类型[数组长度];

其中，数组长度必须是常量或常量表达式，或者是已经赋值的变量。

例如：

```
score=new double[5];                    //所有数组元素被初始化为 0
stuName=new  string[5];                 //所有数组元素被初始化为 null
```

当然，也可以声明数组的同时创建数组并初始化，例如：

```
double [] score= new double[5];        //数组各元素被初始化为默认值
```

（3）数组初始化。前面定义的数组各元素都被初始化为默认值，也可以在声明数组的同时创建数组并用指定的值初始化数组元素，初始化的值放在大括号"{ }"中。例如：

```
string[] stuName=new  string[5]{ "李明","陈云","王芳","刘志军","沙军"};
```

以上语句创建了一个字符串数组，用于存储学生姓名，其中的数组元素 stuName［0］～stuName［4］分别初始化为字符串常量"李明"、"陈云"、"王芳"、"刘志军"、"沙军"。

注意：上述代码中可以在 new 运算符后不写元素个数，但如果指定了个数，则必须要与大括号"{}"中数据的个数一致，否则编译会出错。

也可以不使用 new 运算符，隐含地为数组分配内存空间，并且数组的元素个数由大括号"{}"中数据的个数决定。

```
string[] stuName={ "李明","陈云","王芳","刘志军","沙军"};
```

2. 访问一维数组的元素

一维数组中包含多个元素，元素索引从 0 开始。如上述数组 score 含五个元素，分别为 score［0］、score［1］、score［2］、score［3］、score［4］。在访问数组元素时要特别注意索引的范围，不要越界使用。

可以使用循环语句对一维数组进行遍历，遍历的同时完成对每个数组元素的操作。

例如，以下代码可以遍历一维数组。

```
int[] a = new int[10];
//使用 for 语句对数组元素赋值
for (int i = 0; i<10; i++) a[i] = i*i;
```

```
//使用 for 语句从键盘输入 10 个数据给数组各元素
for(int i=0;i<10;i++)a[i]=int.parse(Console.ReadLine());
//使用 foreach 语句遍历数组元素,并输出数组各元素的值
foreach(int k in a){ Console.WriteLine(k);
```

在以上代码中,循环条件 i<10 表示数组共有 10 个元素,i 的取值为 0~9。如果在程序执行过程中数组元素的个数会发生变化,那么这种方式就会出现问题。通常,在访问数组时,可以用 Length 属性获取数组元素个数,这样就可以很容易地完成对数组的遍历。例如:

```
for (int i = 0; i<a.Length; i++) a[i] = i*i;    //引用 Array 类的 Length 属性
```

❈ 任务实施

步骤 1:创建控制台应用程序,在 Program 类中声明静态变量 max、min 用于表示最高分和最低分。

```
class Program
    {
        static double  max,min;
        ……
```

步骤 2:在 Program 类中添加一个方法 inputScore,用于输入多名学生的成绩。代码如下。

```
public  static void  inputScore(double [] score)
    {
        for (int i = 0; i < score.Length; i++)
        {
            Console.Write("请输入第{0}个学生的成绩:",i+1);
            score[i] = double.Parse(Console.ReadLine());
        }
    }
```

步骤 3:在 Program 类中添加一个方法 avgScore,用于计算平均分。代码如下。

```
public static double avgScore(double[] score)
    {
        double avg,sum=0;
        foreach (double s in score) sum += s;
        avg = sum / score.Length;
        return avg;
    }
```

步骤 4:在 Program 类中添加一个方法 maxmin,用于计算最高分和最低分。代码如下。

```
public static void maxmin(double [] score)
    {
        max = score[0];
        min = score[0];
        for (int i = 0; i < score.Length; i++)
        {
            if (score[i] > max) max = score[i];
            if (score[i] < min) min = score[i];
        }
    }
```

该方法中，使用类的静态变量 max 和 min 得到最高分和最低分。

步骤 5：在 Program 类中添加一个方法 sortScore，用于将学生成绩从低分到高分进行排序。代码如下。

```
public static void sortScore(double[] score)
    {
        //调用 Array 类的 Sort()方法可以将指定数组中元素按升序进行排序
        Array.Sort(score);
        Console.WriteLine("学生成绩从低分到高分排序后:");
        for (int i = 0; i < score.Length; i++)
        {
            Console.Write("{0}  ",score[i]);
        }
    }
```

步骤 6：在主方法 Main( )中，编写如下代码，依次调用前面定义的方法完成成绩的输入、排序、输出最高分、最低分和平均分。

```
static void Main(string[] args)
    {
    double[] score;
    int count;                                  // count 表示学生人数
    Console.WriteLine("使用数组处理多名学生的成绩\n");
    Console.Write("请输入学生人数:");
    count=int.Parse(Console.ReadLine());
    score = new double[count];
    inputScore(score);                          //调用方法实现成绩的输入
    Console.WriteLine();
    maxmin(score);                              //调用方法求最高分和最低分
    Console.WriteLine("最高分为:{0}    最低分为:{1}",max,min);
    Console.WriteLine("平均分为:{0}",avgScore(score));
    sortScore(score);                           //调用方法实现成绩排序
    }
```

步骤 7：运行程序，按提示输入成绩。

💬 **知识拓展**

在 C#中，数组是.NET 框架类库中的抽象基类 System.Array 派生的，即 Array 是所有数组类型的抽象基类。因此，任何数组都可以使用 Array 类的部分属性和方法。表 1-12 列出了 Array 类常用的一些属性和方法。

表 1-12   Array 类常用的属性和方法

属　性	说　明
Length	表示数组的所有维中元素的总数
Rank	获取数组的维数
方　法	说　明
Reverse	静态方法，反转一维数组或部分数组中元素的顺序
Exists	确定指定数组包含的元素是否与指定谓词定义的条件匹配

续表

方　　法	说　　明
CreateInstance	静态方法，用来创建一个数组实例
Clear	静态方法，清除一个数组中所有元素
Copy	静态方法，将一个数组复制到另外一个数组
IndexOf	静态方法，返回一维数组中某个值第一个匹配项的下标
Sort	静态方法，对一维数组对象中的元素进行排序（升序）
CopyTo	实例方法，将一维数组复制到指定的一维数组中
GetLength	实例方法，得到数组的长度

在程序中可以调用 Array 类的属性和方法实现对数组元素的处理。

例如：以下程序代码首先求出 0～9 这 10 个数的平方存放到 a 数组中，然后将数组中的元素按降序排序，并输出最大的三个数。

```csharp
static void Main(string[] args)
{
    int[] a = new int[10];
    int[] b = new int[3];
    for (int i = 0; i < a.Length; i++) a[i] = i * i;
    Console.WriteLine("数组a原始数据:");
    foreach (int k in a) Console.Write("{0}  ",k);
    //调用 Array 类的 Sort()方法将数组 a 中的元素按升序排序
    Array.Sort(a);
    //调用 Array 类的 Reverse ()方法反转数组元素的次序,即实现降序排序
    Array.Reverse(a);
    Console.WriteLine("\n 数组 a 降序排序后的数据:");
    foreach (int k in a) Console.Write("{0}  ",k);
    //调用 Array 类的静态方法 Copy()将数组 a 中从 a[5]开始的 5 个元素复制到数组 b 中
    Array.Copy(a,0,b,0,3);
    Console.WriteLine("\n 最大的前 3 个数为:");
    foreach (int k in b) Console.Write("{0}  ",k);
}
```

程序运行结果如图 1-15 所示。

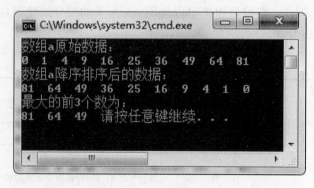

图 1-15　程序运行结果

📢 **学习目标**

◇ 掌握如何声明二维数组、创建二维数组及初始化二维数组
◇ 会引用二维数组元素
◇ 能使用二维数组处理相同类型的多行多列数据

✎ **任务描述**

使用二维数组存储五名同学的多门课程成绩，以二维表格形式输出学生成绩，并计算各门课程的平均分。程序运行界面如图 1-16 所示。

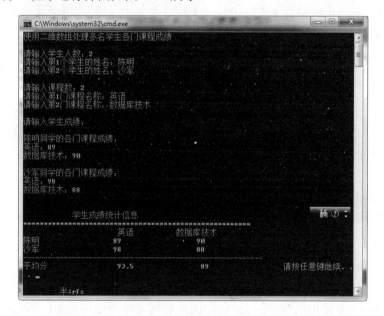

图 1-16　程序运行界面

👆 **知识准备**

1. 二维数组的定义与初始化

具有两个维度的数组是二维数组。二维数组的定义跟一维数组一样，分为两步：第一步是声明一个二维数组，第二步是为该二维数组分配空间并初始化数组元素。

（1）声明二维数组。二维数组的声明方法如下：

数据类型 [,] 数组名；

其中，数据类型，即数组元素类型，与一维数组一样也可以是任何类型。数组的两个维之间用逗号隔开，如果有 n 个逗号，则表示 n+1 维。

例如：

```
int [,] a;                    //声明一个整型的二维数组
string [,] str;               //声明了一个字符串型的二维数组
```

　　声明数组变量时，还没有创建数组，也就是还没有为数组中的元素分配任何内存空间。因此声明数组后需要对数组实例化，即创建数组。

　　（2）创建数组并初始化。与一维数组一样，使用 new 运算符创建二维数组，为数组分配内存空间，并把数组各元素初始化为默认值。

　　创建二维数组的语法格式如下：

二维数组名=new 数据类型[数组长度1,数组长度2];

　　数组长度 1 和数组长度 2 分别表示二维数组第一维和第二维的长度，它们必须是常量或常量表达式，或者是已经赋值的变量。例如：

```
a =new int [3][3];
```

　　数组 a 有 3 行 3 列共 9 个元素，这 9 个元素分别是 a [0, 0]、a [0, 1]、a [0, 2]、a [1, 0]、a [1, 1]、a [1, 2]、a [2, 0]、a [2, 1]、a [2, 2]。每个元素都被初始化为零，也可以用给定的值对数组元素进行初始化。例如：

```
a=new  int[3][3]{{10,20,30},{40,50,60},{70,80,90}};
```

　　当然，也可以在声明数组的同时创建数组，并初始化。例如：

```
int [,]  a=new  int[3][3] {{10,20,30},{40,50,60},{70,80,90}};
```

　　创建了一个行数为 3、列数为 3 的整型二维数组，并用指定的值初始化数组元素。内部三个大括号中的数据分别为三行数组元素赋初值，三个内部大括号内的元素的个数必须相同。

　　2.　访问二维数组元素

　　访问二维数组中的元素，可以使用以下语法格式：

数组名[下标1 ,下标2]

其中，下标 1 对应到行，下标 2 对应到列，下标 1、下标 2 的最小值为 0，下标 1、下标 2 的最大值分别为二维数组的行数–1、列数–1。

　　可以使用 foreach 语句或嵌套的 for 语句循环访问多维数组的元素。例如：

```
int [,]  a=new int[3,2]{{9,6},{8,6}};
foreach (int k  in  a) Console.WriteLine("{0}",k);
```

　　通常，对于多维数组，使用嵌套的 for 循环能更好地控制数组元素。

　　二维数组也可以使用 Array 类的常用属性和方法，如 Length 属性可以获得二维数组中元素的个数、Rank 属性获得数组的维数、使用 Sort 方法对数组元素排序等。

🐾 任务实施

　　步骤 1：创建控制台应用程序，在 Program 类的 Main( )中声明数组和变量。

```
static void Main(string[] args)
  {
      double[,] score;            //数组 score 用于存储多名学生多门课程成绩
      string[] stuname;           //数组 stuname 用于存储多名学生的姓名
      string[] coursename;        //数组 coursename 用于存储多门课程的名称
      int stucount,courcount;     // stucount,courcount 分别表示学生数和课程数
      ......
```

步骤 2：在 Program 类中定义方法 inputStuName( )，用于输入多名学生的姓名，并存储到数组中。

```
public static void inputStuName(string[] stuname)
    {
        for (int i = 0; i < stuname.Length; i++)
        {
            Console.Write("请输入第{0}个学生的姓名:",i + 1);
            stuname[i] = Console.ReadLine();
        }
    }
```

步骤 3：在 Program 类中定义方法 inputCourseName( )，用于输入多门课程的名称，并存储到数组中。

```
public static void inputCourseName(string[] coursename)
    {
        for (int i = 0; i < coursename.Length; i++)
        {
            Console.Write("请输入第{0}门课程名称:",i + 1);
            coursename[i] = Console.ReadLine();
        }
    }
```

步骤 4：在 Program 类中定义方法 inputScore ( )，用于输入多名学生的各门课程成绩，并存储到数组中。

```
public static void inputScore(double[,] score,string[] stuname,string[] coursename)
    {
        for (int i = 0; i < stuname.Length; i++)
        {
        Console.WriteLine();
        Console.WriteLine("{0}同学的各门课程成绩:",stuname[i]);
        for (int j = 0; j < coursename.Length; j++)
        {
            Console.Write("{0}:",coursename[j]);
            score[i,j] = double.Parse(Console.ReadLine());
        }
        }
    }
```

步骤 5：在 Program 类中定义方法 outputScore( )，用于以表格形式输出学生成绩，并计算各门课程的平均分。

```
public static void outputScore(double[,] score,string[] stuname,string[] coursename)
    {
        double sum,avg ;
        for (int i = 0; i < coursename.Length; i++)
        {
            if (i == 0) Console.Write("{0,25}",coursename[i]);
            else Console.Write("{0,15}",coursename[i]);
```

```
    }
    Console.Write("\n");
    for (int i = 0; i < stuname.Length; i++)
    {
        Console.Write("{0,-20}",stuname[i]);
        for (int j = 0; j < coursename.Length; j++)
        {
            Console.Write("{0,-20}",score[i,j]);
        }
        Console.WriteLine();
    }
    Console.WriteLine("--------------------------------------------");
    Console.Write("{0,-20}","平均分");
    for (int j = 0; j < coursename.Length; j++)
    {
        sum = 0; avg = 0;
        for (int i = 0; i<stuname.Length; i++) sum += score[i,j];
        avg = sum / stuname.Length;
        Console.Write("{0,-20}",avg);
    }
}
```

步骤 6：在主方法 Main( )中添加如下代码，依次调用前面定义的方法完成学生姓名的输入、课程名称的输入、成绩的输入，并按任务要求输出学生成绩和各课程的平均分。

```
Console.WriteLine("使用二维数组处理多名学生各门课程成绩\n");
Console.Write("请输入学生人数:");
stucount = int.Parse(Console.ReadLine());
stuname = new string[stucount];            //根据学生人数创建 stuname 数组
inputStuName(stuname);                      //调用方法输入每个学生的姓名
Console.WriteLine();
Console.Write("请输入课程数:");
courcount = int.Parse(Console.ReadLine());
coursename = new string[courcount];         //根据课程数创建 coursename 数组
inputCourseName(coursename);                //调用方法输入课程名称
Console.WriteLine();
//根据学生数和课程数创建二维数组 score
score = new double[stucount,courcount];
Console.WriteLine("请输入学生成绩:");
//调用方法输入所有学生的各门课程成绩，并存储到数组 score 中。
inputScore(score,stuname,coursename);
Console.WriteLine();
Console.WriteLine("\n{0,20}","学生成绩统计信息");
Console.WriteLine("*******************************************");
outputScore(score,stuname,coursename);       //调用方法以表格形式输出学生成绩
```

步骤 7：运行程序，按提示输入学生人数、课程数、学生姓名、课程名称，及每个学生的各门课程成绩。程序运行后，即可看到输出结果。

💬 **知识拓展**

（1）多维数组。数组可以是一维、多维或交错的。一般，维数超过 2 的统称为多维数组。

多维数组定义格式：

数组类型[,,,]　数组名；

例如：

```
int[ ,,] a=new int[3,3,3];  //多维数组 a 共有 27 个元素
```

多维数组的用法类似于一维、二维数组，本教材不作详细介绍。

（2）交错数组。交错数组是数组的数组，它的元素是引用类型，初始化为 null。即，交错数组的元素还是数组，交错数组里包含的数组的维数和大小可以不同。例如：

```
int[][] a=new int[2][];       //定义长度为 2 的交错数组
a[0]=new int [3];             //交错数组 a 的第一个元素是长度为 3 的一维数组
a[1]=new int [5];             //交错数组 a 的第二个元素是长度为 5 的一维数组
赋值：
a[0][0]=10;                   //对第一个数组的第一个元素赋值为 1
a[1]=new int[5]{10,20,30,40,50};  //对 a 中第二个数组的 5 个元素赋初值
```

项目2　程序调试与异常处理

本项目主要介绍在 .NET 开发中，如何进行程序调试和异常处理。通过知识学习和任务实施，让读者掌握.NET 中程序调试的方法，能借助 Visual Studio.NET 的调试工具对程序进行有效调试，并能对程序进行适当的异常处理。

【主要内容】
◇ 程序调试方法
◇ 程序异常概念、分类
◇ 使用 try-catch-finally 语句处理异常
◇ 使用 throw 语句抛出异常

【能力目标】
◇ 了解程序中常见的错误
◇ 会借助.NET 调试工具对程序进行有效的调试
◇ 了解异常类型，并能使用 try-catch-finally 语句处理异常

【项目描述】
在项目开发过程中，或多或少地会出现一些错误或异常。对出现的问题如何处理，我们要积极地寻找原因并解决问题。.NET 环境中提供的异常处理模块能帮助我们对程序中的异常情况进行处理。

模块1　程　序　调　试

我们在运行自己编写或他人编写的程序时，或多或少都会遇到程序出现一些问题，甚至出错的情况。一些小的错误对用户来说只是不方便，而严重的错误则可能使应用程序对很多命令停止响应，甚至导致计算机系统的崩溃。因此，在开发完应用程序后，程序员要尽力发现程序中存在的错误信息并修正这些错误，从而确保开发的程序无错误，运行可靠、稳定。

程序中常见的错误信息有语法错误、逻辑错误、运行时错误等。

（1）语法错误。语法错误是由于程序员在编写代码过程中没有依照语法规则所产生的错误，一般可在程序的编译过程中检查出来。例如，缺少括号、缺少分号、缺少命名空间的引入命令、变量声明错误、数据类型转换错误等。在编译程序时，C#的开发环境会检查代码是否符合语法要求，如有语法错误，会在 VS.NET 下方的错误列表窗口中列出错误提示，程序员只要根据提示即可改正错误，如图 2-1 所示。

图 2-1 错误列表窗口

（2）逻辑错误。逻辑错误是指程序编译上没有错误，并且也能执行，但程序运行的结果并非预期想要的结果。例如，程序逻辑结构错误、变量初始化错误、变量没有声明为合适类型、引用数组时没有使用正确的下标值等。

例如，以下代码用于输出求 n!（假设 n=5），但由于程序中的逻辑错误，运行时不能得到正确的输出结果。

```
int  n=5,s=0;                    //变量 s 用于存放结果,根据算法,初始值应为 1
while (n>=1)
   s*=n;
   n++;                          //此语句与上一语句应用大括号{}括起来,作为循环体
```

逻辑错误与编译错误相比，错误原因比较难发现，通常使用断点单步运行跟踪变量的值来查找原因。因此有效的调试手段和完善的错误处理对于编写一个比较完美的程序非常重要。

（3）运行时错误。运行时错误是指程序能编译通过，但当用户输入不正确的数据或程序运行的条件、环境发生改变后，导致程序非正常终止甚至死机等情况。造成这类错误的原因主要有运算异常（如输入数据进行除法运算时，出现分母为 0 的情况）、数据溢出（如运算结果超出指定类型变量的数据值范围）、输入数据格式不正确等。

例如，以下代码要求运行时输入整数。

```
int   x;
x= Int32.Parse(Console.ReadLine());
```

运行时，如果输入整数，程序正常运行。如果输入字符，就会出现错误。

任务 使用 Visual Studio 2010 调试工具调试程序

学习目标

◇ 了解 Visual Studio 2010 的调试手段
◇ 能借助断点和调试窗口对程序进行有效的调试

任务描述

以下源程序代码中 ageScore( )方法用于求多名学生某课程成绩的平均分，并在主方法 Main 中调用该静态方法。代码有错误，试借助 Visual Studio 2010 调试工具调试程序，得到正确结果。

```
class Program
```

```
{
    static void Main(string[] args)
    {
        int count;
        int[] score;
        Console.Write("请输入学生人数:");
        count = Console.ReadLine();
        score = new int[count];
        for (int i = 0; i < count; i++)
        {
            Console.WriteLine("请输入第{0}个学生成绩",i + 1);
            score[i] = Console.ReadLine();
        }
    Console.WriteLine("{0}个学生的平均成绩是:{1}",count,ageScore(score));
    }
    public static double ageScore(int[] score)
    {
        int sum = 1;
        double  avg = 0.0;
        for (int i = 0; i <= score.Length; i++) sum += score[i];
        avg = sum / score.Length;
        return avg;
    }
}
```

知识准备

在编辑好源程序后，可以选择"调试"→"开始执行（不调试）"菜单项命令，直接运行程序。当然，如果在程序中设置了断点，也可以选择"调试"→"启动调试"菜单项命令，或选择工具栏上的 ▷ 按钮对程序进行调试。

在应用程序中查找并排除错误的过程叫做调试，在部署应用程序前必须先对其进行调试。Visual Studio.NET 提供了丰富的调试手段，可以方便地跟踪程序的运行，解决程序错误，并进行适当的错误处理。

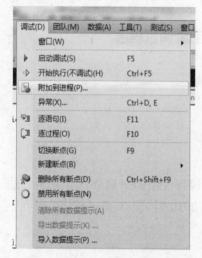

图 2-2　启动调试前"调试"菜单

在 Visual Studio.NET 开发环境中，有一个"调试"菜单。在程序调试运行前，该菜单包含的菜单项如图 2-2 所示。在程序调试运行后，该菜单包含的菜单项如图 2-3 所示。

1. 进入中断模式

中断模式指暂停程序正常的运行。在程序运行时，可以单击如图 2-4 所示的调试工具栏中的"暂停"按钮暂停应用程序的执行，进入中断模式。

2. 设置断点

设置断点是程序调试中一个重要步骤。所谓的断点就是在程序某处设置的一个位置，程序执行到此处就中断或暂停而转入中断模式。其作用是在程序调试时，程序运行到断点处暂停，供编程人员检查此时程序各元素的运行情况，参照和分析这些运行信息来定位错误。

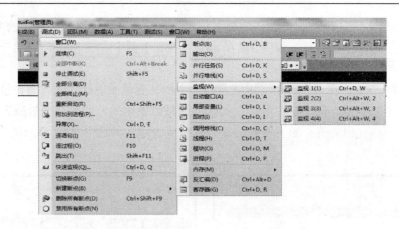

图 2-3　启动调试后"调试"菜单

可以采用以下三种方式设置断点。

（1）将光标定位在某代码处，按 F9 键设置断点，如果再按一下 F9 键，则取消断点。

（2）在要设置断点的代码行右击，在快捷菜单中选择"断点—插入断点"命令。

（3）在需要设置断点的代码行前的指示器框内单击，再次单击取消断点。

3. 单步执行

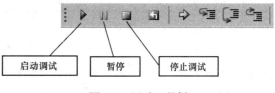

图 2-4　调试工具栏

程序进入调试状态后，遇到断点暂停执行，在正在执行的代码左边会出现一个箭头，并以黄色底纹显示，如图 2-5 所示。

图 2-5　设置的断点与正在执行的代码行

按 F5 键可以继续执行程序。按 F10 键进行逐过程调试，或按 F11 键进行逐语句调试。不断按 F10 或 F11 键就能对整个程序进行调试。也可以通过如图 2-6 所示的调试工具栏按钮选择执行方式。

4. 借助调试窗口监视变量内容

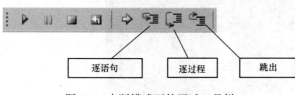

图 2-6　中断模式下的调试工具栏

单步执行时，要注意监视变量值的变化情况。可以在中断模式下，将鼠标移到代码窗口中变量名上，即可观察到变量当前的值。

另外，在程序调试运行后，"调试"菜单包含的菜单项如图 2-3 所示。可以利用 Visual Studio.NET 提供的断点窗口、监视窗口、局部变量窗口、调用堆栈窗口及线程窗口来显示调试的相关信息，从而协助调试。下面简单介绍"局部变量"窗口和"监视"窗口。

（1）"局部变量"窗口。该窗口默认情况下仅显示正在调试的代码处所包含的变量的信息，即局部变量的名称、值和类型。如图 2-7 所示是在执行上例中方法 Main( )的某一时刻的局部变量信息。

（2）"监视"窗口。在该窗口中可以查看代码中所有变量或表达式的状态，包括变量或表达式的名称、值和类型。只要在"名称"列输入变量或表达式，或者将变量或表达式拖入该窗口，就可以观察它们的值。如果要删除某个变量或表达式，选中它按 Delete 键即可。"监视"窗口如图 2-8 所示。

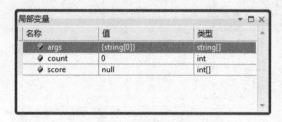

图 2-7　"局部变量"窗口

图 2-8　"监视"窗口

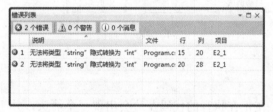

图 2-9　任务中错误列表窗口

（1）代码中第 15 行在输入数据时要进行类型转换，改为：

```
count = int.Parse(Console.ReadLine());
```

（2）代码第 20 行的错误同（1）。

任务实施

步骤 1：打开 Visual Studio 2010，创建一个控制台应用程序，将以上代码粘贴到当前程序中。这时，在输出结果窗口中显示语法错误，如图 2-9 所示。

根据提示，对代码中的语法错误作以下修改。

步骤 2：运行程序，出现如图 2-10 所示异常提示窗口。

根据提示"索引超出了数组界限"，表示程序代码中有错误，不能正确运行。

步骤 3：将光标定位在代码第 14 行处，设置一个断点，如图 2-11 所示。

图 2-10　异常窗口

图 2-11　设置断点

步骤 4：按 F5 键或工具栏上的 ▶ 按钮，启动调试，此时程序执行到断点暂停，并以黄色亮条显示正在执行的代码行，如图 2-12 所示。

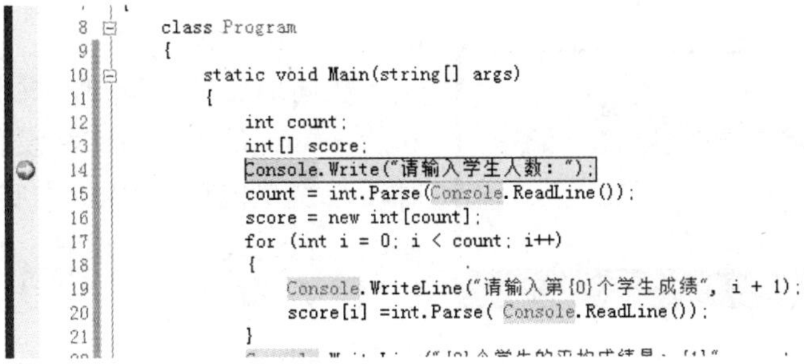

图 2-12　当前任务中正在执行的代码行

步骤 5：按 F11 键逐行执行代码，按提示输入学生人数为 2，输入每个学生的成绩（如 99 和 90），观察程序的执行方向和变量的值如何变化。

（1）当输入学生成绩时，循环执行两次，分别输入两名学生成绩，发现没有错误。

（2）当执行到调用 ageScore( )方法时，for 循环执行 1 次后，sum 变量的值应该为第一个学生的成绩 99，而当把鼠标放到该变量上时，发现 sum=100，如图 2-13 所示。因此，不难发现 sum 变量初始化错误，应将 int sum=1;改为 int　sum=0;。

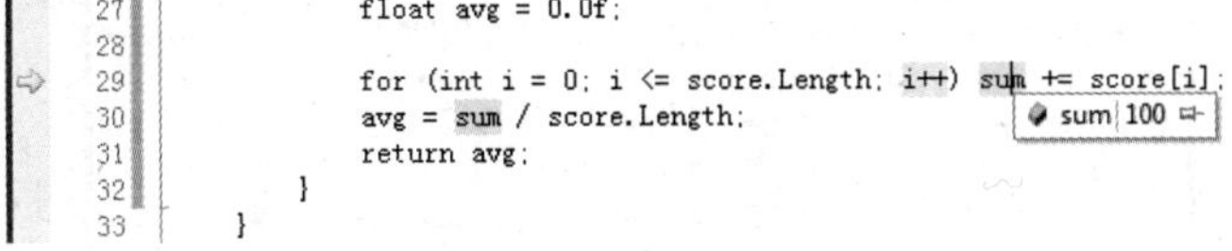

图 2-13　监视变量 sum 的值

（3）修改上述错误后，再次调试程序。循环变量 i 不断自增，最后一次 i=2，sum+=score[i]

中求和的是 score[2]元素，此时弹出如图 2-14 所示的错误。

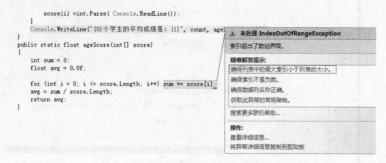

图 2-14　数组元素下标越界错误

稍加观察，不难发现，错误的原因是数组下标越界了，程序中数组含两个元素，分别是score ［0］、score ［1］，并不存在 score ［2］元素。应将 `for(int i = 0; i <= score.Length; i++)` 修改为 `for(int i = 0; i < score.Length; i++)`。

步骤 6：修改上述错误后，再次调试程序。调试前先通过"调试"→"窗口"菜单命令，打开"局部变量"或"监视"窗口，在如图 2-15 所示的局部变量窗口中，可以观察到各变量的值的变化情况。

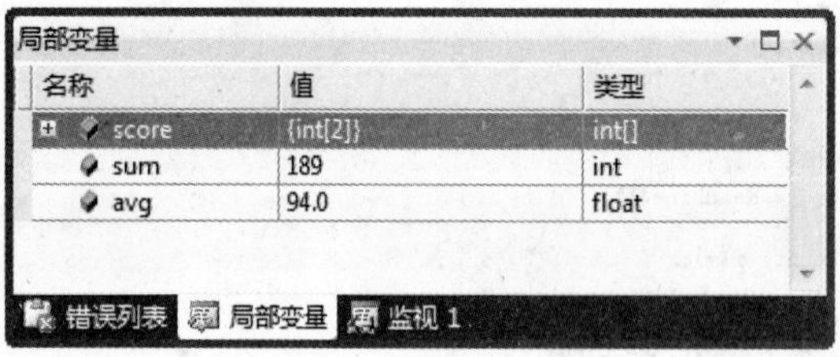

从局部变量窗口中，发现执行 for 循环求和后，sum 的值为 189，没有错误。求平均值时，avg 变量的值为 94.0，而实际平均值为 94.5。原因：表达式是整除运算，而实际应进行小数计算，为此可以将上述表达式改为 avg =1.0* sum / score.Length 即可。

至此，运行程序已经能正确输出结果了。

图 2-15　局部变量窗口

💬 **知识拓展**

在调试程序时，也可以借助"线程"窗口或"调用堆栈"窗口。

（1）"线程"窗口。线程是程序执行的一个基本概念，可以看做是程序执行的一个基本单位。程序执行时，可能有多个线程，但在某时刻只能有一个线程在执行，该活动线程通常称为现行线程。如图 2-16 所示的线程窗口中，可以查看程序中的所有线程，以及每个线程的 ID号、名称、位置、优先级等信息。其中，黄色箭头指向的是现行线程。

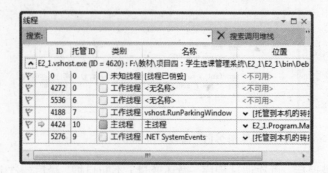

图 2-16　"线程"窗口

（2）调用堆栈窗口。在调用堆栈窗口中，可以看到在断点之前，程序中的函数的执行顺序以倒序方式排列。即最先执行的函数在最后一行，当前正在执行的函数在第一行。如图 2-17 所示窗口中显示了当前程序的执行状态，还显示了当前各函数调用的参数和这些参数的值。

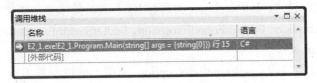

图 2-17　"调用堆栈"窗口

思考：

任务 1 中，我们对程序进行调试，排除了几处语法错误和逻辑错误，使程序运行可以得到正确的结果。那么是否说明该程序不存在任何问题了呢？读者可以思考一下，在运行程序时，要求输入学生人数，如果不小心输入了字符，此时程序还能正确运行吗？

模块 2　异　常　处　理

在编写程序时，不仅要关心程序的正常操作，还应该考虑到程序运行时可能发生的各类不可预期的事件，比如程序本身的缺陷，或程序运行时输入的不确定性因素（用户输入错误、数据库无法连接、网络资源不可用等）。这些都会导致程序运行时发生错误或出现意外情况，这就是程序的异常。

当程序出现异常时，各种程序设计语言经常采用异常处理语句来解决这类异常问题。.NET 环境提供了一个基于异常对象和保护代码块的异常处理模型，它提供了能在程序中定义一个异常控制处理模块的过程控制机制，来处理异常情况，并自动将出错时的流程交给异常控制处理模块处理，以保证程序能继续执行或正常结束。

1. 异常类型

在.NET 类中，异常是类的一个实例（异常对象），该实例直接或间接继承了基类 System.Exception。下面介绍常用的异常类。

（1）基类 System.Exception。System.Exception 类派生于 System.Object。System.Exception 类是所有异常类的基类，System 命名空间中所有其他异常类，包括自定义的异常类都由该基类派生。如 System.SystemException、System.ApplicationException 类等。

（2）常见的异常类。

1）SystemException 类：该类是 System 命名空间中所有其他异常类的基类。

2）ApplicationException 类：该类表示应用程序发生非致命错误时所引发的异常。该类是第三方定义的异常类，如果我们要自定义异常类，那么就应派生于它。

（3）与参数有关的异常类。此类异常类均派生于 SystemException，用于处理给方法成员传递参数时发生的异常。如 ArgumentException、FormatException 类。

（4）与成员访问有关的异常。如 MemberAccessException 类，该类用于处理访问类的成员失败时所引发的异常。失败的原因可能是没有足够的访问权限，也可能是要访问的成员根本不存在。MemberAccessException 类的直接派生类有 FileAccessException、MethodAccess

Exception、MissingMemberException 类等。

（5）与数组有关的异常。与数组有关的异常有 IndexOutOfException、ArrayTypeMismatch
Exception、RankException 类等，均继承于 SystemException 类。

（6）与 IO 有关的异常。IOException 类是与 IO 有关的异常类，该类有五个直接派生类：
DirectionNotFoundException、FileNotFoundException、EndOfStreamException、FileLoad Exception、
PathTooLongException 类等。

（7）与算术有关的异常。ArithmeticException 类用于处理与算术运算有关的异常。该类
的派生类有 DivideByZeroException、NotFiniteNumberException 类等。

常见的异常类见表 2-1 所示。

表 2-1　　　　　　　　　　　　　　常 见 异 常 类

异　　　常	说　　　明
MemberAccessException	访问错误：类型成员不能被访问
ArgumentException	参数错误：方法的参数无效
ArgumentNullException	参数为空：给方法传递一个不可接受的空参数
ArithmeticException	由于算术运算错误导致的异常
ArrayTypeMismatchException	数组类型不匹配
DivideByZeroException	被零除异常
FormatException	参数格式不正确
IndexOutOfException	索引超出范围，小于 0 或比最后一个元素的索引还大
InvalidCastException	非法强制转换，当显示转换失败时引发
OverFlowException	溢出
NullReferenceException	引用空引用对象时引发的异常
NotSupportedException	调用的方法在类中没有实现
NotFiniteNumberException	无限大的值：数值不合法
OutOfMemoryException	在分配内存（通过 new）的尝试失败时引发

2. SystemException 类的常用成员

在.NET 框架中的异常类都派生自 SystemException 类，这个类的大部分常用成员如下。

（1）HelpLink 是一个链接到帮助文件的链接，该帮助文件提供异常的相关信息。

（2）Message 是指明一个错误细节的文本。

（3）Source 是导致异常的对象或应用的名称。

（4）StackTrace 是堆栈中调用的方法列表。

（5）TargetSite 是抛出异常的方法名称。

任务　使用 try-catch-finally 语句进行异常处理

学习目标

✧ 掌握 try-catch-finally 语句的使用

◇ 掌握 throw 语句的用法

任务描述

本任务使用 try-catch-finally 语句对任务 1 中的代码进行异常处理。如果数据类型错误或输入数据过大，则能处理该类异常，同时能捕获所有类型的异常。

知识准备

C#的异常处理功能提供了处理程序运行时出现的任何意外或异常情况的方法。在 C#中，异常由"try"、"catch"、"throw"和"finally"四个关键字来处理。

1．try-catch-finally 语句

try-catch-finally 的语法格式如下。

```
try
{
//可能产生异常的程序代码
}
catch(异常类型1   异常类对象)
{
//处理异常类型1的程序代码
}
catch(异常类型2   异常类对象)
{
//处理异常类型2的程序代码
}
finally
{
//无论是否发生异常,均要执行的代码块
}
```

其中：

（1）try 语句块：把程序中要监视的、可能会出现问题的代码放在 try 语句块中。

（2）catch 语句块：把对异常进行处理的代码放在 catch 语句块中。在 try 语句块中的语句执行过程中出现异常时，try 子句就会捕获这些异常，然后控制就会转移到相应的 catch 子句中。可以有多个 catch 子句。

（3）finally 语句块：用来清理资源或执行要在 try 块末尾执行的其他操作，如清除资源、关闭文件等。无论 try 语句块是否产生异常，finally 块中的代码都会执行，从而确保像关闭文件、释放资源的关键语句能最后执行。在异常处理语句中，finally 语句块可以省略。

2．try-catch-finally 语句的使用说明

（1）如果使用不带参数的 catch 语句，则可以捕获任意类型的异常。

（2）try 语句块、catch 语句块、finally 语句块之间不能有其他语句。

（3）在 try-catch-finally 语句中，try 语句只能出现一次，每个 try 语句块必须有一个或多个 catch 语句块对应。但 catch 语句可以出现多次，每一个 catch 语句原则上只对一种特定类型的异常进行处理，也可以对所有的异常进行处理（Exception）。例如：

```
try
    {
```

```
        int  n=int.Parse(Console.ReadLine());
        ……
    }
catch (FormatException e1)
    {Console.WriteLine("输入数据格式不正确");
    }
catch (OverflowException e2)
    {Console.WriteLine("输入数据太大或超出范围");
    }
catch (Exception e3)
    {Console.WriteLine(e3.Message);
    }
```

（4）当上述 try-catch 代码执行时，如果产生了异常，系统就会将异常的类型与 catch 后面的异常类型进行逐一比对。如果比对成功，则执行该 catch 后的语句块，并不再处理后续的 catch 语句；如果比对不成功，则继续比对后续的 catch 语句，直至匹配成功为止；如果一直没有找到，程序就会产生一个未处理的异常错误。如果程序执行时没有出现异常，所有的 catch 语句都会忽略，程序转向执行最后一个 catch 语句后的第一条语句。

（5）捕获和处理所有的异常。每个 catch 语句的异常类型参数对应一种指定类型的异常，如果 catch 后用 Exception，表明要捕获所有类型的异常，也称为通用异常处理。在实际编程的异常处理中，往往难以预测可能要发生的所有异常，或避免遗漏未列出的异常，这时会采用以下格式来处理异常。

```
try
{
//可能产生异常的代码
}
//Exception 是所有异常类的基类,所有发生的异常都可以由基类的对象 e 来描述
catch( Exception e )
{
//异常处理代码
}
```

这里要特别注意：捕获 Exception 类型异常的 catch 语句块必须放在所有 catch 语句块的最后面，否则会产生"永远无法到达"的错误。如果将上例中的代码作如下修改，将会出现如图 2-18 所示的错误列表窗口。

```
try
{
n = int.Parse(Console.ReadLine());
}
catch (Exception e3)              //捕获所有类型异常的catch 语句块,必须放在最后面
{
Console.WriteLine(e3.Message);
}
catch (OverflowException e2)
{
Console.WriteLine("输入数据太大或超出范围");
}
```

图 2-18　错误列表窗口

任务实施

步骤 1：打开模块 1 中任务 1 中的程序代码，运行程序。当提示输入学生人数时，如果不小心输入了字符，则会出现如图 2-19 所示的未经处理的异常提示窗口，表示该程序中没有进行任何的异常处理。当运行程序过程中出现错误时，程序中断运行。

图 2-19　未处理的异常提示窗口

步骤 2：通过分析可以知道 Main( )中输入数据时可能引发数据类型不正确、数据太小或超出范围等异常。在调用 ageScore( )方法时，需要执行除法运算，也可能引发算术运算异常。

将可能产生异常的代码放在 try 语句块中，用第一个 catch 语句来处理格式类型的异常，参数 e1 是 FormatException 类的对象，它包含异常的描述性信息，第二个 catch 语句处理数值越界类型的异常。修改程序代码如下。

```
static void Main(string[] args)
{   int count;
    int[] score;
    try
    {
        Console.Write("请输入学生人数:");
        count = int.Parse(Console.ReadLine());
        score = new int[count];
        for (int i = 0; i < count; i++)
        {   Console.Write("请输入第{0}个学生成绩",i + 1);
            score[i] = int.Parse(Console.ReadLine());
        }
     Console.WriteLine("{0}个学生的平均成绩是:{1}",count,ageScore(score));
    }
    catch (FormatException e1)                        //处理格式类型异常
    {
        Console.WriteLine("异常:" + e1.Message);
    }
```

```
catch (OverflowException e2)                          //处理数值越界类型异常
{
    Console.WriteLine("异常:" + e2.Message);
}
}
```

步骤 3：运行程序，当提示输入学生人数时：

（1）如果什么都不输入，直接按"回车"键，会出现如图 2-20 所示的异常提示窗口。

（2）如果输入学生人数为 0，会出现如图 2-21 所示的异常提示窗口。

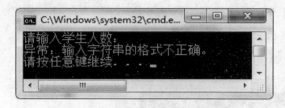

图 2-20　格式不正确出现的异常

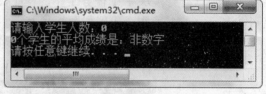

图 2-21　分母为 0 出现的异常

（3）如果不小心输入了字符数据，会出现如图 2-22 所示的异常提示窗口。

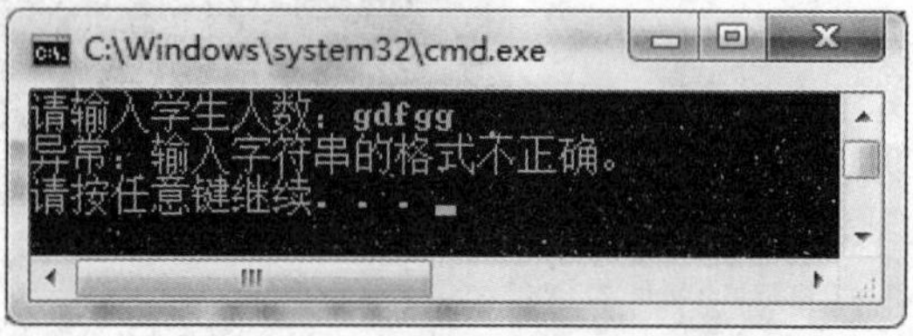

步骤 4：在 try-catch 语句的最后面添加以下代码，用于对程序中出现的所有异常进行捕获和处理。

```
catch (Exception e)
{
Console.WriteLine("异常:" + e.Message);
}
```

图 2-22　格式不正确异常提示

步骤 5：在上面的 catch 语句块后面加上以下 finally 语句块，使程序运行时无论是否出现异常，都能输出"提示：程序中已经加入了异常处理代码"。

```
finally
{
Console.WriteLine("提示:程序中已经加入了异常处理代码");
}
```

💬 知识拓展

在 catch 语句中之所以能处理异常，是因为 try 语句块在运行时出现了错误，这时系统为应用程序自动抛出了某类型的异常，此异常就由 catch 语句块来处理。当程序执行过程中遇到异常情况时，也可用 throw 关键字手工抛出异常。

（1）throw 语句的语法格式。C#中，手工抛出异常的语法格式如下。

```
throw [异常类的对象];
```

或：

```
throw  new  预定义异常类名()
```

（2）throw 语句应用举例。例如，通过人为抛出 DivideByZeroException 类型的异常，对

本任务中的程序进行异常处理：在 ageScore( )方法中，如果参数数组的长度为 0，则人为抛出
DivideByZeroException 类型的异常，否则，返回平均值。

```
public static double ageScore(int[] score)
{   int sum = 0;
    double avg = 0.0;
    for (int i = 0; i < score.Length; i++) sum += score[i];
    if (score.Length == 0)
        throw new DivideByZeroException();                //人为抛出异常
    else
        return  avg = 1.0 * sum / score.Length;
}
```

代码中，人为抛出异常的语句也可以用以下代码替换：

```
DivideByZeroException  e1=new DivideByZeroException();    //创建异常类对象
throw  e1;   //抛出异常对象
```

注意：通过 throw 语句人为抛出异常时，仅引发了异常，并不对异常进行处理，而在外
部代码中捕获异常并进行适当的处理。

例如，上例中主方法 Main 可以不做修改，通过 Main 方法中 catch 语句来捕获方法 ageScore
中人为抛出的异常或其他类型的异常，从而达到异常由外部代码统一处理的目的，提高程序
的灵活性。

运行程序，当输入学生人数为 0 时，出现如图 2-23 所示的异常处理提示信息。

图 2-23　异常处理提示信息

项目 3 使用 C#开发控制台应用程序
——学生选课管理系统

面向对象的程序设计越来越受到编程人员的喜爱。类和对象是面向对象程序设计中的重要概念，封装性、继承性和多态性是面向对象的特点。本项目通过使用 C#开发简单的学生选课管理系统介绍 C#面向对象程序设计的方法。

【主要内容】

◇ 类、对象
◇ 声明和使用字段、方法
◇ 创建对象
◇ 使用属性
◇ 成员访问控制
◇ 构造函数和析构函数
◇ 重载
◇ 多态

【能力目标】

◇ 理解 C#面向对象程序设计基础语法
◇ 掌握面向对象编程方法，包括类的定义和对象创建和使用、类的字段、方法、属性的定义和使用
◇ 掌握构造函数和析构函数的定义与使用
◇ 掌握修饰符的使用
◇ 掌握类的继承性、多态性

【项目描述】

本项目主要使用 C#面向对象编程方法实现简单的学生选课管理系统。本项目中主要介绍学生管理模块的实现，包括学生类的定义、对象的创建、学生类的重载与多态等内容。

模块 1 C#面向对象基础编程

前面项目中所有的程序代码都集中在一个 Program.cs 文件中，而且大多数代码更是集中在 Main( )方法中。这种编程模型只能解决较小的问题，如果要开发类似学生选课管理系统这样的软件，这种方法就不适合了。

通常一个软件的运行流程如下。

（1）程序运行后，显示登录界面，提示用户输入用户名和密码。

（2）系统验证是否是正确的用户名和密码，如果不正确，提示重新输入用户名和密码。如果正确，则允许进入系统。

（3）通过菜单、工具栏等使用系统的各项功能。

如果把实现以上功能的所有代码放在一个 Program.cs 文件中，显然是不现实的，需要对代码进行分类组织，让每个代码块成为独立的模块，以提供特定的功能。这就要使用面向对象的程序设计方法。

C#编程语言完全支持面向对象的程序设计（Object Oriented Programming，OOP）。面向对象程序设计是一种新的程序设计模型，其基本思想是使用对象、类、继承、封装、消息等基本概念来进行程序设计。它是从现实世界中客观存在的事物（即对象）出发来构造软件系统，并在系统构造中尽可能运用人类的自然思维方式，强调直接以现实世界中的事物为中心来思考问题、认识问题，并根据这些事物的本质特点，把它们抽象地表示为系统中的对象，作为系统的基本构成单位。

面向对象程序设计的特性有封装、继承、多态等。本模块中将介绍面向对象基础编程技术，如类、对象、封装等基本概念，以及类的定义、对象的创建、类的封装等基础应用。

任务1　定 义 学 生 类

◁꞉ 学习目标

◇ 了解类和对象的基本概念

◇ 了解类的访问修饰符

◇ 掌握类的定义方法

任务描述

使用面向对象编程思想，定义一个描述学生基本信息的类 Student，该类中包含的字段有学号、姓名、性别、年龄、班级、兴趣爱好、入学时间。

知识准备

面向对象的程序设计是一种以对象为基础、以事件为驱动的编程技术。"类"和"对象"在面向对象的编程中使用得非常多。类是 C#类型中最基础的类型，类提供了用于动态创建类实例的定义，也就是对象。对象是程序的基本元素。事件及其处理程序建立了对象之间的关联。

1. 面向对象基本概念

（1）类与对象。日常生活中存在着无数的实体，如人、动物、汽车等，每个实体都有一系列的性质和行为。例如，每一辆汽车都具有型号、颜色、品牌等性质，还具有起动、停止、加速等方法。在面向对象的程序设计中，类是一系列具有相同性质和方法的对象的抽象，是对对象共同特征的描述。因此，可以定义汽车这个类来描述具有相同性质和方法的所有汽车。

1）类（Class）。类是一种复杂的数据类型，是一组具有相同的数据结构和相同操作的对象的集合。类是一个独立的程序单位，它不但包含数据（描述一组对象的状态），还包含了对数据进行操作的方法（method）。即类是将数据和与数据相关的操作封闭在一起的集合体。类的主要作用是来定义对象。

例如，人是抽象的类。每个人的姓名、年龄、性别、身高、体重等特征可作为"人"类中的数据，吃饭、走路、工作等行为作为"人"类的方法。

同样，如果每一个学生是一个对象的话，那么可以把所有的学生看做一个模板，模板也就可以称为所有学生的类。

程序设计时，类可以分成两种：一种是已经设计好了的，由 .NET 类库提供的，这样的类好比是"标准件"，程序员可以直接使用它们，如 Console 类、String 类、Convert 类等。另一种是需要程序员自己设计的。

2）对象（Object）。对象是系统中用来描述客观事物的一个实体，是构成系统的一个基本单位，由一组属性和对属性的操作方法组成。对象可以表示几乎所有的实物和概念。如一个人、一辆汽车、一本书、一个文件、一台计算机、一种语言、一个图形等都可以表示一个对象。

对象的属性描述对象的静态特征，是与对象相关的特性和变量。对象的方法描述对象的动态特征，是对象可以执行的、用于改变其自身或者外部，并且产生了影响的方法、行为和函数。例如，汽车这个对象，它的颜色、品牌都可以作为对象的属性，它能够执行的操作可以是起动、停止等。

只要定义一个类就可以得到若干个实例（instance）对象。在一个类中，每个对象都是类的实例，可以使用类中提供的方法。从类定义中产生对象，必须有建立实例的操作。C#中的 new 操作符可用于建立一个类的实例。

对象是在执行过程中由其所属的类动态生成的。一个类可以生成多个不同的对象，而一个类的所有对象具有相同的性质，即其外部特性和内部实现都是相同的，一个对象的内部状态只能由其自身来修改，任何别的对象都不能改变它。

类与对象之间是抽象与具体的关系。类给出了具有相同属性和方法的全部对象的抽象定义，而对象则是符合这种定义的一个实体。类与对象之间的关系如同一个模具与用这个模具铸造出来的铸件之间的关系一样。类是创建对象的模板，对象是类的实例，它是类的变量。当程序运行时，对象占用内存单元。

（2）封装。封装是面向对象的特性之一。封装是指利用抽象数据类型将数据（属性）和基于数据的操作（方法）封装在一起，使其构成一个不可分割的独立体，数据被保护在抽象数据类型的内部，用户无需知道对象内部方法的实现细节，但可根据对象提供的外部接口（对象名和参数）访问该对象。

封装可以将对象相关的信息集中存放在一个独立的单元中，因此用一个标识符就可以访问对象。封装的主要目的是使对象以外的部分不能随意存取对象的内部数据，从而有效地避免了外部错误对它的"交叉感染"，使软件错误能够局部化，大大减少了查错和排错的难度。

（3）继承。在自然界中，事物既有共性，也有个性。如果只考虑事物的共性，不考虑事物的个性，就不能反映现实世界中事物之间的层次关系，不能完整地、正确地对现实世界进行抽象描述。例如，车辆和小轿车这两个类，车辆类描述了所有车辆共有的属性和方法，小轿车除了具有车辆的所有特征外，又增加了别的属性和方法。因此，车辆类和小轿车类之间具有一种层次结构，这种层次结构的一个重要特点就是继承性。通过继承创建的特殊类称为子类或派生类。被继承的类称为基类或父类。

继承是使用已存在的类定义新类的过程。子类继承父类时，子类可以自动拥有父类的全部属性和方法，且在无需重新编写原来的类的情况下对子类功能进行扩展。例如，车辆作为父类可以派生出小轿车、面包车、跑车等子类，这些子类继承了父类车辆所有的属性和功能。子类还可划分，从而形成子类的子类。

（4）多态。多态是指在父类中定义的属性或方法被子类继承后，可以具有不同的数据类型或表现出不同的行为。即同一操作作用于不同的对象，可以有不同的解释，产生不同的执行结果。

多态性分为两种，一种是编译时的多态性，另一种是运行时的多态性。编译时的多态性是通过重载来实现的。对于非虚的成员来说，系统在编译时，根据传递的参数、返回的类型等信息决定实现何种操作。运行时的多态性是指直到系统运行时，才根据实际情况决定实现何种操作。C#中运行时的多态性是通过重写虚成员实现。

2. 类的组成

在 C#中，类包含若干个组成成员，这些组成成员包括字段、属性、方法、事件等。类中的成员都有自己的访问级别，可以通过表 3-1 所示的访问修饰符定义。

（1）字段（数据成员）。字段是用于保存值的成员变量，通过标准的变量声明语句定义，并结合访问修饰符来指定数据成员的访问级别。可以对一个字段应用几个修饰符，如 static、readonly、const、public 等。

（2）属性。属性是在类中可以像类的字段一样访问的方法，它们提供灵活的机制来读取、编写或计算私有字段的值。可以像使用公共数据成员一样使用属性，但实际上它们是称为访问器的特殊方法。这使得数据要可以被轻松访问的同时，仍能提供方法的安全性和灵活性。

（3）方法。方法包含完成类中各种功能的操作。在 C#中，每个执行指令都是在方法的上下文中完成的。方法在类或结构中声明，声明时需要指定访问级别、返回值类型、方法名称及方法参数。

（4）常量。常量代表与类相关的常量值，是值不会被改变的变量。

（5）索引器。索引器的使用类似于数组，索引器通过下标使用实际的对象。

（6）事件。面向对象语言是事件驱动型语言，所有执行代码都以事件的形式出现，如鼠标单击事件，窗口放大、缩小事件等。

（7）构造函数。在类被实例化时首先执行的函数，主要完成对象初始化操作。

（8）析构函数。在对象被销毁之前最后执行的函数，主要完成对象结束时的收尾工作。

表 3-1   常 用 的 访 问 修 饰 符

修饰符	说　　明
abstract	指定类为抽象类，是其他类的基类
sealed	最终类，指定类不能被继承
internal	允许同一命名空间的其他类访问
protected	类成员只能由类或其派生类中的代码访问
private	类成员只能由类中的代码访问，不允许外界访问。定义成员时，默认使用 private
public	类成员可以由任何代码访问

3. 类的定义

在 C#中类是通过关键字 class 来定义的。例如，在创建 C#控制台应用程序时，系统自动生成的 Program.cs 文件中的 Program 类就是用 class 关键字定义的。

定义类的语法格式如下：

```
[修饰符] class  类名  [:基类和实现的接口列表]
    {       类的成员
    }
```

其中：

（1）修饰符可以是 abstract、public、internal，在 namespace 中的类、接口默认是 internal 类型，也可显式定义为 public，不允许其他访问类型。

（2）class 是定义类的关键字。

（3）类名用于定义该类的名称，一般大写开头，如果由多个单词组成，每个单词首字母大写。

（4）类名后的"[：基类和实现的接口列表]"用于定义该类与其他类的关系。

（5）大括号内的内容称类体，类体中定义该类中的成员，包含字段、方法、常量等。类中成员默认是 private 的，可显式定义为 public、private、protected、internal 或 protected internal 等访问权限。

例如，定义一个"人"类，该"人"类中包含"姓名"、"性别"、"年龄"三个属性。

首先，创建控制台应用程序，在"解决方案资源管理器"中把 Program.cs 重命名为 Person.cs。

然后，在代码编辑窗口中输入以下代码，用于定义 Person 类。

```
namespace ConsoleApplication1
{
  class Person
    { public string name;              //声明一个公有的 string 类型的数据成员
      string  sex;                     //声明一个私有的 string 类型的数据成员
      public int age;                  //声明一个公有的 int 类型的数据成员
      static void Main(string[] args)
      {
      }
    }
}
```

📚 **任务实施**

步骤 1：启动 Visual Studio 2010，创建一个控制台应用程序。在"解决方案资源管理器"窗口中选择当前项目右击，在弹出的快捷菜单中选择"添加"→"类…"，如图 3-1 所示。在弹出的"添加新项"对话框中，输入名称 Student.cs，单击"添加"按钮。

步骤 2：在学生选课管理系统中，学生包含学号、姓名、性别、年龄、班级、兴趣爱好、入学时间等字段，其中，年龄定义为 int 类型，入学时间定义为 DateTime 类型，其余字段为 string 类型。在 Student.cs 文件中编写以下代码定义 Student 类。

```
class Student
```

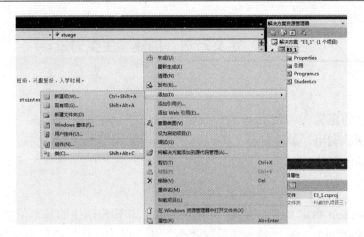

图 3-1　添加类文件

```
{
public    string stuid, stuname, stusex, stuclass, stuinterest;
public int stuage;
public DateTime rxsj;
}
```

步骤 3：保存项目。

💬 **知识拓展**

在定义类时，我们还要注意以下几点。

（1）C#中，任何字段、方法等的定义都不能游离于类之外，否则就会发生编译错误。
例如，以下代码错误。

```
class Person
{  public string name;                      //声明一个公有的 string 类型的数据成员
}
string  sex;                                //错误
```

（2）类名、变量名、方法名要符合标识符命名规则，不能使用 C#关键字。首字符可以为
字母，也可以是"_"或"$"（建议不要这样），不能包含空格或"."号。另外，名称应尽量
贴近其真实意思。

（3）类中变量有两种：成员变量和局部变量。成员变量在类中定义，可以被同一个类的
所有成员方法访问，作用域是整个类（全局的）。局部变量是在方法体中定义的变量和方法的
参数，局部变量仅在定义它的方法内有效，在方法外，局部变量不可见，在语句块内定义的
局部变量，在语句块外也不可见。例如：

```
class Person
{  public string name;                      //name 为成员变量,在整个类中都可以被访问
   public  void  output( )                  //类中的成员方法
   {
       int  count;                          //count 为局部变量,只在 output 方法内有效
   }
}
```

任务 2　定义方法、创建学生类对象

📢 **学习目标**

◆ 掌握方法的定义
◆ 掌握方法的调用、参数传递
◆ 掌握对象的创建

✎ **任务描述**

在学生类 Student 中定义两个方法，分别用于输入和输出学生的基本信息，然后在 Main( ) 中创建 Student 类的对象，通过对象调用这两个方法。程序运行界面如图 3-2 所示。

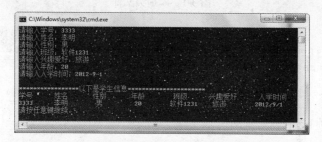

图 3-2　程序运行界面

☞ **知识准备**

1. 方法的定义与调用

（1）方法的定义。面向对象中的方法与面向过程中的函数类似，方法中包含一系列实现某种功能的语句块，通过调用类对象的方法，实现各种操作功能。在使用方法前，首先要定义方法。

定义方法的语法格式如下。

```
[修饰符]    返回值类型 方法名(参数列表)                    //方法头
{
   //方法体
}
```

其中：

1）修饰符可以是 static、public、private、protected、internal、virtual、override、abstract 或 extern，这些修饰符用于指定对该方法的访问权限。

2）返回值类型设置了方法要返回的值的数据类型，可以是前面介绍的任意的数据类型，也包括自定义的数据类型。如果方法没有返回值，就用关键字 void 指定。

3）方法名是在程序中调用方法的名称，它的命名规则与变量的命名规则相同。在给方法命名时，要注意见名知意，也就是方法的名称能反映方法的功能，以提高程序的可读性。

4）参数列表是一个或多个参数声明。参数放在括号中，用逗号隔开。用于在调用方法时给方法传递内容，每个参数包括参数名和参数类型。参数名用于在方法体中访问传递给方法

的数据项。传递参数时分为值传递和引用传递。采用不同的传递方式，其调用的结果是不同的。当然，方法中也可以没有参数列表。

例如，以下代码在 M 类中定义了方法 sum，该方法可以求两个数的和。

```
class M
{
  public int sum(int a,int b)                    //定义方法时方法中的参数是形式参数
  {
    int s=0;
    s=a+b;
    return s;
  }
}
```

（2）方法的调用。调用方法时首先实例化类的对象，然后使用类的对象来调用类的方法。调用方法时必须传递给方法，与形参对应的有实际值的变量或常量。

例如，以下代码在 Main()中创建 M 类的对象 m，通过对象 m 调用 sum 方法实现求和。

```
static void Main(string[] args)
{
  M m = new M();
  Console.WriteLine("6+8 ={0}",m.sum(6,8));      //调用 M 类的实例方法
}
```

在定义方法时，也可以在访问修饰符和方法类型之间加上 static 关键字，使用 static 关键字修饰的方法为静态方法，没有使用 static 关键字修饰的方法为非静态方法。

例如，以下代码可以将 sum( )方法定义为静态方法。

```
class M
{
public static int sum(int a,int b)             //定义静态方法 sum
  {
    int s=0;
    s=a+b;
    return s;
  }
}
```

可以在 Main( )中使用以下代码调用静态方法：

```
static void Main(string[] args)
{
  Console.WriteLine("6+8 ={0}", M.sum(6,8));     //调用类的静态方法
}
```

类中的成员要么是静态的，要么是非静态的。一般，静态成员是属于类所有的。非静态成员则属于类的实例化对象。非静态成员又称实例成员，需要通过类的实例进行调用，如前例所示。而静态成员不需要实例化对象来调用，而直接使用类名.方法名的方式调用。

2. 创建对象

在使用类定义的功能之前，必须对该类进行实例化，即创建类的对象。对象是系统中用

来描述客观事物的一个实体，它是构成系统的一个基本单元。一个对象由一组属性和方法所组成。属性是用来描述对象的静态特征，方法是用来描述对象的动态特征和行为的。方法和属性一样，可以分为公有、私有和保护三种类型。

C#使用 new 运算符来创建类的对象，其语法格式如下。

    类名 对象名=new 类名([参数列表]);

其中，参数的类型及数量根据类的设计而定。如前例中的语句 M m = new M();创建了 M 类的一个对象 m。

提示：创建类的对象、创建类的实例、实例化等说法是等价的，都说明以类为模板生成了一个对象的操作，一个对象也称一个实例。

类的对象使用 "." 运算符来引用类的成员。当然，能够进行引用的范围受成员的访问修饰符所控制。例如，下面代码中 M 类的对象 m 不能在 M 类外调用类的 protected 和 private 成员。

```
class Program
{
    static void Main(string[] args)
    {
        M  m = new M();
        int x = 10, y = 20;
        m.modify(ref x, ref y);        //调用 public 方法
        m.d = 30;                      //引用 public 成员 d
        m.n = 100;                     //错误:n 为 protected 成员,本类中不可见
        m.s = "*********";             //错误:s 为 private 成员,本类中不可见
    }
}
class M
{
    public int d;
    protected int n;            //protected 成员只允许本类或派生类访问
    string s;                   //不加修饰符,默认为 private,私有成员不允许类外访问
    public void modify(ref int a, ref  int b)
    {
        a++;
        b++;
    }
}
```

❧ 任务实施

步骤 1：打开任务 1 中创建的项目，在 Student 类中添加以下代码，定义 inputStuInfo( ) 方法用于输入学生的基本信息。

```
public void inputStuInfo()
    {
        //输入学生基本信息
        Console.Write("请输入学号:");
        stuid = Console.ReadLine();
        Console.Write("请输入姓名:");
```

```
stuname = Console.ReadLine();
Console.Write("请输入性别:");
stusex = Console.ReadLine();
Console.Write("请输入班级:");
stuclass = Console.ReadLine();
Console.Write("请输入兴趣爱好:");
stuinterest = Console.ReadLine();
Console.Write("请输入年龄:");
stuage = int.Parse(Console.ReadLine());
Console.Write("请输入入学时间:");
rxsj = DateTime.Parse(Console.ReadLine());
}
```

步骤 2：在 Student 类中添加以下代码，定义 outputStuInfo ( )方法用于输出学生的基本信息。

```
public void outputStuInfo()
  {
    //输出学生基本信息
    Console.WriteLine("\n*************以下是学生信息*******************");
    Console.WriteLine("学号   姓名   性别   年龄   班级   兴趣爱好   入学时间");
    Console.WriteLine("{0,-10}{1,-10}{2,-10}{3,-10}{4,-10}{5,-10}{6,-10}",
 stuid, stuname, stusex, stuage, stuclass, stuinterest,rxsj.ToShortDateString());
  }
```

步骤 3：在 Program 类中的主方法 Main( )中编写以下代码，使用 Student 类的默认构造函数创建对象，并通过对象调用 inputStuInfo( )方法和 outputStuInfo( )方法。

```
class Program
  {
    static void Main(string[] args)
    {
      Student s1 = new Student();
      s1.inputStuInfo();
      s1.outputStuInfo();
    }
  }
```

步骤 4：运行程序。

知识拓展

1. 方法调用时的参数传递方式

在调用方法时，实参传递给形参的方式有如下几种。

（1）按值传递。如果在定义方法时形参未加任何修饰，则在调用方法时，是将实参的值传给形参。也就是说，将含有实际数据的实参的一个副本传给形参，形参和实参占据不同的内存空间。在方法内对形参变量的改变不会影响到实参。这种按值传递的方式应用最为广泛。一般地在定义方法时，设置若干个按值传递的形参，并设定一个返回值类型，通过该方法获得一个计算或处理的结果。例如，前例 sum 方法中的参数传递形式即为按值传递。

参数按值传递又分为以下两种情况。

1）参数类型本身就是值类型。此时方法中形参变量的改变不会影响实参变量。

2）参数类型本身是引用类型。例如，数组作为参数时，传递的是数组对象的引用而不是数组元素本身，此时可以通过该方法去更改引用所指向的数据，如数组内元素的值，但对形参引用本身的改变不会影响到实参。

（2）按引用传递。如果调用方法时传递的参数需要随着方法体内变量的改变而改变，则应该使用引用传递。

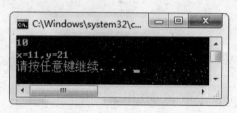

图 3-3　程序输出结果

在定义方法时，将 ref 关键字放在形参的变量类型标识符的前面，在调用方法时也必须在对应实参前面使用 ref 关键字。按引用传递参数，形参和实参在内存中的位置是相同的，所以形参变量的改变就等同于实参变量的改变。

例如，以下程序按引用传递参数的方式定义并调用方法，程序运行结果如图 3-3 所示。

```
class Program
    {
        static void Main(string[] args)
        {
            M m = new M();
            int x, y;
            x=int.Parse(Console.ReadLine());
            y = 20;
            m.modify(ref x,ref y);          //调用方法时按引用传递参数,可以改变实参的值
            Console.WriteLine("x={0},y={1}",x,y);
        }
    }
    class M
    {
        public void modify( ref int a, ref int b)
        {
            a++;
            b++;
        }
    }
```

注意：按引用传递参数时实参在传入前必须进行初始化，如本程序中的 x，y 在调用方法之前必须有值。

（3）按输出参数传递。在定义方法时，将 out 关键字放在形参变量类型标识符的前面，则该参数按输出参数传递。在调用该方法时必须在实参前面也使用 out 关键字。按引用传递与按输出参数传递的区别是：按输出参数传递参数时，在传入参数前实参可以不必初始化，但在方法返回前必须为输出参数赋一个值。

例如，可以将前例程序中定义和调用方法的代码作如下修改。

```
public void modify( out int a, out int b)          //方法定义
m.modify(out x,out y);                              //调用方法
```

2. 对象的赋值

如果将一个对象赋值给另一个对象，则两个对象就是相同的，代表它们的变量都将保存

同一块内存中。如果改变其中一个对象的状态（成员的值），那么也会影响到另一个对象的状态。

例如，以下程序运行的结果如图 3-4 所示。

```
class Program
 {
    static void Main(string[] args)
    {
     Person p1 = new Person();   //创建 p1 对象
     p1.name = "陈明";
     Console.WriteLine("p1 对象的信息:"+p1.name +p1.output());
     Person p2 =p1;   //声明 p2,并将 p2 赋值给 p1。此时 p1,p2 表示同一个人
     Console.WriteLine("p2 对象的信息:" + p2.name + p2.output());
     p2.name = "刘欢"; //该语句相当于修改 p1 对象的 name 属性值
     Console.WriteLine("p1 对象的信息:" + p1.name + p1.output());
    }
 }
class Person
 {
    public string name;
    public string  output()
    {
     return   "我是一名中国人";
    }
 }
```

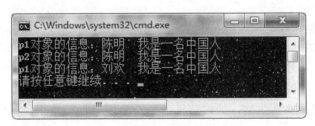

图 3-4　程序运行结果

要特别注意的是，当用 new 创建一个类的对象时，将在托管堆中为对象分配一块内存，每一个对象都有不同的内存地址。如果创建了两个不同的对象，即使他们的所有成员的值或代码都相同，它们也是不相等的。

图 3-5　程序运行结果

例如，以下程序运行的结果如图 3-5 所示。

```
class Program
 {
    static void Main(string[] args)
    {
     Person p1 = new Person();
     p1.name = "陈明";
     Console.WriteLine("p1 对象的信息:"+p1.name +p1.output());
```

```
        Person p2 = new Person();
        p2.name = "陈明";
        Console.WriteLine("p2 对象的信息:" + p2.name + p2.output());
    }
}
class Person
{
    public string name;
    public string  output()
    {
        return "  我是一名中国人  ";
    }
}
```

以上程序中 p1、p2 两个对象的名字相同，都是中国人，但 p1，p2 是两个不同的对象，表示两个不同的人。

<h2 style="text-align:center">任务 3   构造函数与析构函数</h2>

🔊 **学习目标**

　　◇ 了解构造函数与析构函数的作用
　　◇ 能定义和使用构造函数

✏️ **任务描述**

　　在学生类 Student 中定义两个构造函数和一个析构函数，要求：
　　(1)定义不带参数的构造函数,把对象的各字段初始化为以下信息,并调用 outputStuInfo( ) 方法输出学生信息。学号：88888888，姓名：李明，性别：男，年龄：20，班级：网络 1 班，兴趣爱好：旅游，入学时间：2009-9-1。
　　(2) 定义带参数的构造函数，通过传递参数对字段进行初始化，并调用 outputStuInfo( ) 方法输出学生信息。
　　程序运行界面如图 3-6 所示。

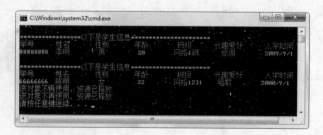

图 3-6　程序运行界面

👆 **知识准备**

　　构造函数和析构函数是 C#应用程序特有的两个函数，它们不需要开发人员调用，而是分别在对类进行实例化和退出程序进行垃圾回收时才会被调用，用于实现类对象的初始化和对象资源释放等操作。

类在实例化时会自动调用构造函数,来初始化对象的成员。例如,在前面创建的项目中,我们使用以下三条语句创建 Student 类的对象,并输出对象的各项基本信息:

```
Student s1 = new Student();            //Student 类的对象
s1.inputStuInfo();                     //调用方法输入对象的各项信息
s1.outputStuInfo();                    //调用方法输出学生基本信息
```

第一行代码中的 new Student( )表示调用默认的构造函数,读者可能有疑问了,在 Student 类定义时,并不有定义名称为 Student( )的函数,为什么可以调用呢?实际上,如果在定义类的类体中没有显式定义构造函数,C#会自动创建一个默认的构造函数,默认的构造函数指的是无参构造函数,该构造函数不显式定义。在创建对象时系统自动调用默认的构造函数,该构造函数将类的所有成员都初始化为默认值。

例如,上面代码中的第二行代码 s1.inputStuInfo();的作用是给 s1 对象的各成员输入数据,如果删除该行代码后,程序运行结果如图 3-7 所示,即将各字段初始化为默认值,int 的默认值为 0,string 类型的默认值为空引用 null,DateTime 类型的默认值为 "0001/1/1"。

图 3-7　程序运行结果

1. 构造函数

构造函数是一种特殊的方法,在创建类的实例(对象)时,通过该方法可以在声明对象的同时对数据成员赋初始值,即构造函数用于初始化新对象的数据成员。在类中定义构造函数的语句与定义方法的语句基本相同。

构造函数的声明格式:

```
[访问修饰符] 类名( [参数] )
    {
        函数的主体
    }
```

注意:构造函数的名字不能随便起,构造函数的名称必须与其所属的类同名,且没有返回值类型。可定义无参构造函数或有参构造函数。

例如,以下代码可以在 Person 类中分别定义无参构造函数和有参构造函数。

```
class Person
    {
        public string name;
        public int age;
    //无参构造函数将 name 属性初始化为李明,将 age 属性初始化为 20
        public Person()
        {
            this.name = "李明";
            this.age = 20;
```

```
    }
//有参构造函数,使用参数 name 和 age 初始化对象的成员
    public Person(string name, int age)
    {
        this.name = name;
        this.age = age;
    }
}
```

说明：

（1）在类的定义中，可以使用 this 关键字来代表类对象本身。例如，this.name 中的 this 是指创建的 Person 类对象。通过 this，可以访问本类的所有常量、字段、属性和方法，不管它们是 public、private，或者其他访问级别。上例代码行 this.name=name；中出现了两个 name，它们的含义是不一样的，this.name 中的 name 是指在类中定义的公有成员，而第二个 name 是构造方法中的形参 name。

（2）有参构造函数：须按照声明的构造函数的参数列表传递实际的参数来创建对象。

特别要注意的是，一旦类中提供了自定义的构造函数，则系统不会提供默认构造函数。

2. 析构函数

当类的实例不再使用时，我们希望确保它所占的存储空间能被收回。C#中提供了析构函数，用于专门释放被占用的系统资源。

析构函数与构造函数作用相反，当实例化后的类对象使用完毕时，系统会自动执行析构函数。析构函数中编写的代码通常用来做"清理善后"的工作，即用于销毁类的实例，释放被类的实例所占用的资源。

析构函数名也与类名相同，但在函数名的前面加上符号"～"。

析构函数的声明格式如下：

```
~类名( )
{
    //析构函数体
}
```

注意：

（1）析构函数无修饰符、无任何参数，也无返回值类型。

（2）一个类只能有一个析构函数，析构函数无法继承或重载。

（3）析构函数是被自动调用的，不能显式调用。当某个类的实例被认为不再有效、符合析构的条件时，析构函数就可能在某个时刻被执行。如果程序员在定义类时没有编写析构函数，编译器会在对象使用完毕后调用一个默认的析构函数，以释放资源。所以一般情况下不需要显式地定义析构函数。

◢◤ **任务实施**

步骤 1：打开前面创建的项目，在 Student 类中编写代码，定义不带参数的构造函数。

```
public Student()
    {
        stuid = "88888888";
        stuname="李明";
```

```
        stusex="男";
        stuclass="网络 1 班";
        stuage=20;
        stuinterest="旅游";
        rxsj=DateTime.Parse("2009-9-1");
    }
```

步骤 2：在 Student 类中编写代码，定义带七个参数的构造函数。

```
public Student(string stuid,string stuname,string stusex,string stuclass,int
stuage,string stuinterest,DateTime  rxsj)
    {
        this.stuid = stuid;
        this.stuname = stuname;
        this.stusex = stusex;
        this.stuclass = stuclass;
        this.stuage = stuage;
        this.stuinterest = stuinterest;
        this.rxsj = rxsj;
    }
```

步骤 3：在 Student 类中编写代码，定义析构函数，当释放对象后，输出："该对象不再使用，资源已释放"。

```
~Student()
    {
        Console.WriteLine("该对象不再使用,资源已释放");
    }
```

步骤 4：在主方法 Main( )中添加以下代码，分别调用不带参数和带七个参数的构造函数创建对象，并调用方法输出对象的基本信息。

```
Student s1 = new Student();
s1.outputStuInfo();
Student s2 = new Student("66666666","陈明","女","网络 1231",22,"唱歌",DateTime.
Parse("2000.9.1"));
        s2.outputStuInfo();
```

步骤 5：调试、运行程序。

💬 **知识拓展**

（1）在构造函数中通过输入学生基本信息对各字段进行初始化。在本节任务实施过程中，无论是带参数的构造函数还是不带参数的构造函数，对字段初始化都是通过赋值的方式实现的。使用构造函数创建类对象时，也可以通过键盘输入各字段的值。

例如：

```
public Student()
    {
        Console.Write("请输入学号:");
        stuid = Console.ReadLine();
        Console.Write("请输入姓名:");
```

```
        stuname = Console.ReadLine();
        ......
    }
```

（2）构造函数重载。在一个类中，可以有默认的构造函数，也允许定义有多个接受不同参数的构造函数，这种现象称为构造函数重载。重载是类的多态性的一种体现，即允许在同一个类中定义多个同名、但参数声明不同的方法。其主要目的是为了满足用户在创建对象时的不同需要，从而为创建对象提供极大的方便。例如，在 Person 类中可以声明以下多个重载的构造函数：

```
//无参构造函数,将字段初始化为指定值。
public Person()
    {
        this.name = "李明";
        this.age = 20;
    }
//带一个 string 类型参数的构造函数,仅初始化 name 字段,age 字段的值为默认值 0。
public Person(string name)
    {
        this.name = name;
    }
//带一个 int 类型参数的构造函数,仅初始化 age 字段,name 字段的值为默认值 null。
public Person(int age)
    {
        this.age = 20;
    }
//带两个参数的构造函数
public Person(string name, int age)
    {
        this.name = name;
        this.age = age;
    }
```

任务 4　　类的封装、使用属性

学习目标

◇ 了解封装的目的及意义
◇ 使用类封装数据和方法
◇ 使用属性封装数据

任务描述

前面任务中，学生类 Student 中所有字段成员的访问权限都为 public，其他任何类和对象都可以直接访问，不符合封装的特性，本任务中将作如下改进。

（1）对学生类进行封装：将 Student 类的所有字段成员私有化，并提供 public 的方法让其他的类和对象间接访问 Student 类中的成员。

（2）在 Student 类中，为各个私有字段定义属性。

知识准备

1. 封装

封装（Encapsulation）是面向对象编程中的一个重要原则。 封装是将代码及其处理的数据绑定在一起的一种编程机制，该机制保证了程序和数据都不受外部干扰且不被误用。具体地讲，封装有两层含义。

（1）把对象的全部属性和方法结合在一起，形成一个不可分割的独立单元。在面向对象的程序设计中，使用类来封装数据（属性）和方法（行为）。例如，要输入/输出一个人的姓名和年龄，可以有两种做法。

1）创建控制台应用程序，在 Program 类的 Main( )中输入以下代码。

```
class Program
{  static void Main(string[] args)
   {  string name;
      int  age;
      Console.Write("请输入姓名:");
      name = Console.ReadLine();
      Console.Write("请输入年龄:");
      age=int.Parse( Console.ReadLine());
      Console.WriteLine("我叫{0},今年{1}岁",name,age);
   }
}
```

2）创建控制台应用程序，在当前项目中添加 Person.cs 文件，在 Person 类中输入以下代码。

```
class Person
  {
     public string name;
     public int age;
     public void print( )
     {
        Console.WriteLine("我叫{0},今年{1}岁",name,age);
     }
  }
```

在主方法 Main( )中创建对象，并调用方法进行输出。

```
class Program
{
    static void Main(string[] args)
    {
        Person p1 = new Person();
        p1.name="沙军";
        p1.age=20;
        p1.print( );
    }
}
```

很显然，第一种做法的编程思路不符合信息隐蔽原则。应采用第二种做法，通过类描述人这样的一种数据结构，而不是直接在 Main 中定义多个孤立的变量来表示人的各种属性。

（2）使对象能够向客户隐藏它们的实现（称为数据隐藏），对外形成一个边界，或者说是一道屏障，外部不能直接地存取对象的属性。与外部发生联系只能通过对外接口实现，用户可以通过对象良好定义的接口与对象发生联系。例如，使用电器时，无须知道插座是如何工作的，任何人只要将插头插入电源插座中就可以使用电器。

封装的一个基本规则是类的数据应当只能通过访问器或方法来修饰或检索。隐藏类的实现详细信息可以防止这些信息被以不希望的方式使用，并使用户在以后修改此类项时没有兼容性方面问题的风险。

显然，在以上程序中，希望 Program 类中能访问 Person 类中 name、age 字段的值，则必须将字段定义成公有 public。但是如果所有字段都是公有的，则这些字段就可以被任意访问（包括修改，读取），不利于字段的保护，只要实例化了这个类，都可以修改其中的值。

为起保护作用，数据成员一般以 private 或 protected 修饰符声明，这样可以防止在类外使用它们，此技术称为"数据隐藏"。

例如，以下代码在 Person 类中将各字段声明为 private。

```
class Person
{
    private   string name;
    private   int  age;
}
```

以上代码将类的数据封装在类内部，达到封装类数据的目的，但如何满足用户获取类中字段相关信息的要求呢？

我们可以应用前面所学知识，在 Person 类中定义公有方法来实现对类的私有字段的赋值和访问，从而实现对类的封装和安全访问的目的。例如以下代码：

```
class Program
{
    static void Main(string[] args)
    {
        Person p1 = new Person("陈明", 20);
        Console.WriteLine(p1.output());
    }
}
class Person
{
    string name;
    int age;
    public Person(string name, int age)      //构造函数实现对私有字段的赋值
    {
        this.name = name;
        this.age = age;
    }
    public string output()                   //该公有方法可获取或输出私有字段的值
    {
        return string.Format("我叫" + name + "今年" + age + "岁");
    }
}
```

2. 使用属性

属性属于类的成员，是 C#提供的一种访问数据的机制，具有类似方法一样的访问数据的能力。属性专门用来对字段值进行读写操作，可用于类内部封装字段。

C#中，属性充分体现了对象的封装性，对所有有必要在类外可见的域，通过属性读取和写入字段（成员变量），而不直接操作类的数据内容，以此来提供对类中字段的保护。

类中对属性的定义包含两个类似于函数的代码块，一个用于设置属性值，用 set 关键字定义；另一个用于获取属性值，用 get 关键字定义。

定义属性的语法格式如下：

```
[修饰符] 数据类型 属性名
{
    get {
        ……                              //属性的 get 代码块
        }
    set {
        ……                              //属性的 set 代码块
        }
}
```

说明：

（1）修饰符可以是 public、static、protected 等，但由于属性提供一种访问类变量的途径，因此属性的修饰符通常取 public，否则就失去了属性作为类的公共接口的意义。

（2）数据类型表示属性值的类型，可以是任何一种数据类型，与要操作的成员字段的类型必须一致。

（3）属性名可以使用与私有字段同名，但首字母大写的名字，也可是其他名字。

（4）属性借助于 get 和 set 对属性的值进行读写。get 和 set 称之为访问器。get 访问器用于向外界返回属性的值，set 访问器用于设置属性的值。

例如，以下代码为私有字段 name 定义了属性 Name。

```
class Person
 { string name;
   public string Name                      //属性 Name 对应私有字段 name
   {   set { name = value; }
       get { return name; }
   }
}
```

其中，value 是 C#的关键字，是进行属性操作时 set 访问器的隐含参数。

定义属性后，虽然私有成员的访问范围只限于类内部，但可以通过属性来实现从外部对类内部的私有成员数据进行访问，这也就体现了程序设计的封装性。

例如，以下代码通过 Name 属性的 set 访问器修改 p1 对象的姓名为张飞，然后通过 Name 属性的 get 访问器获取 name 字段的值进行输出。

```
class Program
{
  static void Main(string[] args)
  {
```

```
    Person p1 = new Person("陈明", 20);
    p1.Name = "张飞";
    Console.WriteLine(p1.Name);
  }
}
```

在 Visual Studio 中可以使用"重构"→"封装字段"功能创建属性。具有操作步骤如下。

（1）将光标定位在定义字段 name 行，单击鼠标右键，弹出如图 3-8 所示的快捷菜单。

（2）单击"重构"→"封装字段"菜单项，在弹出的"封装字段"窗口中采用默认设置，单击"确定"按钮，在"预览引用更改－封装字段"窗口中单击"应用"按钮，向类中添加一个属性 Name。可以采用相同的步骤，为其他私有字段添加属性。

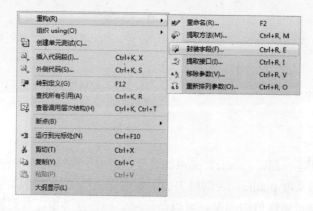

图 3-8　封装字段的快捷菜单

按以上步骤添加完属性后，类 Person 生动自成以下代码。

```
class Person
{
    string name;
    public string Name
    {
        get { return name; }
        set { name = value; }
    }
    int age;
    public int Age
    {
        get { return age; }
        set { age = value; }
    }
    ......
}
```

任务实施

步骤 1：打开前面创建的项目，将 Student 类中的字段私有化，即把 public 修饰符改为 private 修饰符。

```
private string stuid, stuname, stusex, stuclass, stuinterest;
private int stuage;
private DateTime rxsj;
```

步骤 2： 在主方法 Main( )中编写以下代码，尝试通过对象引用各私有字段并赋值。

```
Student s1 = new Student();                    //创建对象 s1
s1.stuid = "50505050";
s1.stuname = "陈建康";
s1.stusex = "男";
```

此时，我们发现在错误列表中出现了如图 3-9 所示的错误提示。

图 3-9　错误列表窗口

以上错误提示表明，类 Student 中的字段为私有成员，在其他的类，如 program 类中这些字段是不可见的，没有访问权限。这时，我们只能通过调用 Student 类的构造函数来实现对所有私有字段的初始化。同样，可调用 public void outputStuInfo( )方法实现数据的输出。

步骤 3： 通过属性对数据成员进行赋值和访问。利用 Visual Studio 提供的封装字段功能，在 Student 类中为各私有字段创建属性，生成如下代码。

```
public string Stuinterest
{
    get { return stuinterest; }
    set { stuinterest = value; }
}
public string Stuclass
{
    get { return stuclass; }
    set { stuclass = value; }
}
public string Stusex
{
    get { return stusex; }
    set { stusex = value; }
}
public string Stuname
{
    get { return stuname; }
    set { stuname = value; }
}
public string Stuid
{
    get { return stuid; }
    set { stuid = value; }
```

```
    }
    public int Stuage
    {
        get { return stuage; }
        set { stuage = value; }
    }
    public DateTime Rxsj
    {
        get { return rxsj; }
        set { rxsj = value; }
    }
```

步骤 4：使用属性封装了数据后，就可以在 Main( )中编写以下代码修改对象的各项数据。例如，首先使用无参构造函数创建对象 s1，将对象 s1 的学号、姓名、性别、班级、年龄等字段初始化为："88888888、李明、男、网络 1 班、20、旅游、DateTime.Parse（"2009-9-1"）"，然后修改学号、姓名等字段。

```
Student s1 = new Student();
s1.Stuid = "50505050";                    //引用属性 Stuid,修改学号
s1.Stuname = "陈建康";                    //引用属性 Stuname,修改姓名
s1.Stusex = "男";                         //引用属性 Stusex,修改性别
s1.outputStuInfo();
```

步骤 5：运行程序，输出结果如图 3-10 所示。

图 3-10   程序运行结果

⊙ **知识拓展**

（1）属性与字段的区别。通过属性可以像访问字段一样访问数据成员，实现数据的封装。属性是被"外部使用"，字段是被"内部使用"。属性是逻辑字段，是字段的扩展，源于字段。属性并不占用实际的内存，而字段占内存位置及空间。属性可以被其他类访问，而大部分字段是 private，不能直接访问。

通过属性给字段赋值时，属性还可以进行一些判断，对接收的数据范围作限定，避免使用非法数据赋值，保证数据的合理性。

例如，以下例子中，可以规定大学生年龄范围在 18～30 岁，如果试图使用超出范围的数值给 age 字段赋值，显示提示信息。

```
public int Age
{
    get { return age; }
    set
    {
        if (value<18||value>30) Console.WriteLine("年龄必须在 18－20 之间。");
        else age = value;
```

```
        }
    }
```

（2）属性提供了只读（get）、只写（set）、读写（get 和 set）三种接口操作。如果一个属性既有 get 访问器，又有 set 访问器，则表示该属性既可读，又可写。

当然，一个属性并不一定同时具有 get 和 set 访问器，定义属性时，可以忽略其中的一个代码来设置只读或只写属性。如果在属性的定义过程中只有 get 部分，则表示该属性只读。例如，删除前例中 set {……}后，Age 属性为只读，即不能通过该属性修改 age 字段的值。如果只有 set 访问器，则表示该属性只写。当然如果属性只写而不能读，是没有多大意义的，因此一般不定义只写的属性。

模块 2 C#面向对象高级编程

前面学习了面向对象程序设计的基本概念和应用，但面向对象编程还包括许多其他重要的概念，如继承、多态、接口、事件等。本模块主要介绍面向对象高级编程的相关知识，使读者对面向对象高级编程有一个感性认识，内容包括类的继承性和多态性。

在面向对象的程序设计中，继承性和多态性是其中两个重要特性。通过继承可以实现代码的重用，节省程序开发的时间和资源。多态性是指同一个消息被不同的对象接收后导致完全不同的行为，多态性通常体现在对函数或方法的重载或重写上。

任务 1 使用继承派生子类

学习目标

◇ 理解继承和代码重用性
◇ 理解基类和派生类的概念
◇ 掌握继承的基本用法

任务描述

本任务是利用继承，由 Student 类派生出学生干部类 StuLeader，该类增加职务、任职部门两个字段、增加无参和有参两个构造函数、增加一个方法 outputStuLeaderInfo( )，该方法按以下格式输出学生干部对象的基本信息。

（1）学生干部：

我叫××，学号：××性别：××

我于××年××月××日进入该校，就读于××班。

我的兴趣爱好是：××

我是一名学生干部，在 ×× 担任 ××职务

（2）非学生干部：

我叫××，学号：××性别：××

我于××年××月××日进入该校，就读于××班。

我的兴趣爱好是：××

我是一名普通学生，没有担任任何职务。

知识准备

假如有以下两个类，Person 类描述人，包含姓名和年龄两个字段；Student 类表示学生，包含姓名、年龄、系别、班级四个字段。

```
public class  Person
{ string name;                                    //姓名
  int age;                                        //年龄
}
class Student
{ string name;                                    //姓名
  int age;                                        //年龄
  string dept;                                    //系别
  string sclass;                                  //班级
}
```

在以上代码中，我们发现有许多代码重复。实际上，人与学生这两个类之间有着一定的关系，学生类属于人类中的一部分，如图 3-11 所示。

图 3-11 人类与学生类的关系

只要在 Person 类的基础上添加或修改程序代码就可完成对 Student 类的定义，这样不仅能降低代码编写中的冗余度、增强代码的重用性，而且能提高软件开发的效率。这里就要用到类的继承性。

继承是面向对象的重要特征之一，体现了一种分类的方法。所谓继承，就是在现有类的基础上派生出新的类（称为派生类），派生类继承了基类中所有的数据成员、属性、方法和事件。

继承体现的是面向对象编程中两个类之间的一种关系。当一个类 A 能够获取另一个类 B 中所有非私有的数据和操作、并作为自己的一部分或全部时，就称这两个类之间具有继承关系。被继承的类 B 称为父类或超类，继承了父类或超类的数据和操作的类 A 称为子类。

可以将所有子类共同的属性和方法作为可以继承的基类（父类），将其余能表现具体事物的类作为基类的派生类（子类）。派生类通过继承基类获得基类的可继承成员，还能通过增加成员变量和成员方法来进一步丰富自己的特点。即，每一子类是父类的特殊化，是在父类的基础上对公共数据和方法成员在功能、内涵方面的扩展和延伸。

C#语言的类都来源于 System.Object 对象，即所有类都是从 Object 中继承，Object 可视为所有类的一个"根"类而存在。

1. 定义派生类

派生类除了能继承基类的一切数据成员、属性、方法和事件以外，通常还需要定义自己特有的成员。在声明派生类时，派生类名称后紧跟一个冒号，冒号后指定基类的名称。

定义派生类的语法格式如下。

```
[访问修饰符] class 派生类名:基类名
    {
        //类体
    }
```

例如：以下代码首先定义了父类 Person 类，然后派生出了子类 Student 类。

```
public  class  Person
{
  public  String  name;                          //姓名
  public  int age;                               //年龄
}
class Student  : Person
{
  String  dept;                                  //系别
  String  sclass;                                //班级
}
```

通过继承，Student 类拥有 name、age、dept、sclass 四个属性，其中，name、age 属性是从基类继承得到的，dept、sclass 属性是 Student 类新增加的。

2. C#中继承的规则

（1）C#不支持多重继承，只允许单继承。即一个子类只允许从一个父类派生而来。子类可以从接口派生，接口的数量没有限制，在派生的接口之间使用","分隔开。由接口派生子类的语法格式如下。

```
[类访问修饰符] class 类名:[基类,]接口名列表
{ ……
    类实现接口的代码;
    ……
}
```

注意：基类只能有一个接口，一个派生类可以同时实现多个接口。当一个类既要继承一个基类又要实现接口时，基类放在所有接口的前面。关于接口本教材中没有介绍，读者可以查阅相关资料稍作了解。

（2）派生类不能继承或直接访问基类的私有成员，只能通过继承的基类的公有方法间接地访问基类的私有成员。

例如，将 Person 类的定义作如下修改后，即字段访问修饰符改为私有，其派生类将无法继承到 name、age 属性。

```
private  class  Person
{
    string  name;                                //姓名
    int age;                                     //年龄
}
```

（3）派生类不能继承基类的构造函数和析构函数，但它可以有自己的构造函数。

例如，以下代码分别给基类和派生类定义了构造函数，且派生类的构造函数通过 base 关键字调用基类的构造函数，实现对基类数据的初始化。

```
class Person
{
    public  string  name;
    public  int age;
    public Person(string name, int age)
    {
      this.name = name;
```

```
        this.age = age;
    }
}
class Student : Person
{
    string dept;                                        //系别
    string sclass;                                      //班级
    public Student(string name, int age, string dept, string sclass)
    :base(name, age)
    {
      this.dept = dept;
      this.sclass = sclass;
    }
}
```

如果定义了派生类构造函数，在实例化派生类时，首先调用基类的构造函数初始化基类的成员，然后调用派生类的构造函数初始化派生类中的成员。

（4）使用 protected 修饰。类继承时，如果基类的成员全部定义为公有的，如以上代码中 Person 类的 name、age 字段的访问修饰符均定义为 public，这样虽然派生类可以直接访问基类的成员，但不符合面向对象封装性的特点。如果将基类中的成员均为私有的，那么派生类无法从基类中继承，这样又失去了继承的意义。因此，我们可以将父类成员用 protected 修饰，由 protected 修饰的成员可以被派生类访问，显示了它公有的特点，但它修饰的成员无法被其他类的对象直接访问，又显示了其私有的特点。

例如，可以用以下代码改写 Person 类。

```
class Person
{
protected  string name;
protected  int age;
……
}
```

任务实施

步骤 1：打开前面所创建的项目，修改 Student 类中的字段的访问修饰符为 protected，确保该类中的字段可以被继承类访问，但不允许其他类的对象直接访问。

```
class Student
{
    protected string stuid, stuname, stusex, stuclass, stuinterest;
    protected int stuage;
    protected DateTime rxsj;
    ……
}
```

步骤 2：在"解决方案资源管理器"中选中当前项目右击，在弹出的快捷菜单中选择"添加"→"类…"，文件名为 StuLeader.cs。打开 StuLeader.cs 文件，在代码编辑窗口中编写以下代码定义派生类 StuLeader。

```
class StuLeader : Student              // StuLeader 类表示学生干部,继承自 Student
```

```
{
    string duty, department;        //增加 duty、department 两个字段
    public string Department        //定义属性
    {
      get { return department; }
      set { department = value; }
    }
    public string Duty
    {
      get { return duty; }
      set { duty = value; }
    }
}
```

步骤 3：在 StuLeader 类中添加以下代码，用于定义两个构造函数。

//以下无参构造函数将类的 duty、department 两个字段初始化为"无"，其他从父类继承得到的字段通过 base( )调用父类的构造函数进行初始化。

```
public StuLeader()
       : base()
{
    duty = "无";
    department = "无";
}
```

//以下定义含九个参数的构造函数,其中子新增的字段 duty、department 通过形式参数进行初始化,其他从父类继承得到的七个字段通过 base( )调用父类的构造函数进行初始化。

```
public StuLeader(string stuid, string stuname, string stusex, string stuclass,
int stuage, string stuinterest, DateTime rxsj, string duty, string department)
    : base(stuid, stuname, stusex, stuclass, stuage, stuinterest, rxsj)
{
    this.duty = duty;
    this.department = department;
}
```

步骤 4：在 StuLeader 类中定义 public 的方法 outputStuLeaderInfo( )。

```
public void outputStuLeaderInfo()
{
    Console.WriteLine("\n*****************以下是学生信息***************");
    Console.WriteLine("我叫 {0} ,学号:{1},性别:{2}", stuname, stuid, stusex)
    Console.WriteLine("我于 {0} 进入该校,就读于 {1}", rxsj.ToString("yyyy 年 MM
日 dd 日"), stuclass);
    Console.WriteLine("我的兴趣爱好是:{0}", stuinterest);
    if (duty == "无") Console.WriteLine("我是班级内一名普通同学,没有担任学生干部。");
    else Console.WriteLine("我是一名学生干部,在{0} 担任{1} 职务。", department, duty);
}
```

步骤 5：在 Program 类的主方法 Main( )中编写以下代码：

```
StuLeader s3 = new StuLeader();//创建派生类 StuLeader 的对象
s3.outputStuInfo();                //调用从父类继承的方法 outputStuInfo()输出学生信息。
```

运行程序，输出结果如图 3-12 所示。

图 3-12　程序运行结果

步骤 6：在主方法 Main( )中添加以下代码，用于调用派生类中新增加的 outputStuLeader Info 方法，该方法能根据 duty 字段的值得到不同的输出结果。

```
s3.outputStuLeaderInfo();
```

运行程序，可以输出一名普通学生的信息，如图 3-13 所示。

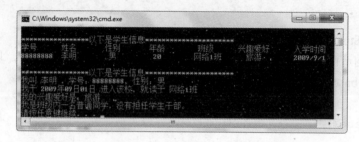

图 3-13　程序运行结果

步骤 7：在主方法 Main( )中继续添加以下代码。

```
s3.Duty = "班长";                    //通过属性 Duty 修改学生干部的职务
s3.Department = "本班";              //通过属性 Department 修改任职部门
s3.outputStuLeaderInfo();
```

运行程序，输出学生干部的信息，如图 3-14 所示。

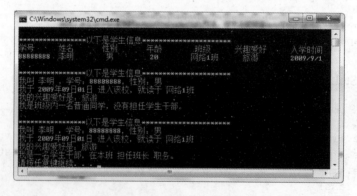

图 3-14　程序运行结果

💬 **知识拓展**

（1）多个基类构造函数的调用。在类的继承中，当基类的构造函数不止一个时，可以根据 base 关键字后传递的参数的个数、参数的次序、类型来确定到底调用基类的哪个构造函数。

例如，本项目任务的 Student 类中定义了以下两个构造函数。

```
public Student()
{
```

```
    ......
  }
  public Student(string stuid, string stuname, string stusex, string stuclass,
int stuage, string stuinterest, DateTime rxsj)
  {
    ......
  }
```

派生类 StuLeader 中也定义了两个构造函数，如以下代码所示。

```
public StuLeader()                    //子类的无参构造函数调用基类的无参构造函数
  : base()
{
  duty = "无";
  department = "无";
}
//以下有参构造函数调用基类的有参构造函数
public StuLeader(string stuid, string stuname, string stusex, string stuclass,
int stuage, string stuinterest, DateTime rxsj, string duty, string department)
  : base(stuid, stuname, stusex, stuclass, stuage, stuinterest, rxsj)
{
  this.duty = duty;
  this.department = department;
}
```

提示：如果基类没有定义构造函数，实例化派生类对象时会隐式调用基类默认的无参构造函数。

（2）密封类。在 C#中，有一种比较特殊的类称为密封类，密封类不能作为其他类的基类。定义密封类的方法就是在定义类的关键字 class 前面加关键字 sealed，这样就可以防止该类被其他类继承。

例如：以下代码试图将一个密封类作为其他类的基类，C#将提示出错。

```
sealed class Student              //定义 Student 为密封类,不允许该类再派生其他类
{
    ......
}
```

任务 2　　应用重载、重写

◁⁝ **学习目标**

- ◇　理解类的多态性以及多态的形式
- ◇　能使用方法重载实现多态
- ◇　能使用方法重写实现多态

✎ **任务描述**

子类继承父类时，在子类 StuLeader 中定义多个重载的构造函数，并通过重写父类中的 outputStuInfo( )方法输出学生干部基本信息。程序输出结果如图 3-15 所示。

图 3-15   程序运行结果

知识准备

多态是面向对象程序设计的又一个重要的特征。在 C#中对多态的定义是：同一操作作用于不同的类的实例，不同的类将进行不同的解释，最后产生不同的执行结果。

程序中多态的情况有以下多种

（1）编译时的多态性。编译时的多态性是通过重载来实现的，有方法重载和运算符重载两种。对于非虚的成员来说，系统在编译时会自动根据传递的参数、返回的类型等信息来决定实现何种操作。

（2）运行时的多态性。运行时的多态性是指直到系统运行时才根据实际情况决定实现何种操作。C#运行时多态通过虚成员来实现。

1. 利用方法重载实现多态

方法重载指的是可以在同一个类中定义多个同名的方法（方法名相同），而这些方法的参数声明（参数个数、类型和顺序）各不相同。

重载在 C#中是广泛存在的。比如，System 命名空间的 Console.WriteLine 方法就有以下几种重载形式，每种形式的方法名相同，都为 WriteLine，但方法参数不相同，可以按不同的格式进行输出。

```
public static void WriteLine (string format,Object arg0,Object arg1) ;
public static void WriteLine (string value) ;
public static void WriteLine (string format,Object arg0);
```

例如，以下代码定义了多个名为 add 的方法，该方法的功能是求和。

```
public  int  add(int a, int b)            //求两个整数的和
{
    int  s;
    s=a+b;
    return  s;
}
public double add(double a, double b)   //参数类型不同重载,求两个double类型数的和
{
```

```
    double  s;
    s=a+b;
    return  s;
}
public double add(double a, double b, double c)
                        //参数个数不同重载,对三个double 类型的数据求和
{
    double  s;
    s=a+b+c;
    return  s;
}
```

还有一种最常见的重载形式是构造函数重载,例如前面任务中创建的 Person 类中,可以同时定义多个具有不同参数的构造函数。

```
class Student
{
    public Student()
    {
        ......
    }
    public Student(string stuid, string stuname, string stusex, string stuclass,
int stuage, string stuinterest, DateTime rxsj)
    {
        ......
    }
}
```

方法重载时要注意以下几点。

(1)重载时,参数必须不同。参数不同有如下几种情况:参数的类型不同、参数的个数不同、参数的次序不同、参数的传递方式不同。当调用重载的方法时,具体执行哪个方法,由调用时所带的参数个数和类型决定。

(2)返回值类型可以相同,也可以不同。

2. 利用运算符重载实现多态

运算符重载是对已有的运算符重新进行定义,赋予其另一种功能,以适应不同的数据类型。例如,运算符"+"不仅能对数值类型的数据进行加法运算,而且在处理字符串时,能使用"+"运算符连接多个字符串,如下列代码所示。

```
string s1, s2, s3;
s1 = "Hello ";
s2 = "World!";
s3 = s1 + s2;
```

在 C#中,并不是所有的运算符都可以被重载,如 is、sizeof、new、->等运算符不能被重载。能重载的运算符包括算术运算符、比较运算符等。

若要重载运算符,则必须在类中定义下列方法:

[访问修饰符] static 返回数据类型 operator X(参数系列);

注意:上述方法必须是静态的,其中 X 是重载的运算符的名称或符号。如果是一元运

算符，则该方法必须具有一个参数，如果是二元运算符，则该方法必须具有两个参数，依次类推。

例如，以下程序应用运算符重载实现两个复数求和。

```
class MainClass
{
  int x, y, z;
  public MainClass(int x, int y, int z)
  {
    this.x = x;
    this.y = y;
    this.z = z;
  }
  public static MainClass operator +(MainClass m1, MainClass m2)
                                                      //重载+运算符
  {
    m1.x += m2.x;
    m1.y += m2.y;
    m1.z += m2.z;
    return m1;
  }
  static void Main(string[] args)
  {
    MainClass op1 = new MainClass(3,5,7);
    MainClass op2 = new MainClass(5,10,9);
    MainClass op3;
    op3 = op1 + op2;  //调用重载的+运算符
    Console.WriteLine("op3=("+op3.x+","+op3.y+","+op3.z+")");
  }
}
```

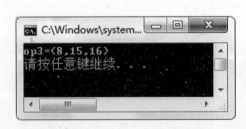

图 3-16　程序运行结果

程序运行结果如图 3-16 所示。

3．利用虚方法实现多态

当派生类从基类继承时，它会获得基类的所有方法、字段、属性和事件，若要更改基类的数据和行为，可以重写虚拟的基类成员。

基类的成员可以通过 virtual 关键字声明为虚拟的。比如，用 virtual 关键字修饰、且能在派生类中重写的方法为虚方法，具体做法是在方法的访问修饰符和返回类型之间放置关键字 virtual。

（1）定义虚方法。定义虚方法的语法格式如下。

```
class 基类名
{
  [访问修饰符] virtual 返回类型 方法名(参数列表)
  {
    ……//方法体
  }
}
```

注意：修饰符 virtual 不能和 static、abstract、override 等修饰符同时使用，即虚方法不能同时为静态方法或抽象方法。另外，虚方法不能定义为私有的，因为，派生类在重写虚方法时会调用基类的虚方法。

在派生类使用 override 关键字将基类实现方法替换为自己的实现方法，这个过程称为重写虚方法。这样同一个方法的声明在不同类中有不同的方法体，从而实现多态。

（2）重写虚方法。重写虚方法的语法格式如下。

```
class 派生类名
{
    [访问修饰符] override 返回值类型 方法名(参数列表)
    {
        ……                                    //重写的方法体
    }
}
```

4. 利用方法隐藏实现多态

方法隐藏指的是，如果基类定义了一个方法、字段或属性，则派生类可以使用新的派生成员替换（覆盖）基类成员，从而将基类成员隐藏。

隐藏方法时，要在派生类定义的方法前加关键字 new，即 new 关键字用于在派生类中创建该方法、字段或属性的新定义。

方法隐藏的语法格式如下。

```
class 派生类名
{      [访问修饰符] new 返回值类型 方法名(参数列表)
    {     ……                                    //方法体
    }
}
```

任务实施

步骤 1：打开前面任务中创建的项目，在 Student 类中已经定义了 public void outputStuInfo( ) 方法，用于以表格形式输出学生基本信息。

步骤 2：在 StuLeader 类中，编写以下代码对基类中的 outputStuInfo 方法进行重载，以表格形式输出学生干部的基本信息。

```
public void outputStuInfo(string duty, string department)
                                        //重载父类的outputStuInfo方法
{
                                        //输出学生基本信息
    Console.WriteLine("\n***************以下是学生信息********************");
    Console.WriteLine("学号    姓名    性别  年龄    班级    兴趣爱好    入学时间    职
务    任职部门");
    Console.WriteLine("{0,-8}{1,-6}{2,-4}{3,-6}{4,-10}{5,-8}{6,-10}{7,-8}{8,
-8}", stuid, stuname, stusex, stuage, stuclass, stuinterest, rxsj.ToShort
DateString(), duty, department);
}
```

步骤 3：在 StuLeader 类中，编写以下代码对基类中的 outputStuInfo 方法进行重写，格式化输出学生干部信息。

```
public new void outputStuInfo()                    //重写父类的 outputStuInfo 方法
{
                                                   //输出学生干部基本信息
Console.WriteLine("\n**************以下是学生干部的信息*****************");
Console.WriteLine("我叫 {0} ,学号:{1},性别:{2}", stuname, stuid, stusex);
Console.WriteLine("我于 {0} 进入该校,就读于 {1}", rxsj.ToString("yyyy 年 MM 日
dd 日"), stuclass);
Console.WriteLine("我的兴趣爱好是:{0}", stuinterest);
if (duty == "无") Console.WriteLine("我是班内一名普通学生,没有担任学生干部。");
else Console.WriteLine("我是一名学生干部,在{0} 担任{1} 。", department, duty);
}
```

步骤 4：在 Program 的 Main( )方法中添加以下代码，分别调用 StuLeader 类中重载和重写的 outputStuInfo 方法，输出学生干部的基本信息。

```
StuLeader s4 = new StuLeader("6666", "陈明", "女", "网络 1231", 22, "唱歌",
DateTime.Parse("2000.9.1"),"学习部部长","系学生会");
s4.outputStuInfo(s4.Duty, s4.Department);   //调用重载父类的 outputStuInfo()方法
s4.outputStuInfo();                         //调用重写父类的 outputStuInfo()方法
```

步骤 5：调试、运行程序。

知识拓展

1. 虚方法与方法隐藏的区别

（1）虚方法与非虚方法。对于非虚的方法，无论被其所在类的实例调用，还是被这个类的派生类的实例调用，方法的执行方式不变。而对于虚方法，它的执行方式可以被派生类改变。

以如下程序为例。

```
namespace ConsoleApplication2
{
  class  Program
  {
    static void Main(string[] args)
    {
      B b = new B();
      b.X();
      b.Y();
      A a = b;
      a.X();
      a.Y();
      }
  }
  class A
  {
   public  virtual  void X()
   {
       Console.WriteLine("A类中的X");
   }
   public  void Y()
   {
```

```
        Console.WriteLine("A 类中的 Y");
        }
    }
    class B:A
    {
      public override void X()
      {
          Console.WriteLine("B 类中的 X");
      }
      public new void Y()
      {
          Console.WriteLine("B 类中的 Y");
      }
    }
}
```

程序运行结果如图 3-17 所示。

以上程序中，A 类提供了两个方法：虚方法 X()
和非虚方法 Y()。B 类继承自 A 类，B 类中对基类的
虚方法 X()进行了重写，并隐藏了基类的非虚方法
Y()。从输出结果可以看出：当派生类重写基类的虚
方法时，若基类的实例引用派生类实例时，调用的是
派生类重写的方法，例如输出结果中的第 1、3 行。
当使用 new 隐藏基类方法后，调用的是新的类成员而

图 3-17 程序运行结果

不是已被替换的基类成员。如果将派生类的实例强制转换为基类的实例，不管基类的实例引
用的是基类的对象、还是派生类的对象，均调用基类的方法而不是派生类隐藏的方法，如运
行结果中的第 4 行。

（2）使用虚方法或方法隐藏实现多态的注意事项。

1）使用虚方法实现多态时，在派生类定义重写方法时必须与基类中的虚方法结构一致。

2）使用方法隐藏实现多态时，派生类中方法的参数要跟基类中要隐藏的方法一致，但方
法的返回值类型可以不同。

2. 面向对象程序设计综合应用

本项目中介绍了 C#面向对象程序设计方法，包括类的定义、对象的创建、类的封装等基
础应用，以及继承、派生、重载与重写等高级编程技术，通过项目任务的实施体现了面向对
象程序设计的几大特性——封装性、继承性和多态性等。

以下是实现学生选课管理系统的学生管理功能模块的完整代码。程序运行界面如图 3-18
所示，可以按提示，进行学生的添加、修改、查询、浏览、删除及退出系统等操作。

具体步骤如下。

步骤 1：创建控制台应用程序，在项目中添加 Student.cs、StuLeader.cs 两个文件。

```
//Student 类的完整代码
class Student
{
  protected string stuid, stuname, stusex, stuclass, stuinterest;
  public string Stuinterest
```

图 3-18　程序运行界面

```csharp
{
  get { return stuinterest; }
  set { stuinterest = value; }
}
public string Stuclass
{
  get { return stuclass; }
  set { stuclass = value; }
}
public string Stusex
{
  get { return stusex; }
  set { stusex = value; }
}
public string Stuname
{
  get { return stuname; }
  set { stuname = value; }
}
public string Stuid
{
  get { return stuid; }
  set { stuid = value; }
}
protected int stuage;
public int Stuage
{
  get { return stuage; }
  set { stuage = value; }
}
protected DateTime rxsj;
```

```csharp
    public DateTime Rxsj
    {
      get { return rxsj; }
      set { rxsj = value; }
    }
    public Student()
    {
      stuid = "8888";
      stuname = "李明";
      stusex = "男";
      stuclass = "网络1班";
      stuage = 20;
      stuinterest = "旅游";
      rxsj = DateTime.Parse("2009-9-1");
    }
    public Student(string stuid, string stuname, string stusex, string stuclass,
int stuage, string stuinterest, DateTime rxsj)
    {
      this.stuid = stuid;
      this.stuname = stuname;
      this.stusex = stusex;
      this.stuclass = stuclass;
      this.stuage = stuage;
      this.stuinterest = stuinterest;
      this.rxsj = rxsj;
    }
    //输出学生基本信息
    public void outputStuInfo()
    {
      Console.WriteLine("\n***************以下是学生信息*******************");
      Console.WriteLine("学号    姓名    性别  年龄    班级     兴趣爱好   入学时间");
      Console.WriteLine("{0,-8}{1,-6}{2,-4}{3,-6}{4,-10}{5,-8}{6,-10}", stuid,
stuname, stusex, stuage, stuclass, stuinterest, rxsj.ToShortDateString());
    }
  }
  //StuLeader 类的完整代码
  class StuLeader : Student
  {
    string duty, department;
    public string Department
    {
      get { return department; }
      set { department = value; }
    }
    public string Duty
    {
      get { return duty; }
      set
      {
        duty = value;
      }
```

```
    }
    public StuLeader()
      : base()
    {
      duty = "无";
      department = "无";
    }
    public StuLeader(string stuid, string stuname, string stusex, string
stuclass, int stuage, string stuinterest, DateTime rxsj, string duty, string
department)
      : base(stuid, stuname, stusex, stuclass, stuage, stuinterest, rxsj)
    {
      this.duty = duty;
      this.department = department;
    }
    //重载父类的 outputStuInfo 方法
    public void outputStuInfo(StuLeader s)
    {
      Console.WriteLine("{0,-8}{1,-6}{2,-4}{3,-6}{4,-10}{5,-8}{6,-10}{7,-8}
{8,-8}", s.stuid, s.stuname, s.stusex, s.stuage, s.stuclass, s.stuinterest,
s.rxsj.ToShortDateString(), s.duty, s.department);
    }
    //添加学生
    public static StuLeader insertStu()
    {
      string stuid, stuname, stusex, stuclass, stuinterest, duty, deparment;
      int stuage;
      DateTime rxsj;
      //输入学生基本信息
      Console.Write("请输入学号:");
      stuid = Console.ReadLine();
      Console.Write("请输入姓名:");
      stuname = Console.ReadLine();
      Console.Write("请输入性别:");
      stusex = Console.ReadLine();
      Console.Write("请输入班级:");
      stuclass = Console.ReadLine();
      Console.Write("请输入兴趣爱好:");
      stuinterest = Console.ReadLine();
      Console.Write("请输入年龄:");
      stuage = int.Parse(Console.ReadLine());
      Console.Write("请输入入学时间:");
      rxsj = DateTime.Parse(Console.ReadLine());
      Console.Write("请输入职务:");
      duty = Console.ReadLine();
      Console.Write("请输入任职部门:");
      deparment = Console.ReadLine();
      return (new StuLeader(stuid , stuname,stusex , stuclass, stuage,
stuinterest, rxsj,duty,deparment));
    }
    //修改学生信息
```

```csharp
public static void modifyStu(string id, StuLeader[] stuleader, StuLeader  s)
{
    string stuid, stuname, stusex, stuclass, stuinterest, duty, deparment;
    int stuage;
    DateTime rxsj;
    s = StuLeader.findStu(id, stuleader);
    //输入学生基本信息
    Console.Write("请输入学号:");
    stuid = Console.ReadLine();
    Console.Write("请输入姓名:");
    stuname = Console.ReadLine();
    Console.Write("请输入性别:");
    stusex = Console.ReadLine();
    Console.Write("请输入班级:");
    stuclass = Console.ReadLine();
    Console.Write("请输入兴趣爱好:");
    stuinterest = Console.ReadLine();
    Console.Write("请输入年龄:");
    stuage = int.Parse(Console.ReadLine());
    Console.Write("请输入入学时间:");
    rxsj = DateTime.Parse(Console.ReadLine());
    Console.Write("请输入职务:");
    duty = Console.ReadLine();
    Console.Write("请输入任职部门:");
    deparment = Console.ReadLine();
    s.Stuid = stuid;
    s.Stuname = stuname;
    s.Stusex = stusex;
    s.Stuage = stuage;
    s.Stuclass = stuclass;
    s.Stuinterest = stuinterest;
    s.Rxsj = rxsj;
    s.Duty = duty;
    s.Department = deparment;
}
//查询学生
public static StuLeader findStu(string id, StuLeader[] stuleader)
{
    int i;
    for (i = 0; i < stuleader.Length; i++)
    if (id == stuleader[i].stuid) break;
    if (i < stuleader.Length) return stuleader[i];
    else
    {
        Console.WriteLine("不存在这名同学! ");
        return null;
    }
}
public static void dispStu(StuLeader[] stuleader,  int count)
{
    //输出所有学生基本信息
```

```
    Console.WriteLine("\n****************以下是所有学生信息****************");
    Console.WriteLine("学号    姓名    性别 年龄    班级    兴趣爱好    入学时间
职务    任职部门");
    for (int i = 0; i < count; i++)
    Console.WriteLine("{0,-8}{1,-6}{2,-4}{3,-6}{4,-10}{5,-8}{6,-10}{7,-8}
{8,-8}",stuleader[i].stuid,stuleader[i].stuname,stuleader[i].stusex, stuleader
[i].stuage, stuleader[i].stuclass, stuleader[i].stuinterest, stuleader [i].rxsj.
ToShortDateString(), stuleader[i].duty, stuleader[i].department);
    }
    //删除学生
    public static void delStu(string id, StuLeader[] stuleader)
    {
      int i, j;
      for (i = 0; i < stuleader.Length; i++)
      if (id == stuleader[i].stuid) break;
      for (j = i + 1; j < stuleader.Length; j++)
      {
        if (stuleader[j] != null) stuleader[i] = stuleader[j];
        else  break;
      }
    }
  }
}
```

步骤2：在 Program 类中编写以下代码。

```
class Program
{
  static int stucount =0;
  static void Main(string[] args)
  {
    Console.WriteLine("\n          欢迎使用学生选课管理系统");
    Console.WriteLine("\n\n*******************************************");
    Console.WriteLine("              1、添加学生\n");
    Console.WriteLine("              2、修改学生\n");
    Console.WriteLine("              3、查询学生\n");
    Console.WriteLine("              4、浏览学生\n");
    Console.WriteLine("              5、删除学生\n");
    Console.WriteLine("              6、退出系统\n");
    Console.WriteLine("*******************************************");
    StuLeader[] stuleader = new StuLeader[10];
    int c;
    StuLeader s;
    do
    {
      Console.Write("输入(1-6),选择操作:");
      c = int.Parse(Console.ReadLine());
      switch (c)
      {
        case 1:
        {
          s =StuLeader.insertStu();
          stuleader[stucount] = s;
```

```
        stucount++;
        break;
      }
    case 2:
    {
      Console.Write("请输入要修改学生的 ID 号:");
      string id = Console.ReadLine();
      s = StuLeader.findStu(id,stuleader);
      StuLeader.modifyStu(id, stuleader,s);
      break;
    }
    case 3:
    {
      Console.Write("请输入要查找学生的 ID 号:");
      string id = Console.ReadLine();
      s=StuLeader.findStu(id, stuleader);
      Console.WriteLine("{0,-8}{1,-6}{2,-4}{3,-6}{4,-10}{5,-8}{6,-10}{7,
-8}{8,-8}", s.Stuid, s.Stuname, s.Stusex, s.Stuage,s.Stuclass,s.Stuinterest,
          s.Rxsj.ToShortDateString(),s.Duty, s.Department);
      break;
    }
    case 4:
    {
      Console.WriteLine("以下是所有学生信息:");
      StuLeader.dispStu(stuleader,  stucount);
      break;
    }
    case 5:
    {
      Console.Write("请输入要删除学生的 ID 号:");
      string id = Console.ReadLine();
      StuLeader.delStu(id, stuleader);
      stucount--;
      break;
    }
    case 6: Environment.Exit(0);
          break;
    }
  }while (true);
  }
}
```

项目 4　使用 C#创建 Windows 应用程序
——学生选课管理系统

前面项目中所创建的都是控制台应用程序，运行结果是在命令行窗口中显示。但大多数 C#应用程序使用窗口形式输出结果。从本项目开始介绍如何创建 Visual C# Windows 窗体应用程序。

在 C#中，Windows 应用程序又称为 WinForm 应用程序，它是常见的 Windows 窗体程序。Windows 窗体程序中涉及的知识点主要包括控件的用法、文件处理技术、数据库访问技术等内容。

本项目中主要介绍 Windows 编程基础知识与常用控件的基本用法。

【学习内容】

◇ 熟练使用 Windows 基本控件设计界面（文本框、按钮、标签、单选按钮、复选框、图片框、进度条、列表框、组合框、通用对话框等）
◇ 熟练使用 Windows 高级控件设计界面（菜单、工具栏、状态栏、列表视图 ListView、树视图 TreeView、选项卡 TabControl、时钟 Timer 等）

【能力目标】

◇ 了解 Windows 应用程序框架
◇ 掌握 Windows 窗体、控件的用法
◇ 熟练应用控件设计界面友好美观的中小型 Windows 应用程序

【项目描述】

学生选课管理系统是基于.NET 平台，使用 C#语言开发的 Windows 应用程序。该项目可以实现学生基本信息管理、课程信息管理、选课管理、用户管理等基本功能。

模块 1　Windows 应用程序开发基础

在 Windows 窗体应用程序中，窗体是向用户显示信息的可视界面，它是 Windows 窗体应用程序的基本单元。而控件是开发 Windows 应用程序最基本的部分，每一个 Windows 应用程序的操作窗体都是由各种控件组合而成的。因此熟练掌握控件的用法是合理、有效地进行 Windows 应用程序开发的重要前提。

本模块主要介绍窗体基础、多重窗体、控件应用基础知识、标签、按钮、文本框等基本控件的用法。

　　使用 C#创建第一个 Windows 应用程序

学习目标

◇ 了解 Windows 窗体、控件应用基础
◇ 了解 Windows 应用程序的结构
◇ 熟悉 Windows 应用程序的开发环境，并能创建简单的 Windows 应用程序

任务描述

本学习任务是使用 Visual Studio 2010 创建一个 Windows 应用程序。

知识准备

1．Windows 应用程序概述

（1）启动 Visual Studio 2010。单击"开始"按钮，选择"所有程序"→Microsoft Visual 2010→Microsoft Visual 2010 命令，出现 Visual Studio 2010 集成开发环境，首先是"起始页"窗口，如图 4-1 所示。

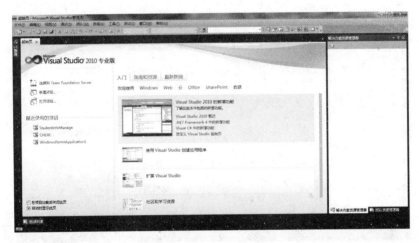

图 4-1　"起始页"窗口

（2）创建 Windows 应用程序。在 Visual Studio 开发环境中执行"文件"→"新建"→"项目"命令，打开"新建项目"对话框，如图 4-2 所示。

在该对话框中，项目类型选择"Visual C#"，模板选择"Windows 窗体应用程序"，指定项目保存名称及路径，单击"确定"按钮，出现如图 4-3 所示的界面。

1）工具箱：可以通过"视图"→"工具箱"菜单弹出工具箱。工具箱中包含了多个选项卡，每个选项卡都包含了某一类型的控件集。在工具箱中右击，选择"添加选项卡"命令，可以向工具箱中添加新选项卡。在某一选项卡中右击，选择"选择项"命令，可以添加与移除控件。

2）属性窗口：主要用于设置控件属性的初始值和一些在整个程序运行过程中不改变的属性。属性窗口的下拉列表列出窗体及窗体中的控件，从中可选择要查看属性的窗体或控件，

下拉列表下的工具栏按钮用于切换查看属性或事件，或对属性、事件进行排序。在属性列表中设置了窗体或控件属性后，在窗体设计器中即可看到效果。

图 4-2　"新建项目"对话框

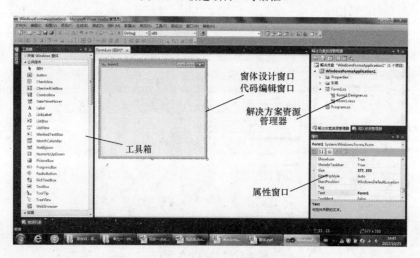

图 4-3　Windows 窗体应用程序开发界面

3）窗体设计窗口/代码编辑窗口：用于设计 Form 窗体。在此区域右击，在弹出的快捷菜单中选择"查看代码"命令，可以显示后台的 C#代码。

2．Windows 应用程序结构

在 Windows 应用程序中，每创建一个 Windows 窗体，都会同时产生程序代码文件（.CS 文件）以及与之相匹配的.Designer.CS 文件。例如，Form1 窗体对应的 Form1.cs 文件和 Form1.Designer.cs 文件。

（1）Form1.cs 文件主要编写业务逻辑及事件方法等，代码如下所示。

```
using System.Linq;
using System.Text;
using System.Windows.Forms;
```

```
namespace WindowsFormsApplication2
{
  public partial class Form1 : Form
  {
    public Form1()
    {
      InitializeComponent();
    }
    private void button1_Click(object sender, EventArgs e)
    {

    }
  }
}
```

（2）Form1.Designer.cs 文件中代码是由 Visual Studio .NET 自动生成的，主要实现界面设计，尽量不要手工去修改。Form1.Designer.cs 文件代码如下所示。

```
namespace WindowsFormsApplication2
{
  partial class Form1
  {
    /// <summary>
    /// 必需的设计器变量。
    /// </summary>
    private System.ComponentModel.IContainer components = null;

    /// <summary>
    /// 清理所有正在使用的资源。
    /// </summary>
    /// <param name="disposing">如果应释放托管资源,为 true;否则为 false。</param>
    protected override void Dispose(bool disposing)
    {
      if (disposing && (components != null))
      {
        components.Dispose();
      }
      base.Dispose(disposing);
    }

    #region Windows 窗体设计器生成的代码
    /// <summary>
    /// 设计器支持所需的方法 - 不要
    /// 使用代码编辑器修改此方法的内容。
    /// </summary>
    private void InitializeComponent()
    {
      this.button1 = new System.Windows.Forms.Button();
      this.SuspendLayout();
      //
```

```
    // button1
    //
    this.button1.Location = new System.Drawing.Point(109, 103);
    this.button1.Name = "button1";
    this.button1.Size = new System.Drawing.Size(75, 23);
    this.button1.TabIndex = 0;
    this.button1.Text = "确定";
    this.button1.UseVisualStyleBackColor = true;
    this.button1.Click += new System.EventHandler(this.button1_Click);
    //
    // Form1
    //
    this.AutoScaleDimensions = new System.Drawing.SizeF(6F, 12F);
    this.AutoScaleMode = System.Windows.Forms.AutoScaleMode.Font;
    this.ClientSize = new System.Drawing.Size(284, 262);
    this.Controls.Add(this.button1);
    this.Name = "Form1";
    this.Text = "窗体";
    this.ResumeLayout(false);
    }
    #endregion
    private System.Windows.Forms.Button button1;
  }
}
```

（3）Program.cs 文件。在 Windows 应用程序的开发设计中，一般会通过多窗体协调一致地处理具体业务流程。在 Program.cs 文件中的 Main( )方法中可以设置哪个窗体第一个被触发执行，是 Windows 应用程序的入口。

如下例中，调用 System.Windows.Forms.Application 类的 Run( )方法来启动 Windows 应用程序，Run( )方法的参数是要启动的窗体实例。

```
namespace WindowsFormsApplication2
{
  static class Program
  {
    /// <summary>
    /// 应用程序的主入口点。
    /// </summary>
    static void Main()
    {
    Application.EnableVisualStyles();
    Application.SetCompatibleTextRenderingDefault(false);
    Application.Run(new Form1());
    }
  }
}
```

3. 控件基础知识

控件是指可视化界面组件。在 Windows 应用程序中，控件负责向用户显示信息和接受用户的输入或响应。

在.NET 中，提供了各式各样的控件，如按钮、标签、文本框和菜单等，每个控件都有自己的属性和方法，并能响应外部事件。窗体和控件的本质都是类。例如，Form 类表示应用程序内的窗体，TextBox 类对应的是文本框、Button 类对应按钮等。这些用于创建应用程序的类都处于 System.Windows.Forms 命名空间中。

（1）控件的属性。控件的属性包括控件的位置、颜色、大小、标题等特征，控件常用属性如下。

Name：指定控件名称。

BackColor：设置控件的背景颜色。

ForeColor：设置控件的前景颜色，如控件上显示的文本的颜色。

Text：设置控件上显示的文本，如窗体的标题，按钮上显示的文字等。

Font：设置控件上文本的字体、字号等属性。

Enabled：设置控件的有效性。值为 true，控件可用，值为 false 控件不可用。

Visible：决定控件是否可见。值为 true，控件可见，值为 false 控件不可见。

1）设置控件属性。可以在设计阶段，或在运行阶段设置控件属性的值。

在设计阶段：通过"属性窗口"设置控件属性的值，在"窗体设计器"中即可预览到效果。

在运行阶段：在程序中用代码设置控件属性的值，可在程序运行时随时改变控件属性的值。格式为控件名.属性名＝属性值。

2）读取控件的属性。如果要在代码执行某操作之前得知控件的状态，就要读取属性值。读取属性值的格式为变量＝控件.属性。

（2）控件的方法。控件的方法是控件要执行的操作，使用控件方法与使用属性的语法格式类似。例如，语句 `textBox1.Clear();`可以清空文本框中内容。

（3）控件的事件。Windows 应用程序采用事件驱动模型。事件是指由系统事先设定的、能被控件识别和响应的动作。事件可由用户操作（如单击鼠标或按某个键）产生，也可由程序代码或系统产生，如计时器。触发控件事件的最常见的方式是通过鼠标或键盘的操作。通过鼠标触发的事件称为鼠标事件，通过键盘触发的事件称为键盘事件。

事件处理程序是绑定到事件的方法，当触发事件时，会执行事件处理程序内的代码。例如，在应用程序中单击一个按钮后，程序就会执行相应的操作，这个过程为用户的单击动作触发了按钮的 Click 事件，该事件过程中的代码就会被执行。

例如，下面的代码是如图 4-4 所示系统登录界面中"登录"按钮 button1 的 Click 事件处理程序。

```
private void button1_Click(object sender, EventArgs e)
{
    ……
}
```

事件处理程序一般有两个参数。其中，第一个参数 sender 提供对产生该事件的对象的引用，即事件源对象。例如，单击"登录"按钮，事件处理程序的参数 sender 的值等于 button1。第二个参数 e 是要处理的事件对象，通过引用事件对象的属性可以获得一些信息，如单击事件中的位置等。

图 4-4 系统登录界面

（4）焦点。焦点是指控件接收用户鼠标或键盘输入的能力，当控件得到焦点时，Enter 事件就会触发，当控件失去焦点时，Leave 事件会触发。例如，如图 4-4 所示窗体中有两个文本框，只有具有焦点的文本框才能接受用户输入。对于可以接受焦点的控件，只有当控件的 Enabled（是否可用）和 Visible（是否在屏幕上可见）属性为 true 时，它才能接受焦点。另外，焦点只会出现在活动窗口中，且活动窗口中每一时刻只有一个控件具有焦点。可以在程序运行时通过鼠标或快捷键使控件获得焦点，也可以在代码中使用 Focus()方法将焦点赋给控件。

4. 控件的基本操作

（1）添加与删除控件。用 Visual C#创建 Windows 窗体应用程序的一个重要过程就是设计界面，即在窗体上添加所需的控件。只有出现在工具箱中的控件才能添加到窗体中。

1）向窗体中添加控件的操作方式：在工具箱中单击选中要添加的控件，将光标移到窗体上，在要放置控件的位置处按下鼠标左键并拖动到一定大小后释放鼠标；或在窗体上单击，得到系统默认大小的控件。也可以在工具箱中双击控件，得到位置与大小都是默认值的控件，然后再调整控件的大小与位置。

2）从窗体上删除控件的方式：选中要删除的控件，直接删除即可。

（2）对控件进行布局。可以选择"格式"菜单设置多个控件的对齐方式、水平间距、垂直间距、大小、置顶、置底等，或执行"视图"→"布局"菜单命令，弹出布局工具栏，通过工具栏实现对控件的布局。

（3）锁定控件。控件大小与位置调整完成后，为避免在以后的操作中被破坏，通过执行"格式"→"锁定控件"命令可以将控件锁定。

（4）设置控件的属性。控件的各个属性都有一个默认的值。在实际应用中，大多数属性都采用系统提供的默认值。因此，用户不必设置控件各属性的值，只有在默认值不满足要求时，才需要用户指定所需的值。例如，在"属性"窗口中设置将按钮 button1 的 Text 属性值设置为"登录"。

（5）编写控件的事件处理程序。要使控件能响应用户的操作，就必须为控件编写事件处理程序。

例如，可以编写以下事件代码，当窗体载入时，弹出消息框显示"应用程序启动成功"。

```
private void Form1_Load(object sender, EventArgs e)
{
    MessageBox.Show("应用程序启动成功！");
}
```

5. 窗体概述

在 Windows 窗体应用程序中，窗体是用户交互的主要载体，它提供了收集、显示和传送信息的可视化界面，是 Windows 应用程序的基本单元。

在.NET 框架类库 System.Windows.Forms 命名空间中定义的 Form 类是所有窗体类的基

类，用 Windows 窗体设计器创建的窗体是 Form 类的实例，Form 类对象具有 Windows 应用程序窗体的了基本功能，它可以是对话框、单文档或多文档应用程序窗口的基类。当向项目添加窗体时，可以选择是从框架提供的 Form 类继承还是从已经创建的窗体继承。Form 类对象还是一个容器，在 Form 窗体中可以放置其他控件，如菜单控件、按钮等，还可以放置子窗体。

（1）Form 类常用属性。

Text：设置窗体标题栏中显示的标题。

MaxButton 和 MinButton：确定窗体的"最大化"或"最小化"按钮是否有效。

ControlBox：确定是否显示窗体的控制菜单图标与状态控制按钮。

FormBorderStyle：控制窗体的边框样式，是否显示标题栏、是否可以调整大小、有无边界、3D 效果等。

Backcolor：设置窗体的背景颜色。

BackgroundImage：设置窗体的背景图片。

Icon：设置控制菜单的图标。

Heigth 和 Width：确定窗体的大小。

WindowState：确定窗体的初始可视状态。

StartPosition：确定窗体第一次出现时的位置。

AutoScroll：布尔变量，表示窗口用户区是否在需要时自动添加滚动条。

（2）Form 类方法。

Close( )：关闭窗体，并释放所有资源。如果窗体为主窗体，执行此方法，程序结束。否则仅关闭当前窗体。

Hide( )：隐藏窗体。

Show( )：显示窗体。

（3）窗体的事件。Form 类提供了大量的事件用于响应对窗体执行的各种操作。可以在"属性"窗口中查看窗体或控件所支持的所有事件。

窗体常见的事件有以下几种。

Load：在窗体加载时发生，该事件过程主要用来进行一些初始化操作。

Active：当窗体被激活时发生。

DeActive：当窗体由活动状态变成不活动状态，该事件发生。

FormClosing：在用户关闭窗体时，Closing 事件在窗体关闭前发生。

Closed：在用户关闭窗体时，Closed 事件在窗体关闭后发生。

Click：在窗体单击时发生。

Move：移动窗体时发生。

6. 创建 Windows 窗体应用程序的步骤

一般，用 Visual C#创建 Windows 窗体应用程序的过程包括以下几步。

（1）创建项目。

（2）界面设计（在窗体上添加所需的控件）。

（3）设置控件属性。

（4）代码设计（编写控件的事件处理程序）。

任务实施

步骤 1：创建一个项目名称为"E4_1"的 Windows 应用程序。

步骤 2：设计如图 4-5 所示的窗体，具体属性设置参照表 4-1。

表 4-1　　　　　　　　　　　　　　　"登录"窗体属性设置

控件名称	属　　性	属　　性　　值
Form1	Text	登录
	Size	（450，350）
	StartPosition	CenterScreen（启动时位于屏幕中央）
	FormBorderStyle	FixedSingle（窗体大小固定，不允许调整窗体大小）

步骤 3：双击窗体，生成 Form1_Load 事件，在事件中输入如下代码。

```
private void Form1_Load(object sender, EventArgs e)
{
    MessageBox.Show("您好,这是我的第一个 Windows 应用程序");
}
```

步骤 4：运行程序，当加载窗体时，弹出如图 4-6 所示的消息框。

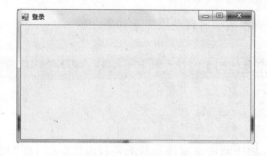

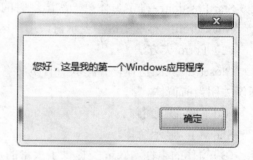

图 4-5　"登录"窗体　　　　　　　　　　　图 4-6　程序运行结果

代码分析与知识拓展

（1）消息框 MessageBox。消息框可以用于显示一些简短的提示信息。本任务代码中：`MessageBox.Show("您好,这是我的第一个 Windows 应用程序");`的作用是弹出一个消息框，静态方法 Show 的参数为消息框上的提示文本。

（2）事件处理程序。窗体或任一控件通常能响应多个事件，例如，窗体可以响应 Load、Click、Move 等事件，可以在"事件"窗口中查看窗体或控件所支持的所有事件。

我们不必编写每一个事件的处理程序，只要选择相应事件进行代码编写。在一个控件上双击，可以打开此控件最常用的事件代码框架。例如，双击窗体，打开窗体的 Load 事件；双击按钮，打开按钮的 Click 事件。

【例 4-1】编写以下代码，当移动窗体 Form1 时，弹出消息框，显示"您移动了学生基本信息"。

操作步骤：

（1）选择窗体 Form1，在"事件"窗口中双击 Move 事件，打开以下代码。

```
private void Form1_Move(object sender, EventArgs e)
{

}
```

（2）在以上 **Form1_Move** 事件中输入以下代码：`MessageBox.Show("您移动了窗体", "友情提示");`。

（3）运行程序，当移动窗体时，即可弹出消息框。

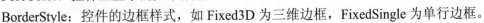

任务 2　使用标签、按钮、文本框

学习目标

◇ 掌握标签、按钮、文本框控件的功能、常用属性、方法、事件

◇ 能使用标签、按钮、文本框设计界面

任务描述

本学习任务是使用标签、按钮、文本框等控件设计学生选课管理系统的登录界面，如图 4-7 所示。

知识准备

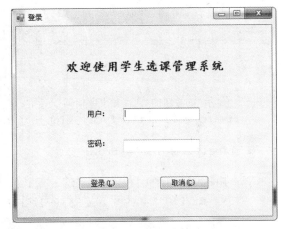

1．Label 控件

Label 控件（标签）通常用于显示描述性的文字或图像，该控件不能接受焦点，用户不能编辑 Label 控件显示的文本信息。

（1）Label 控件的常用属性。

Text：控件上要显示的文本内容。

AutoSize：控件是否随文本内容长度自动调整控件的大小，默认值为 false。

Font：控件上文本的字体，包括字体名、字体大小、字体风格等。

图 4-7　系统登录界面

ForeColor：控件上显示的文字颜色。

BorderStyle：控件的边框样式，如 Fixed3D 为三维边框，FixedSingle 为单行边框。

TextAlign：指定文本内容的对齐方式。

Image：显示在控件上的图像。

（2）Label 控件的方法。

Hide( )：隐藏控件，调用该方法时，即使 Visible 属性设置为 true，控件也不可见。

Show( )：显示控件，相当于将控件的 Visible 属性设置为 true。

Label 控件一般不用于触发事件。

2．Button 控件

Button 控件（按钮）允许用户通过单击来执行某种操作，如用户的功能确认操作。它既可以显示文本，也可以显示图像。

（1）Button 控件的常用属性。

Text：按钮上显示的文本。

TextAlign：指定文本内容的对齐方式。

Image：按钮上显示的图像。

ImageAlign：决定图像对齐方式。

FlatStyle：设置按钮的外观。该属性的取值由 FlatStyle 枚举定义，Flat 表示以平面显示。

（2）Button 控件的常用事件。Button 控件最重要的事件是 Click 事件，该事件在用户单击 Button 控件时触发，一般称为按钮的单击事件，为了响应该事件，用户需要为其提供事件处理程序。

【例 4-2】 创建 Windows 应用程序，程序运行时在窗体上显示"您好，欢迎学习 C#语言"，单击"显示"、"隐藏"项可以显示或隐藏文本，单击标题为"红色"的按钮，将显示的文本颜色改为红色，单击"退出"按钮实现退出功能。

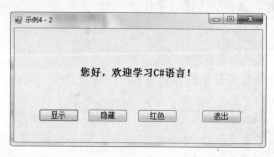

图 4-8 运行界面

操作步骤：

（1）在窗体上放置一个 Label，Text 属性为"您好，欢迎学习 C#语言"，Font 属性为黑体，四号。放置四个 Button 控件，修改它们的 Text 属性，使标题分别为显示、隐藏、红色、退出。设计好的界面如图 4-8 所示。

（2）编写代码。

```
//"显示"的按钮的 Click 事件代码
private void button1_Click(object sender, EventArgs e)
{
  label1.Visible = true;
}
//"隐藏"的按钮的 Click 事件代码
private void button2_Click(object sender, EventArgs e)
{
  label1.Visible = false;
}
//"红色"的按钮的 Click 事件代码
private void button3_Click(object sender, EventArgs e)
{
  label1.ForeColor = Color.Red;
}
//"退出"的按钮的 Click 事件代码
private void button4_Click(object sender, EventArgs e)
{
  Application.Exit();
}
```

（3）编译、运行程序。

3. TextBox 控件

TextBox 控件（文本框）用于获取用户输入或显示文本。常用于可编辑文本的输入和显示，也可设置为只读控件。文本框可以以单行或多行方式显示文本。若要显示多种类型的带格式文本，可以使用 RichTextBox 控件来实现。

（1）TextBox 控件的常用属性。

Text：设置或获取文本框中显示的文本。

MaxLength：单选文本框允许输入的最大字符数。

Multiline：布尔类型，值为 true，表示多行文本；值为 false，表示单行文本。在单行文本框中输入的内容处于同一行，按"回车"键不能实现换行，超出文本框的内容不显示，可以通过方向键移动光标查看未显示出的内容。

ScrollBars：当 Multiline=true 时有效，表示该控件是否出现滚动条。

PasswordChar：用于屏蔽单行模式下输入的密码字符（用户向文本框中输入文本时，不论用户输入什么字符，密码框中总是显示特定的字符，如*，#等，达到保密效果。

ReadOnly：设置文本框为只读，即禁止在文本框中输入内容。

SelectedText：获取文本框中所选文本。

SelectedLength：确定所选文本的长度。若没有选中任何文本，则值为 0。

AcceptReturn：确定在多行 TextBox 控件中按"回车"键，是在控件中执行换行，还是激活窗体的默认按钮。

TextLength：获取控件中文本的长度。

WordWrap：确定多行文本框控件在必要时是否自动换行到下一行的开始。

（2）TextBox 控件常用事件。

TextChanged：文本框中的内容改变（在文本框中输入、更改或删除一个字符）时触发。例如，在文本框中输入"china"会触发五次 TextChanged 事件。

KeyPress：用户按一个键结束时将发生该事件，该事件会把用户所按下键的值送到 e.KeyChar 参数中。此事件常用于：判断用户是否按了"回车"键（当按下"回车"键时，e.KeyChar 的值为 13），以此来结束输入。

Enter：当光标进入文本框时（即文本框获得焦点）触发 Enter 事件。

Leave：当光标离开文本框时（即文本框失去焦点）触发 Leave 事件。

【例 4-3】　创建 Windows 应用程序，在窗体放置三个文本框，分别设置为单行、多行、密码框。当在单行文本框中输入文本时，在多行文本框和密码框中同步显示出所输入的内容，同时文本框屏蔽掉对数字的输入。通过"文本替换"按钮将第一个文本框中选中的内容替换为"常州，欢迎你！"。

操作步骤：

（1）在窗体上放置三个文本框，TextBox2 的 Multiline 属性值为 true，ScrollBars 属性的值为 both，表示出现水平和垂直滚动条。TextBox3 的 PasswordChar 的值为 '*'。放置一个按钮，Text 属性值为"文本替换"。

（2）编写 TextBox1 的 TextChanged 事件处理程序，运行效果如图 4-9 所示。

```
private void textBox1_TextChanged(object sender, EventArgs e)
{
  textBox2.Text = textBox1.Text;
  textBox3.Text = textBox1.Text;
}
```

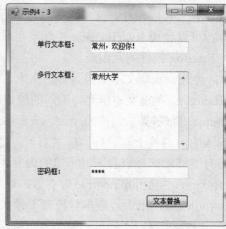

图 4-9   运行界面

如果希望在单行文本框中输入文本后，按下"回车"键（Enter）时，才在下方的文本框中同步显示，可以选择 textBox1 控件，单击属性窗口中的 图标，在事件列表中双击KeyPress，编写 textBox1 的 KeyPress 事件处理程序，代码如下。

```
private void textBox1_KeyPress(object sender, KeyPressEventArgs e)
{
  if (e.KeyChar == 13)
  {
   textBox2.Text = textBox1.Text;
   textBox3.Text = textBox1.Text;
  }
}
```

（3）修改以上 TextBox1_KeyPress 事件处理程序，对文本框中输入的数字进行屏蔽。

```
private void textBox1_KeyPress(object sender, KeyPressEventArgs e)
{
  if(e.KeyChar>='0'&&e.KeyChar<='9')e.Handled=true;
    // e.Handled 可以获取或设置一个值,该值指示是否处理过 System.Windows.Forms.
      Control.KeyPress 事件。
  if (e.KeyChar == 13)
   {
     textBox2.Text = textBox1.Text;
     textBox3.Text = textBox1.Text;
   }
}
```

（4）编写"文本替换"按钮的 Click 事件代码。

```
private void button1_Click(object sender, EventArgs e)
{
  textBox1.SelectedText = "常州,欢迎你! ";    //SelectedText 表示选中的文本
}
```

任务实施

步骤 1：打开任务 1 中创建的学生选课管理系统，使用 Label、Button、TextBox 等控件

设计"登录"界面，各控件具体属性设置参照表 4-2 所示。

表 4-2   "登录"界面的控件属性设置

控件名称	属性	属性值
Form1	Name	login
label1	Text	欢迎使用学生选课管理系统
	AutoSize	false
	Font	楷体，粗体，三号
label2	Text	用户:
label3	Text	密码:
textBox1	Text	""（空）
textBox2	PasswordChar	*
button1	Text	登录（&L）
button2	Text	取消（&C）

步骤 2：编写代码，实现系统登录功能。

```
//"登录"按钮的 Click 事件代码:
private void button1_Click(object sender, EventArgs e)
{
  if (textBox1.Text == string.Empty || textBox2.Text == string.Empty)
  {
    MessageBox.Show("用户名和密码不能为空! ", "提示");
    return;
  }
  if (!textBox1.Text.Equals("user1") || !textBox2.Text.Equals("user1"))  //
判断输入的用户名和密码是否正确。
  {
    MessageBox.Show("用户名或密码错误,请重新输入! ", "提示");
    textBox1.Clear();                          //清空文本框,为下次输入做好准备
    textBox2.Clear();
    textBox1.Focus();                          //使 textBox1 获得焦点
  }
  else
  {
    MessageBox.Show("欢迎使用学生选课管理系统", "提示");
    this.Close();                              //关闭当前窗体
  }
}
// "取消"按钮的 Click 事件代码:
private void button2_Click(object sender, EventArgs e)
{
  Application.Exit();                          //退出应用程序
}
```

📖 **代码分析与知识拓展**

（1）Application.Exit()与 this.Close()的区别。在应用程序中，Application.Exit()与 this.

Close()都可以关闭当前窗体。不同的是：一个完整的 Windows 应用程序从 Application.Run（new Form1）开始，到 Application.Exit()结束，最终将执行销毁窗体和回收系统所有的任务资源，软件系统停止。而 this.Close()是关闭当前窗口，应用程序不退出。

（2）如何创建按钮快捷访问键。以上项目中，设置"登录"、"取消"按钮的 Text 属性时，在作为访问键的字母前添加一个连字符（&），就可为相应的按钮设置访问键（ALT+带下划线的字母）。例如，为"登录"按钮创建访问键，应在 button1 按钮的 Text 属性中，输入"登录（&L）"，运行时，字母 L 带下划线，按 ALT+L 键可触发该按钮的 Click 事件。

（3）button1 的 Click 事件的第三行代码中，`if (textBox1.Text == string.Empty || textBox2.Text == string.Empty)`用于判断文本框是否为空，也可使用 `textBox1.Text ==""`；判断文本框中是否输入了内容。

任务 3　创建多文档界面程序

学习目标

◇ 掌握多重窗体的用法
◇ 了解继承窗体
◇ 能够创建多文档界面应用程序

任务描述

本学习任务是设计多文档界面（MDI）程序。要求是在"学生选课管理系统"的项目中添加三个窗体：FrmMain 为主窗体，Text 属性为"学生选课管理系统"，该窗体初始可视状态为最大化；StudentInfo 窗体的 Text 属性为"学生基本信息"；CourseInfo 窗体的 Text 属性为"课程基本信息"，后两个窗体显示位置在屏幕中央。登录窗体设为程序启动窗体，登录成功后，显示主窗体。

知识准备

1. 多重窗体

通常，在一个应用程序中不止一个窗体，包含多个窗体的应用程序称为多重窗体程序。如果应用程序只有一个窗体，则运行时该窗体会自动显示出来。如果应用程序包含多个窗体，需要指定运行程序时的启动窗体，即最先运行的窗体，其他窗体的显示则需要编写相应的代码来实现。

（1）添加、删除窗体。

1）给项目添加新的窗体。新建一个 Windows 应用程序后，Visual Studio 2005 会自动生成一个窗体 Form1。要增加更多的窗体，可选择当前项目右击，执行"添加"→"Windows 窗体"命令，输入添加窗体的名称，就可完成窗体的添加。

2）删除窗体。在解决方案资源管理器中，用鼠标右击需要删除的窗体，选择"删除"命令。

（2）设置启动窗体。在项目中若包含了多个窗体，默认情况下，系统会以创建的第一个窗体（Form1）为启动窗体，其他窗体的打开由启动窗体控制。

例如，以下代码在 Main()方法中重新设置启动窗体。

```
Application.Run(new Form2());           //设置 Form2 为启动窗体
```

（3）显示与隐藏窗体。

1）显示窗体。

```
Form3  f3=new  Form3();                 //第 1 步:创建 Form3 窗体类的对象
f3.Show();                              //第 2 步:调用 Show 方法打开窗体
```

2）隐藏窗体。

```
this.Hide();                           //Hide 方法可以实现窗体的隐藏。
```
                                          this 关键字代表当前操作的窗体,在哪个窗体上编写代码,就代表哪个窗体。

【例 4-4】 在多重窗体应用程序中实现窗体的切换。

操作步骤:

（1）在当前应用程序中添加新窗体 Form2，在 Main( )方法中重新设置启动窗体为 Form2：Application.Run(new Form2());。

（2）在 Form2 窗体上添加两个 Button，Text 属性分别为"例 4-2"、" 例 4-3"。通过单击按钮打开相应的窗体，窗体显示的位置为居中，并隐藏当前窗体。

```
// [例 4-2] 按钮的 Click 事件代码
private void button1_Click(object sender, EventArgs e)
{
  Form1 f1 = new Form1();
  f1.Show();
  f1.StartPosition = FormStartPosition.CenterScreen;
  this.Hide();
}
// [例 4-3] 按钮的 Click 事件代码，与以上代码类似。
```

（3）在"示例 4-2"、"示例 4-3"窗体上添加"返回"按钮，并编写代码，代码同上。

2．继承窗体

向项目添加新窗体时，可以从.net 框架提供的 Form 类继承，也可以从项目中现有窗体继承。继承窗体就是根据现有窗体的结构创建一个与其一样的新窗体，这样可以保证一个项目中各窗体界面风格统一，如多个窗体具有同样背景图片、颜色等。

创建继承窗体有两种方式：一种是使用继承选择器创建继承窗体，另一种是使用代码实现窗体继承。

1）使用继承选择器创建继承窗体。在"添加新项"对话框中新建窗体时，在模板列表中选择"继承的窗体"，在"继承选择器"中选择要继承的窗体，新的窗体不再继承.NET 提供的 Form 类，而是继承在"继承选择器"中所指定的窗体。

2）编程方式创建继承窗体。新建一个项目，添加一个 Windows 窗体 Form1.cs，可以简单设计 Form1 窗体，如在 Form1 窗体上放置一些控件，设置窗体背景色等。然后，向项目中添加一个 Windows 窗体 Form2。默认情况下，新增的窗体都继承自.NET 的 Form 类，可以在 Form2.cs 文件中将继承的基类改为 Form1，使 Form2 和 Form1 具有相同风格，代码如下所示。

```
public partial class Form2 : Form1
{
```

图 4-10　窗体继承

}

编译后，运行效果如图 4-10 所示。

3. 多文档界面

到目前为止，我们创建的所有项目都是单文档界面（single document interface，SDI）的项目。在 SDI 程序中，每个窗体与其他的窗体都是对等的，窗体之间不存在层次关系。Visual C# 也允许创建多文档界面（MDI）程序。

MDI 程序包含一个父窗口（也称为容器）及一个或多个子窗口。在 MDI 程序中，所有子窗口都共享父窗口的同一个工具栏和菜单栏，并且子窗口限制只能在父窗口的边界之内显示，不能移出父窗口。我们日常使用的许多软件都是 MDI 程序，如 Excel、Adobe PhotoShop。运行软件时，显示一个父窗口。在这个父窗口内，可以打开任意数量的文档，每个文档都在一个子窗口中显示。图 4-11 显示了运行的 Excel，它打开了多个子文档窗口。

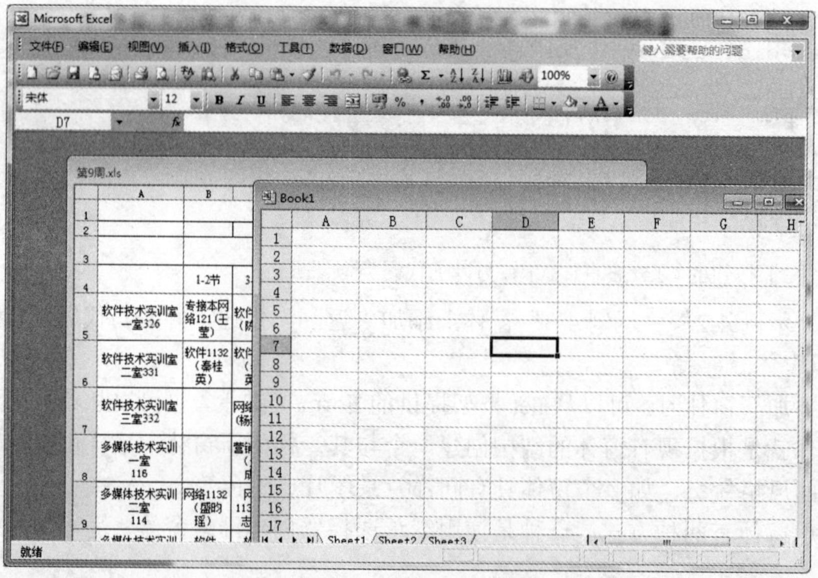

图 4-11　MDI 程序界面

实际上，MDI 窗体和别的窗体不同点就在 MDI 窗体有上一级窗体，即父窗体，而其他窗体是没有的。

【例 4-5】 创建多文档界面（MDI）程序。在应用程序中，将 Form1 作为父窗体，Form2 作为子窗体。

操作步骤如下。

（1）创建 Windows 应用程序，在项目中添加 Form2 窗体，将 Form1 作为父窗体，Form2 作为子窗体。

（2）设置父窗体。在"属性"窗口中，将 Form1 窗体的 IsMdiContainer 属性设置为 true，

或通过语句实现：`this.IsMdiContainer = true;`

（3）设置子窗体。

首先，修改 Form2 窗体的 Text 属性为"子窗体 1"，设置窗体的 MdiParent 属性来指定 MDI 窗体的父窗体。

然后，在 Form1 窗体上放置一个 Button，Text 属性为"显示子窗体 1"，编写按钮的 Click 事件代码如下。

```
Form2   f2 = new Form2( );
f2.MdiParent=this;                    //设置窗体的MdiParent属性来指定MDI窗体的父窗体。
```

（4）排列子窗体。当主窗体中打开了多个子窗体时，可以通过 LayoutMdi 方法实现子窗体的排列，该方法的参数是 MdiLayout 枚举值，枚举成员包括 Cascade（层叠）、TileHorizontal（水平平铺）、TileVertical（垂直平铺）。

例如，以下语句可以使 MDI 窗体水平平铺排列，效果如图 4-12 所示。

```
this.layoutMdi(MdiLayout.TileHori
zontal);
```

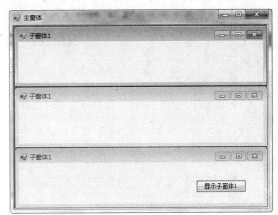

图 4-12　水平平铺显示 MDI 界面

任务实施

步骤 1：打开上一任务中创建的"学生选课管理系统"，在"解决方案资源管理器"中右击项目名称，添加三个窗体 FrmMain、StudentInfo、CourseInfo，并设置各窗体的 Text 属性值。其中，FrmMain 窗体的 WindowState 属性值为 Maximized；StudentInfo 窗体和 CourseInfo 窗体的 Size 属性值为 800，600；StartPosition 属性值为 CenterScreen。

步骤 2：设置 FrmMain 窗体的 IsMdiContainer 属性值为 true，指定其为父窗体。

步骤 3：修改 Login 窗体的"登录"按钮的 Click 事件程序，在 else 语句块中编写以下代码。

```
MessageBox.Show("欢迎使用学生选课管理系统", "提示");
this.Hide();
FrmMain fm = new FrmMain();
fm.Show();
```

代码分析与知识拓展

1．窗体继承的几点说明

（1）在设计环境中实现窗体继承时，只有对项目进行编译后，在基窗体中的改变才能反映到子窗体中。

（2）从父窗体中继承来的控件处于锁定状态，不能进行修改或删除。我们可以查看到控件的属性，全部为灰色，不能更改，怎么办呢？

实际上，在 Form1 中各个控件的 Modifires 属性默认为 private，如果继承的时候你希望继承的窗体能够对某个控件进行修改，可以将此控件的 Modifires 属性设置为 public，其余那些不允许修改的控件的 Modifires 属性可以仍然设置为 private。

（3）父窗体派生子窗体时，子窗体中显示父窗体中所有控件，即使有些不需要的控件也显示，如何去掉？

可以在父窗体中定义以下方法，将某控件隐藏，然后在子窗体的 load 事件中调用该方法。

```
public void hidebutton()
{
  button1.Visible = false;
}
```

2. 在 MDI 程序中，从一个子窗体返回到另一个子窗体时要确保子窗体在转换的过程中受到 MDI 主窗体的控制

例如，在［例 4-5］程序中，再添加一个标题为"子窗体 2"的子窗体，在该窗体上放置一个标题为"返回"的按钮。通过主窗体上的"显示子窗体 1"可以打开子窗体 1，再通过子窗体 1 上的按钮"显示子窗体 2"又能打开子窗体 2，并且通过"子窗体 2"上的"返回"按钮又能返回到"子窗体 1"。

操作步骤如下。

（1）编写按钮"显示子窗体 2"的 Click 事件代码如下。

```
private void button2_Click(object sender, EventArgs e)
{
  Form3   f3 = new Form3();
  f3.MdiParent = this.MdiParent;
  f3.Show();
  this.Close();
}
```

（2）编写"返回"按钮的 Click 事件代码如下。

```
private void button1_Click(object sender, EventArgs e)
{
  Form2   f2 = new Form2();
  f2.MdiParent = this.MdiParent;          //确保子窗体显示在父窗体内
  f2.Show();
  this.Close();
}
```

模块 2　应用基本控件设计界面

在 Windows 应用程序开发中，需要使用各种控件进行窗体界面设计，如 RadioButton、CheckBox、GroupBox、Pannel、ComboBox、ListBox、CheckedListBox、PictureBox、ImageList、TabControl 等控件。本模块对这些基本控件进行详细讲解。

任务 1　使用 RadioButton、CheckBox 等控件

学习目标

◇ 掌握 RadioButton 的功能、常用属性、方法和事件

✧ 掌握 CheckBox 控件的功能、常用属性、方法和事件

✧ 能够使用 GroupBox、Pannel 控件进行界面布局

任务描述

在上一任务的基础上，使用 RadioButton、CheckBox、GroupBox、Pannel 等控件设计学生基本信息界面。编写代码实现信息汇总功能，即将录入的学生基本信息汇总显示在右侧多行文本框内，界面运行效果如图 4-13 所示。

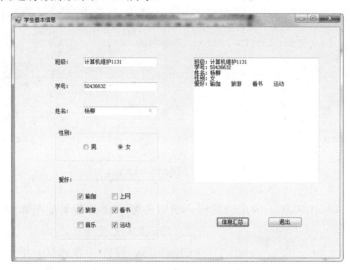

图 4-13　学生基本信息界面

知识准备

1. RadioButton 控件

RadioButton 控件（单选按钮）为用户提供由两个或多个互斥选项组成的选择项集。多个 RadioButton 控件可以为一组，同一组内的 RadioButton 控件只能有一个被选中。即当用户选择组内的一个单选按钮时，会自动取消对其他按钮的选定。某单选按钮选中的标记是在圆圈中显示一个黑点。

（1）RadioButton 控件的常用属性。

Text：设置单选按钮控件旁边的标题。

Appearance：确定单选按钮控件的外观。值为 Normal 时，外观显示为 Windows 标准单选按钮；值为 Button 时，外观显示为切换式按钮。

Checked：确定控件是否被选中。值为 true 表示按钮被选中，值为 false 表示未选中。

CheckAlign：确定单选按钮控件的选择框部分的位置。

AutoCheck：在单击控件时，确定控件是否被自动选定。

Image：设置单选按钮显示的图像。

（2）RadioButton 控件的常用方法和事件。

Focus 方法：将输入焦点移至控件。

Click 事件：当单击单选按钮控件时触发。

CheckedChanged 事件：单选按钮有选中和未被选中两种状态，该事件在单选按钮的状态

发生变化时触发，即 Checked 属性值更改时触发。

【例 4-6】 用 RadioButton 控件修改窗体上显示文本的字体为宋体、楷体、黑体。

操作步骤如下。

（1）建立一个新项目，在窗体上放置一个 Label，三个 RadioButton 控件，Text 属性分别为宋体、楷体、黑体。设置标题为"宋体"的 RadioButton 控件的 Checked 属性值为 true。

（2）编写三个 RadioButton 控件的 CheckedChanged 事件代码。

```
private void radioButton1_CheckedChanged(object sender, EventArgs e)
{
  this.Font = new Font("宋体", this.Font.Size);
}
private void radioButton2_CheckedChanged(object sender, EventArgs e)
{
  this.Font = new Font("楷体",this.Font.Size);
}
private void radioButton3_CheckedChanged(object sender, EventArgs e)
{
  this.Font = new Font("黑体", this.Font.Size);
}
```

（3）运行程序，单击窗体上的单选按钮，可以改变字体，效果如图 4-14 所示。

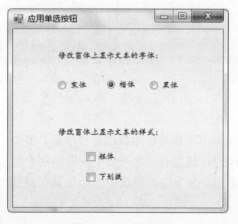

图 4-14　运行界面

2. CheckBox 控件

CheckBox 控件（复选框）用于指定窗体上某个特定条件是处于打开状态还是处于关闭状态，也可以多个 CheckBox 控件成组使用用来显示多重选项，用户可以从中选择一项或多项。

CheckBox 控件类似于 RadioButton（单选按钮），都用于接收用户做出的选择。CheckBox 与 RadioButton 的区别是：用户在单选按钮组中只能选中一个单选项，而在复选框组中可以选定任意数目的选项。

（1）CheckBox 控件的常用属性。

Text 属性：复选框旁边的标题。

Checked 属性：true 表示复选框被选中，false 表示不被选中。

CheckState 属性：值为 Checked（选中——复选框中显示"√"标记）或 UnChecked（不选——复选框中"√"标记消失）。如果 ThreeState 属性被设置为 True，则 CheckState 还可能返回 Indeterminate（不确定——标记显示为灰色）。

ThreeState 属性：确定 CheckBox 控件支持两种状态还是三种状态。设置为 true，复选框呈现"选中"、"不选"、"不确定"三种状态，否则只有"选中"和"不选"两种状态。

Appearance 属性：确定 CheckBox 控件显示为常见的 CheckBox 还是按钮。

FlatStyle 属性：确定控件的样式和外观。

（2）CheckBox 控件的常用事件。

Click 事件：单击复选框控件时产生的事件。

CheckedChanged 事件：当 Checked 属性的值更改时，即复选框的状态改变时产生。

CheckStateChanged 事件：当 CheckState 属性的值更改时发生。

例如，在上例基础上，用 CheckBox 控件修改窗体上显示文本的样式，运行效果如图 4-15 所示。

操作步骤如下。

（1）在窗体上添加一个 Label 和两个 CheckBox 控件，CheckBox 控件的 Text 属性分别为粗体、下划线。

（2）编写 CheckBox 控件的 CheckedChanged 事件代码如下。

```
FontStyle fontStyle = FontStyle.Regular;
private void checkBox1_CheckedChanged(object sender, EventArgs e)
{
  if (checkBox1.Checked) fontStyle = fontStyle | FontStyle.Bold;
  else fontStyle = FontStyle.Regular;
  this.Font = new Font(this.Font, this.Font.Size,fontStyle);
}
private void checkBox2_CheckedChanged(object sender, EventArgs e)
{
  if (checkBox2.Checked) fontStyle = fontStyle | FontStyle.Underline;
  else fontStyle = FontStyle.Regular;
  this.Font = new Font(this.Font, this.Font.Size, fontStyle);
}
```

（3）运行程序，单击窗体上的多选按钮，可以改变字体样式。

✎ 任务实施

步骤 1：打开上一任务中创建的学生选课系统，在 StudentInfo 窗体上添加三个 Label、四个 TextBox，两个 GroupBox、两个 RadioButton（标题分别为男和女）、六个 CheckBox（标题分别为运动、瑜伽、旅游、音乐、看书、上网）、一个 Panel、两个 Button，具体属性设置如表 4-3 所示。

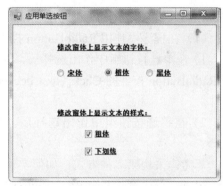

图 4-15　运行界面

表 4-3　　　　　　　　　　StudentInfo 窗体中控件属性设置

控件名称	属性	属性值
label1、label2、label3	Text	班级、学号、姓名
textBox4	ScrollBars	Both
	Multiline	True
groupBox1	Text	性别：
groupBox2	Text	爱好：
button1	Text	信息汇总
button2	Text	退出
radioButton1	Checked	True

步骤 2：编写代码。

```
//"信息汇总"按钮的 Click 事件代码
private void button1_Click(object sender, EventArgs e)
{
    textBox4.Text = "";
    string str1 = "班级:" + textBox1.Text + "\r\n" + "学号:" + textBox2.Text +
"\r\n" + "姓名:" + textBox3.Text + "\r\n" + "性别:";
    if (radioButton1.Checked == true) str1 += "男" + "\r\n";
    else if (radioButton2.Checked == true) str1 += "女" + "\r\n";
    str1 += "爱好:";
    if (checkBox1.Checked == true) str1 += checkBox1.Text + "    ";
    if (checkBox2.Checked == true) str1 += checkBox2.Text + "    ";
    if (checkBox3.Checked == true) str1 += checkBox3.Text + "    ";
    if (checkBox4.Checked == true) str1 += checkBox4.Text + "    ";
    if (checkBox5.Checked == true) str1 += checkBox5.Text + "    ";
    if (checkBox6.Checked == true) str1 += checkBox6.Text + "    ";
    textBox4.Text = str1;
}
//"退出"按钮的 Click 事件代码
private void button2_Click(object sender, EventArgs e)
{
    Application.Exit();
}
```

代码分析与知识拓展

（1）在程序中使用 RadioButton 控件通常有以下两种方式。

1）在单选按钮组中作出选择后，程序立刻响应该选择并进行相应的操作。这种方式是编写 RadioButton 控件的 Click（或 CheckedChanged）事件处理程序，指定当该选项被选中后的操作。

2）在单选按钮组中作出选择后，程序不立即响应，而是通过 Button 控件提交所作的选择。

思考：采用第二种方式，如何实现［例 4-6］。

提示：首先删除两个 RadioButton 控件的 CheckedChanged 事件处理程序，在窗体上添加一个标题为"提交"的 Button 按钮，并编写"提交"按钮的 click 的事件处理程序来实现相应功能。

（2）GroupBox 控件和 Panel 控件。GroupBox（框架）控件和 Panel（面板）控件被称为容器控件，主要用于放置其他控件。这两个控件可以按功能分组 Windows 窗体上的控件。控件分组的原因有以下几点。

按功能分组。例如，在使用 RadioButton 控件时，所有直接添加到窗体中的单选按钮都属于同一个组，用户只能选定其中的一个。而在一些应用程序中常常需要有多组选项，可以使用 GroupBox 控件和 Panel 控件对单选按钮分组，用户可以在每组选项中作出一个选择。

为获得清晰、友好的用户界面，而将窗体上的控件进行可视分组。

为了将多个控件作为一个单元来移动。在移动 GroupBox 控件和 Panel 控件时，其中的控件将随着一同移动。

1）向 GroupBox 控件和 Panel 控件添加控件的方法。向 GroupBox 控件和 Panel 控件中添加控件的方法与向窗体中添加控件一样。如果要把现有控件放置到 GroupBox 控件和 Panel 控件中，可直接将它们拖到 GroupBox 控件和 Panel 控件中，也可以选择这些控件，将它们剪切到剪贴板，再选择 GroupBox 控件和 Panel 控件，进行粘贴。

2）GroupBox 控件与 Panel 控件的区别。

GroupBox 控件可以显示标题。GroupBox 控件的最重要的属性是 Text，用于设置框架的标题。

Panel 控件可以有滚动条。Panel 控件最主要的属性是 AutoScroll，确定当控件超出 Panel 控件的工作区之外时，是否显示滚动条。

任务 2　应用 ListBox、ComboBox 控件

🔊 **学习目标**

　　◇ 掌握 ListBox 的功能、常用属性、方法和事件
　　◇ 掌握 ComboBox 控件的功能、常用属性、方法和事件
　　◇ 能够使用 ListBox、ComboBox 控件进行界面设计

✎ **任务描述**

在上一任务的基础上，设计"课程基本信息"窗体，界面运行效果如图 4-16 所示。要求：当选择系部后，系部名称出现在下面 GroupBox 的标题中，同时在左侧选课单中显示该系可选择的课程目录。当单击"添加课程>>"按钮后，选择的课程显示在右侧列表框内，允许一次添加或移除多门课程。当单击"移除课程<<"按钮后，可删除已选课程。

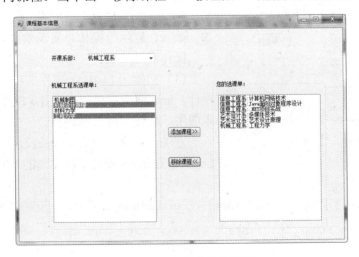

图 4-16　课程基本信息界面

👆 **知识准备**

1．ListBox 控件（列表框）

ListBox 控件以项目列表的形式显示多个选项供用户选择，用户可以从中选择一项或多

项。如果项目数目超过列表框可显示的数目，控件上将自动出现滚动条。

（1）ListBox 控件常用属性。

Items 属性：获取或设置列表框中显示的具体项目（可以在设计时设置，也可在运行时动态添加或移除）。

SelectedIndex 属性：获取或设置 ListBox 中当前选定项的从零开始的索引，默认第一行。

SelectedItem 属性：获取或设置 ListBox 中的当前选定项。

SelectedItems 属性：返回多重选择 ListBox 中所有选定项目的集合。

SelectionMode 属性：指定 ListBox 控件的选择模式是 Single（单项选择）、Multiple（多项选择）或不可选择。

（2）ListBox 控件的 Items 属性类型是 ListBox.ObjectCollection 类，它有以下几个常用方法。

Items.Add( )方法：向列表框中添加一个选项。

Items.Insert( )方法：向列表框中指定位置插入一个选项。

Items.Remove（选项文本）方法：从列表框中删除指定的选项内容。

Items.RemoveAt（选项序号）方法：将指定序号的选项删除。

Items.Clear( )方法：将列表框中的内容全部清除。

图 4-17　运行界面

（3）ListBox 控件的常用事件。

Click：当单击列表框中某选项时发生此事件。

SelectedIndexChanged：当列表框中选中的选项发生改变时触发，即 SelectedIndex 属性，或 SelectedItem 属性值发生改变时产生。

【例 4-7】　在窗体上放置一个列表框控件、一个文本框控件，以及若干个按钮，实现列表框项目的添加、插入、删除等操作。实现效果如图 4-17 所示。

操作步骤如下。

（1）初始化 ListBox 控件的项目为"C 语言程序设计、Java 面向对象程序设计、SQL Server 数据库技术应用、软件工程"等课程。

方法一：在设计阶段，通过"属性"窗口设置 ListBox 的 Items 属性，在弹出的"项集合编辑器"添加项目。

方法二：窗体初始化时，通过 Add( )方法或 AddRange( )加载信息到列表框中。

```
private void Form1_Load(object sender, EventArgs e)
{
  listBox1.Items.Clear();
  listBox1.Items.Add("C 语言程序设计");                    //Add()方法向集合中添加单个选项
  listBox1.Items.Add("Java 面向对象程序设计");
  listBox1.Items.Add("SQL Server 数据库技术应|用");
  listBox1.Items.Add("软件工程");
}
```

（2）编写以下程序代码，当程序运行时，单击列表框中某一选项，可以弹出消息提示框显示所选项内容。

```
private void listBox1_SelectedIndexChanged(object sender, EventArgs e)
{
  MessageBox.Show("您选择的是" + listBox1.SelectedItem.ToString() + "\n 位于第
" + listBox1.SelectedIndex.ToString());
}
```

其中，SelectedIndex 属性用于获得选定选项的索引，SelectedItem 属性用于获取选定选项内容。

（3）编写"插入课程"按钮的 Click 事件代码。Insert( )方法可以在列表框的某一项之后插入一个新选项。例如，`listBox1.Items.Insert (1,"基于.NET 的 Windows 应用程序设计");` 表示在列表的第 2 个选项之后插入`"基于.NET 的 Windows 应用程序设计"`。

```
//"插入课程"按钮的 Click 事件代码
private void button2_Click(object sender, EventArgs e)
{
  if (textBox1.Text == "") MessageBox.Show("请输入课程名称");
  else if (listBox1.SelectedIndex == -1) MessageBox.Show("请选择插入位置");
    else
    {
       //以下语句将文本框中输入的课程插入到列表框中选定项目的位置:
       listBox1.Items.Insert(listBox1.SelectedIndex, textBox1.Text);
       textBox1.Text = "";
       listBox1.SelectedIndex--;
    }
}
```

（4）编写"删除课程"按钮的 Click 事件代码。可以编写以下代码实现课程的删除操作。

```
private void button3_Click(object sender, EventArgs e)
{
  if (listBox1.SelectedIndex == -1) MessageBox.Show("请选择要删除的系部");
  else listBox1.Items.Remove(listBox1.SelectedItem);
}
```

其中，Remove( )方法，可以删除一个选项，RemoveAt( )方法，可以删除指定位置的选项。例如，`listBox1.Items.Remove("数据结构");` //删除指定选项
或 `listBox1.Items.RemoveAt(2)`　　　　　//删除列表框中第 3 个选项

（5）"清空列表框"按钮的 Click 事件代码。

```
private void button4_Click(object sender, EventArgs e)
{
  listBox1.Items.Clear();                //Clear 方法一次从集合中移除所有选项。
}
```

2. ComboBox 控件

ComboBox 控件（组合框）是由一个文本框和一个下拉列表框组合而成，用户既可在文本框中输入文本，也可单击右侧向下的箭头，展开一个下拉列表框，直接从列表框中选择项

目。组合框节省了窗体的空间，只有单击组合框的向下箭头时，才显示全部列表，在无法容纳列表框的地方，可以考虑用组合框。

（1）ComboBox 控件常用的属性。

Items 属性：获取或设置 ComboBox 控件下拉列表中的内容，可以认为是字符串数组。

DropDownStyle 属性：确定组合框的样式（有三种）。

- 默认值为 DropDown，表示文本框可编辑，必须单击箭头才能看到列表部分，用户可以直接在文本框中输入内容，也可在列表中选择。
- 值为 Simple 表示文本框可编辑，但该列表框不是下拉的，而是始终显示在屏幕上，用户可以从列表框中选择所需要的项目。
- 值为 DropDownList 表示文本框不可编辑，用户只能从列表框中选择。

MaxDropDownItems：下拉列表能显示的最大项目数。

SelectedIndex 属性：所选择的列表项的索引值（从 0 开始），如果未选择任何项，则值为 -1。

SelectedItem 属性：返回所选择的项本身。

Count 属性：列表的项数。

（2）ComboBox 控件常用方法。

Add/Insert/Clear/Remove：添加/插入/删除选项，与 ListBox 用法相同。

（3）ComboBox 控件常用事件。

SelectedIndexChanged：在 SelectedIndex 属性更改时触发该事件。

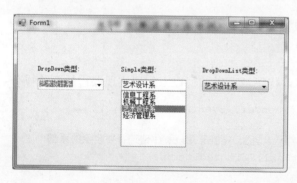

图 4-18 运行界面

【例 4-8】以三种不同样式的 ComboBox 控件显示系部，并在左侧组合框中选择系部后，其他组合框中同步显示所选的系部，运行效果如图 4-18 所示。

操作步骤如下。

（1）在窗体上放置三个 ComboBox 控件，DropDownStyle 属性值分别为 DropDown 类型、Simple 类型、DropDownList 类型。

（2）编写 Form1 的 Load 事件处理程序，在窗体初始化时，通过数组一次性向组合框内加载多个系部信息。

```
private void Form1_Load(object sender, EventArgs e)
{
    comboBox1.Items.AddRange(new object[] { "信息工程系","机械工程系","艺术设计系","经济管理系"});
    comboBox2.Items.AddRange(new object[] { "信息工程系","机械工程系","艺术设计系","经济管理系" });
    comboBox3.Items.AddRange(new object[] {"信息工程系","机械工程系","艺术设计系","经济管理系" });
    comboBox1.SelectedIndex = 0;
    comboBox2.SelectedIndex = 0;
    comboBox3.SelectedIndex = 0;
```

```
}
```

（3）编写 ComboBox1 的 SelectedIndexChanged 事件处理程序。

```
private void comboBox1_SelectedIndexChanged(object sender, EventArgs e)
{
    string str = comboBox1.SelectedItem.ToString();
    comboBox2.SelectedItem = str;
    comboBox3.SelectedItem = str;
}
```

☞ 任务实施

步骤 1：打开任务 4 中的项目，在 CourseInfo 窗体上放置一个 ComboBox，用于选择系部。放置两个 ListBox 控件和两个 Button 控件，用于实现选课功能，控件属性如表 4-4 所示。

表 4-4　　　　　　　　　　　　CourseInfo 窗体中控件属性设置

控件名称	属　性	属　性　值
label1	Text	开课系部：
groupBox1	Text	" "
groupBox2	Text	您的选课单：
comboBox1	DropDownStyle	DropDownList
	Items	信息工程系、机械工程系、艺术设计系
button1	Text	添加课程>>
button2	Text	移除课程<<

步骤 2：编写代码。

```
//编写 comboBox1 的 SelectedIndexChanged 事件代码,实现选择系部,并初始化系部课程。
private void comboBox1_SelectedIndexChanged(object sender, EventArgs e)
{
    groupBox1.Text = comboBox1.SelectedItem.ToString() + "选课单:";
    if (comboBox1.SelectedIndex == 0)                //当在列表框中选择的是第 1 项
    {
        listBox1.Items.Clear();                          //清除列表框中的内容。
        listBox1.Items.Add("基于.NET 的 Windows 程序设计");
        listBox1.Items.Add(".NET 项目实战");
        listBox1.Items.Add("数据库优化设计");
        listBox1.Items.Add("Java 面向对象程序设计");
        listBox1.Items.Add("软件工程");
        listBox1.Items.Add("计算机网络技术");
    }
    if (comboBox1.SelectedIndex == 1)
    {
        listBox1.Items.Clear();
        listBox1.Items.Add("机械制图");
        listBox1.Items.Add("机械设计原理");
        listBox1.Items.Add("材料力学");
        listBox1.Items.Add("工程力学");
```

```
    }
    if (comboBox1.SelectedIndex == 2)
    {
      listBox1.Items.Clear();
      listBox1.Items.Add("素描");
      listBox1.Items.Add("艺术设计原理");
      listBox1.Items.Add("广告设¦计技巧");
      listBox1.Items.Add("多媒体技术");
    }
  }
//编写窗体的 Load 事件代码,为 comboBox1 控件添加项目。
private void CourseInfo_Load(object sender, EventArgs e)
{
  comboBox1.Items.Add("信息工程系");
  comboBox1.Items.Add("机械工程系");
  comboBox1.Items.Add("艺术设计系");
  listBox1.Items.Clear();
  listBox2.Items.Clear();
  listBox1.SelectionMode = SelectionMode.MultiSimple;
  listBox2.SelectionMode = SelectionMode.MultiSimple;
}
//编写 button1 的 Click 事件代码,添加课程。
private void button1_Click(object sender, EventArgs e)
{
  for (int i = listBox1.SelectedItems.Count - 1; i >= 0; i--)
  listBox2.Items.Add(comboBox1.SelectedItem.ToString() + ":"+listBox1.Selected
Items[i]);
}
//编写 button2 的 Click 事件代码,删除课程。
private void button2_Click(object sender, EventArgs e)
{
  for (int i = listBox2.SelectedItems.Count - 1; i >= 0; i--)
  listBox2.Items.Remove(listBox2.SelectedItems[i]);
                                        //将列表框中选中的项目删除
}
```

📖 代码分析与知识拓展

（1）为 ListBox、ComboBox 控件添加项目时，除了可以使用 Add( )方法添加单个对象外，还可以使用 AddRange( )方法一次向集合中添加多个选项。例如：

```
string[] str = new string[] {"信息工程系","机械工程系","艺术设计系" };
listBox1.Items.AddRange(str);
```

也可以创建一个项的数组，并将其分配给 AddRange 方法。例如：

```
listBox1.Items.AddRange(new Object[] {"信息工程系","机械工程系","艺术设计系"});
```

（2）SelectedIndexs、SelectedItems 属性可以允许用户选定多个选项。SelectedIndexs 属性可返回所有选定选项的索引集合，SelectedItems 属性可返回所有选定选项本身的集合。在使用这两个属性实现列表框的多项选择功能时，必须将列表框的 SelectionMode 属性设为 MultiSimple。例如，前述代码中的 listBox1.SelectionMode = SelectionMode.

MultiSimple;。

（3）ListBox1.SelectedItems.Count 属性表示在列表框中选择的所有项目的数目。例如，在以下代码中，通过循环将左侧列表框中选择的项目内容与课程所在的系部名称进行连接后添加到右侧列表框中。

```
private void button1_Click(object sender, EventArgs e)
{
  for (int i = listBox1.SelectedItems.Count - 1; i >= 0; i--)
  listBox2.Items.Add(comboBox1.SelectedItem.ToString()  +  ":"+listBox1.
SelectedItems[i]);
}
```

任务 3   应用 PictureBox、ImageList 等控件

学习目标

◇ 掌握 PictureBox 控件的功能、常用属性、方法和事件
◇ 了解 ImageList 控件的功能、常用属性、方法和事件
◇ 能够使用 PictureBox 控件进行界面设计

任务描述

在上一任务的基础上，使用 PictureBox 控件设计登录窗体的背景，运行效果如图 4-19 所示。

知识准备

大多数 Windows 应用程序的界面，不仅包含文本，还包括各式各样的图片，图片的加入使得界面更加丰富多彩。PictureBox 是一种图形显示控件（图像框），可以用来在窗体上显示位图（*.bmp）、图标（*.ico）、JPEG（*.jpg）、GIF（*.gif）或 PNG 等格式的图形。通常，图像框控件在显示时没有任何边框，也不能接收输入焦点。

（1）PictureBox 控件的常用属性。

Image 属性：获取或设置由 PictureBox 控件显示的图像。

图 4-19 登录界面运行效果

SizeMode 属性：确定如何显示图像，即当图像框与图片大小不一致时，如何处理图片的位置和控件的大小。SizeMode 属性值是 PictureBoxSizeMode 枚举值之一。

- Normal：默认值，图像显示在 PictureBox 控件的左上角，如果图像比包含它的 PictureBox 大，则超出的部分将被剪裁掉。
- AutoSize：自动调整 PictureBox 的大小，使其等于所包含的图像的大小。
- CenterImage：如果 PictureBox 控件比图像大，则图像居中显示。如果控件比图像小，

则图片将居于 PictureBox 中心，超出控件的部分被剪切掉。

- StretchImage：若图片与控件大小不等，则 PictureBox 中的图像被拉伸或收缩，以适合 PictureBox 控件的大小。（即调整图像的大小以适应图像框）
- Zoom：图像按原有的大小比例被拉伸或收缩，以适合 PictureBox 控件的大小。

BorderStyle 属性：指示控件的边框样式，属性为 BorderStyle 枚举值之一。Fixed3D（立体边框）、FixedSingle（单选边框）、None（默认值，表示无边框）。

（2）PictureBox 控件的方法。

Show( )：用于显示控件。

Image.FromFile（string filename）：该方法从指定的文件创建 Image 对象。参数 filename 为字符串，它包含要从中创建 Image 对象的文件的名称，该方法的返回值为创建的 Image 对象。

Dispose( )：释放由 PictureBox 使用的所有资源。

（3）PictureBox 控件的常用事件。

Click 事件：用户单击控件时发生该事件。

DoubleClick 事件：用户双击控件时发生该事件。

（4）为 PictureBox 控件添加图片。通过 PictureBox 控件的 Image 属性可以设置图像框中要显示的图片，该图片可在设计阶段通过"属性"窗口设置，也可以在运行时通过编写代码加载。

1）在设计阶段向 PictureBox 控件加载图片。

在窗体上放置一个 PictureBox 控件，在"属性"窗口中选择 Image 属性，在"选择资源"对话框中，通过以下任一方式选择图片。

①从"项目资源文件"中，导入一个图片，该图片会自动添加到项目下的 Resources 文件夹中。

②选择"本地资源"导入图片（当然可以先在当前项目中新建一个 images 文件夹，并将项目中要用到的图片放在其中）。

2）在运行时编写代码加载图片。

语法格式：图像控件对象名.Image=Image.FromFile（"图像文件路径"）；

其中，以"图像文件路径"作为参数，调用 Image 类的静态方法 FromFile( )创建 Image 对象，并将 Image 对象赋值给 PictureBox 控件的 Image 属性来实现图片显示。

例如，以下代码可以实现在双击窗体 Form1 时将图片显示到图片框中。

```
private void Form1_DoubleClick(object sender, EventArgs e)
{
  PictureBox1.Image=Image.FromFile(@"c:\Photo.bmp");
}
```

（5）删除 PictureBox 控件中已加载的图片。

语法格式：图像框控件对象名.Image=null。

【例 4-9】 设计如下窗体，在窗体中放置一个 PictureBox，当窗体启动时显示图片，通过单选按钮显示或隐藏图片，运行效果如图 4-20 所示。

操作步骤如下。

（1）在项目文件夹中新建一个 images 文件夹，将项目中要使用的图片放在其中，通过属性窗口设置 pictureBox1 的 Image 属性值为某张图片，选择"本地资源"导入，也可以利用"项目资源文件"导入。并设置图片显示方式为 StretchImage。如果在窗体载入时添加图片，可以编写以下代码。

图 4-20　运行效果

```
private   void   Form1_Load(object   sender,
EventArgs e)
  {
    pictureBox1.Image = Image.FromFile(@"..\..\
images\2.jpg");
    pictureBox1.SizeMode = PictureBox SizeMode. StretchImage;
  }
```

（2）在窗体上添加两个 RadioButton，Text 属性分别为"显示图片"和"隐藏图片"，并通过编写代码实现图片的显示或隐藏效果。

```
//显示图片代码
private void radioButton1_CheckedChanged(object sender, EventArgs e)
{
  if (pictureBox1.Image == null)
  pictureBox1.Image = Image.FromFile(@"..\..\resources\2.jpg");
}
//隐藏图片代码
private void radioButton2_CheckedChanged(object sender, EventArgs e)
{
  pictureBox1.Image = null;
}
```

图 4-21　运行效果

任务实施

步骤 1：在"登录"窗体上方放置一个 PictureBox 控件，设置控件的 Dock 属性值为 Top，并置于底层。

步骤 2：设置 PictureBox 的 Image 属性值，使其显示一张图片（可以先在项目文件夹中新建一个 images 文件夹，并将图片放在其中），并设置 SizeMode 属性值为 StretchImage。此时显示的界面效果如图 4-21 所示。

步骤 3：去除 Label1 的背景颜色，即设为透明。在编写以下代码前首先删除原先在窗体上放置的 label1 控件，通过窗体载入时动态添加。

```
private void Form1_Load(object sender, EventArgs e)
```

```
{
    Label label1 = new Label();
    label1.Width = 350;
    label1.Height = 50;
    label1.Top = 60;
    label1.Left =100;
    label1.Text = "学生选课管理系统";
    label1.Font = new Font("楷体", 20, FontStyle.Bold);
    pictureBox1.Controls.Add(label1);
    label1.BackColor = Color.Transparent;
}
```

步骤4：编译、运行程序。

代码分析与知识拓展

（1）通过编写代码为 PictureBox 控件添加图片时，不能直接将文件名赋给 PictureBox 控件的 Image 属性，而必须通过 Image.FromFile( )方法进行加载。

其中，Image.FromFile（"图像文件路径"）方法的参数是图像文件的绝对路径，例如，"d:\cat.bmp"，由于在路径中含有"\"字符，在字符串中必须以转义字符"\\"来表达。例如：

```
pictureBox1.Image = Image.FromFile("d:\\cat.bmp");
```

也可以在整个字符串前加"@"符号。例如，以上语句可以改为

```
PictureBox1.Image=Image.FromFile(@"d:\cat.jpg");
```

当然，FromFile( )方法的参数中也可以不指定路径，直接给出文件名。例如：

```
PictureBox1.Image=Image.FromFile("cat.jpg");
```

注意：此时需要将图片事先保存到当前项目的 bin/debug 目录下，否则程序会因无法找到图片而报错。

（2）如何设置控件背景色透明？在本任务实施的第 3 步中，语句 label1.BackColor = Color.Transparent;的作用是使 Label1 控件的背景色透明。当然，也可以在控件的 BackColor 属性中，使用 web 中的 TransParent 使控件透明。需要注意的是，通过以上设置后能看到放置 Label 容器的背景色，但这个背景色有时不一定是窗体的背景色。

例如，以下代码运行后，Label1 还是透明，但是看到的颜色是它的容器控件也就是 PictureBox1 的背景色，而不是窗体 Form1 的背景色。本任务就是采用这种方法实现 Label1 控件的透明效果的。

```
From1.Contorls.Add(pictureBox1);
pictureBox1.Controls.Add(lable1);
lable1.BackColor=Color.Transparent;
```

以下代码执行后，由于 Label1 的容器控件是 Form1，当 Label1 控件设置为透明时，看到的背景色就是窗体的背景色。

```
From1.Controls.Add(lable1);
label1.BackColor=Color.Transparent;
```

（3）ImageList 控件。ImageList 控件（图片列表控件）主要用于存储图像，该控件不能单独使用，主要用于为其他控件提供要显示的图像，如：ListView、TreeView、ToolBar 等控

件。一个控件若要使用 ImageList 控件中的图像，必须将该控件的 ImageList 性设置为某个 ImageList 对象，即将 ImageList 控件与其他控件绑定。

1）ImageList 控件的常用属性。

Images 属性：图像列表中包含的所有图像集合。

ImageSize 属性：获取或设置 ImageList 中每个图像的大小，有效值在 1~256。默认高度和宽度为 16×16，最大大小为 256×256。

ColorDepth 属性：获取图像列表的颜色深度，即图片每个像素占用几个二进制位。当然位数越多图片质量越好，但占用的存储空间也越大。应在设置 Images 属性之前设置 ColorDepth 属性，否则将会导致删除为 Images 属性设置的图像集合。

2）ImageList 控件的常用方法。

Draw( )：该方法用于绘制指定图像。

【例 4-10】 在窗体上放置一个 ImageList，用以上两种方法添加多张图片（在项目文件夹中创建一个 images 文件夹用于存放图片），并设置图片的大小为（100，100），在窗体上添加两个 Button，将 AutoSize 属性设为 false，将 Text 属性值设为空，分别用于显示第一张和第二张图片。运行效果如图 4-22 所示。

操作方法一：在窗体上添加 ImageList 控件，在"属性"窗口设置 ImageSize 属性，指定图像大小，设置 Images 属性，向控件中添加多个图像。

操作方法二：使用 Image 类的 FromFile( )方法将图像文件动态添加到 ImageList 控件中。例如，以下代码可以在窗体载入时，给 ImageList 控件添加多个图像。

```
private void Form1_Load(object sender, EventArgs e)
{
  imageList1.ImageSize = new Size(90, 90);
  imageList1.Images.Add(Image.FromFile(@"..\..\images\1.jpg"));
  imageList1.Images.Add(Image.FromFile(@"..\..\images\2.jpg"));
  imageList1.Images.Add(Image.FromFile(@"..\..\images\3.jpg"));
  imageList1.Images.Add(Image.FromFile(@"..\..\images\4.jpg"));
  button1.ImageList = imageList1;          //将控件与图像列表控件进行绑定
  button2.ImageList = imageList1;
  button1.Image = imageList1.Images[1];    //指定控件显示第 1 个图像
  button2.ImageIndex =2;
}
```

图 4-22 运行效果

任务 4　应用 TabControl 控件

学习目标

　◇ 掌握 TabControl 控件的功能、常用属性、方法和事件
　◇ 能够使用 TabControl 控件进行界面设计

任务描述

在上一任务的基础上修改 StudentInfo 窗体，运行效果如图 4-23 所示。要求如下。

（1）用 TabControl 控件提供两个选项卡页，第一个选项卡页"个人基本信息"用于输入学生基本信息，第二个选项卡页"教育背景"用于输入学生的学习和获奖经历"。

（2）编写"信息汇总"的 Click 代码，实现汇总显示。

（3）编写 tabControl1_SelectedIndexChanged 事件，当单击不同的页面时，通过窗体下方的 label 标签显示相关信息。

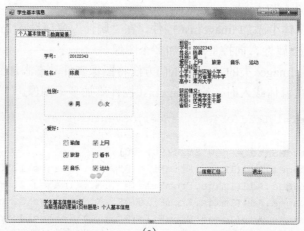

（a）

（b）

图 4-23　学生基本信息界面运行效果

（a）个人基本信息；（b）教育背景

知识准备

　　TabControl 控件（选项卡）用于在窗体上以多页方式显示多个选项卡，每个选项卡中可以包含图片和其他控件。在 Windows 应用程序中，TabControl 控件可以用来制作多页面的对话框。在工具箱中双击 TabControl 时，就会显示一个已添加了两个 TabPage 页的控件。

　　（1）TabControl 控件的常用属性。

　　MultiLine 属性：用 true 或 false 来确定是否可以显示多行选项卡，默认值为 false。

　　SelectedIndex：获取或设置当前所选的选项卡页的索引值，从 0 开始，默认值为–1。

　　Appearance 属性：设置选项卡的显示方式，Normal、Buttons 和 FlatButtons 为三种不同的显示方式。

　　TagPages 属性：获取该选项卡控件中选项卡页的集合，这些选项卡页由通过 TagPages 属性添加的 TagPage 对象表示。

　　TabCount 属性：获取选项卡控件中选项卡的数目。

　　SelectedTab 属性：获取或设置当前选定的选项卡页。

　　ShowToolTips 属性：指定在鼠标移至选项卡时，是否应显示该选项卡的工具提示。

　　Alignment 属性：控制选项卡页面在选项卡控件的什么位置显示。默认的位置为控件的顶部。

　　（2）TabControl 控件的常用事件。

　　SelectedIndexChanged 事件：更改 SelectedIndex 属性值时，将触发该事件。

　　Selected 事件：当选择某个选项卡时发生。

任务实施

　　步骤 1：为 TabControl 控件添加选项卡。

　　打开 StudentInfo 窗体，选择左侧用于输入学生基本信息的控件，进行剪切。然后在窗体中放置一个 TabControl 控件。设置 TagPages 属性，在 TagPage 集合编辑器中，为选项卡控件添加两个标题为"个人基本信息"、"教育背景"的选项卡页。将剪切板上复制的控件粘贴到"个人基本信息"页面上，然后设计"教育背景"页面如图 4-23 所示。

　　步骤 2：设置选项卡控件的外观。

　　（1）设置多行显示选项卡：默认情况下，选项卡都显示在一行，超出的部分通过按钮滚动。本任务中将 TabControl 控件的 Multiline 属性设为 true，如果选项卡在一行容纳不下，将以多行显示。

　　（2）选项卡的位置：TabControl 控件的 Alignment 属性确定选项卡的出现位置，该属性的可选值为 Top、Left、Right、Bottom，本例中该属性值设为 Top。

　　（3）设置选项卡显示样式。TabControl 控件的 Appearance 属性确定选项卡是否显示为按钮形式，该属性有三个可选值，Normal（默认）、Buttons、FlatButtons。本任务中将选项卡显示为按钮样式。

　　（4）设定选项卡的提示信息：设置 TabControl 控件的 ShowToolTips 属性为 true，再在 TagPage 集合编辑器中设置两个选项卡的 ToolTipText 属性，指定提示文本内容。

　　步骤 3：在窗体下方放置一个 Label 控件，Text 属性为空。当程序运行时，用于显示当前选项卡的信息。

步骤 4：编写"信息汇总"的 Click 代码。

```
private void button1_Click(object sender, EventArgs e)
{
  textBox4.Text = "";
  string str1 = "班级:" + textBox1.Text + "\r\n" + "学号:" + textBox2.Text +
"\r\n" + "姓名:" + textBox3.Text + "\r\n" + "性别:";
  if (radioButton1.Checked == true) str1 += "男" + "\r\n";
  else if (radioButton2.Checked == true) str1 += "女" + "\r\n";
  str1 += "爱好:";
  if (checkBox1.Checked == true) str1 += checkBox1.Text + "     ";
  if (checkBox2.Checked == true) str1 += checkBox2.Text + "     ";
  if (checkBox3.Checked == true) str1 += checkBox3.Text + "     ";
  if (checkBox4.Checked == true) str1 += checkBox4.Text + "     ";
  if (checkBox5.Checked == true) str1 += checkBox5.Text + "     ";
  if (checkBox6.Checked == true) str1 += checkBox6.Text + "     ";
  str1 += "\r\n学习经历:";
  str1 += "\r\n 小学:" + textBox5.Text + "\r\n 中学:" + textBox6.Text + "\r\n
高中:" + textBox7.Text + "\r\n";
  str1 += "\r\n 获奖情况:";
  str1 += "\r\n 校级:" + textBox8.Text + "\r\n 市级:" + textBox9.Text + "\r\n
省级:" + textBox10.Text + "\r\n";
  textBox4.Text = str1;
}
```

步骤 5：编写 TabControl1 控件的 SelectedIndexChanged 事件代码如下。

```
private void tabControl1_SelectedIndexChanged(object sender, EventArgs e)
{
  label10.Text ="选项卡共" + tabControl1.TabCount + "页,当前选择的是第" +
tabControl1.SelectedIndex.ToString() + "页" + "当前选项卡标题是:" + tabControl1.
SelectedTab.Text ;
}
```

步骤 6：编译、运行程序。

📖 **代码分析与知识拓展**

（1）本任务中，在 TabControl1 控件的 SelectedIndexChanged 事件代码中，通过 tabControl1.
TabCount 可以获取选项卡控件中选项卡的总数目，通过 SelectedIndex 属性可以获得当前选择
的选项卡页的索引。这两个属性值均为 int 类型，可以通过调用 ToString( )方法转换为 String
类型。

（2）TabControl1.SelectedTab 属性可以获取当前选定的选项卡页，类型是 TapPage，此处
通过 Text 属性可以获得该选项卡的标题文本。

（3）通过编程方式添加、移除选项卡。

1）使用 TabControl 控件的 TabPages 属性的 Add 方法可以添加新的选项卡。例如：

```
TabPage  tab=new TabPage("志愿服务经历");        //一个标签为"志愿服务经历"的选项卡
tabControl1.tabPages.add(tab);                 //向选项卡控件中添加选项卡
```

也可以使用一条语句实现以上效果：tabControl1.TabPages.Add（"志愿服务经历"）;。

2）使用 TabPages 属性的 Remove 或 RemoveAt 方法可以移除指定的选项卡，Clear 方法

可以移除所有选项卡。例如：

```
tabControl1.tabPages.Remove(tabControl1.tabPages[0]); //移除第一个选项卡。
```

或

```
tabControl1.tabPages.RemoveAt(0);
tabControl1.tabPages.clear(); //移除所有选项卡。
tabControl1.tabPages.RemoveAt(tabControl1.Selectedindex);//移除选中的选项卡。
```

模块 3　应用高级控件设计界面

除了前面介绍的常用基本控件外，在开发 Windows 应用程序时，还少不了菜单控件（MenuStrip）、工具栏控件（ToolStrip）、状态栏控件（StatusStrip）、列表视图控件（ListView）、树视图控件（TreeView）等的应用。本模块将对这些控件的用法进行详细讲解。

任务1　应 用 MenuStrip 控 件

📢 学习目标

◇ 掌握菜单的设计方法、MenuStrip 控件的功能、常用属性、方法和事件
◇ 能够使用 MenuStrip 控件设计界面主菜单
◇ 能使用 ContextMenuStrip 控件创建快捷菜单

✒ 任务描述

在任务 7 的基础上，为"学生选课管理系统"主界面设计菜单（包括下拉菜单和快捷菜单），运行效果如图 4-24 所示。

📌 知识准备

Visual Studio.NET 提供了两个菜单控件：MenuStrip 和 ContextMenuStrip，分别用于设计下拉菜单和弹出式菜单。

1. MenuStrip 控件

MenuStrip 控件是窗体菜单结构的容器。菜单由单个菜单项 MenuItem 对象组成，每个MenuItem 对象可以是应用程序的命令或其他子菜单项的父菜单。用户可以通过添加访问键、快捷键、选中标记、图像和分隔条来增强菜单的可用性和可读性。

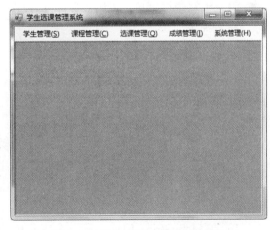

图 4-24　学生选课管理系统主界面

（1）MenuStrip 控件的常用属性。

Text 属性：设置菜单项的文本标题。

ShortCutKeys 属性：设置菜单项的快捷键。

Checked 属性：表示当前菜单项上是否显示"√"。值为 true 时表示菜单项被选中，其后

有标记"√";值为 false 时表示未选中该项,将不显示"√"。默认值为 false。

Visible 属性:表示菜单项是否可见。值为 true(默认),菜单项可见,值为 false,不可见。可以通过"属性"窗口设置,也可通过代码设置。

Enable 属性:表示菜单项是否启用(有效)。菜单有"有效""无效"两种状态。默认值为 true,即有效,false 表示无效。无效菜单项以灰色显示,不能响应用户任何操作。该属性值可以在设计阶段通过菜单项的 Enabled 属性设置,也可在程序代码中设计。例如,tem1.enabled=false;设置菜单项为无效。

注意:Enabled 属性禁用父菜单项时,所有子菜单项都不显示。

Image 属性:设置菜单项标题前的图标。

(2) MenuStrip 控件的常用事件。

Click 事件:当单击菜单项时发生。

2. ContextMenuStrip 控件

快捷菜单是一种独立于菜单栏而显示在窗体上的浮动菜单,是通过鼠标右击弹出的菜单。使用 ContextMenuStrip 控件可以创建快捷菜单。

快捷菜单总是与控件相关联,如 Windows 窗体、文本框,按钮等,每个控件只能有一个快捷菜单,提供与选定控件相关的操作命令。通过设置控件的 ContextMenuStrip 属性指定用户右击时要显示的快捷菜单。快捷菜单的设计方法与下拉菜单基本相同。

使用 ContextMenuStrip 控件的操作步骤如下。

(1) 在 Windows 窗体中添加 ContextMenuStrip 控件。

(2) 单击 ContextMenuStrip 控件的 Item 属性,为其设置菜单项。

(3) 选中要使用 ContextMenuStrip 控件的窗体或控件,将其 ContextMenuStrip 的属性设置为中添加的 ContextMenuStrip 控件名称。

(4) 编写快捷菜单的 Click 事件处理程序。

❖ **任务实施**

步骤 1:创建下拉菜单。

(1) 打开学生选课管理系统的主窗体 FrmMain,从工具箱的"菜单和工具栏"选项卡中拖放一个 MenuStrip 控件到窗体上。在窗体下方的面板中会显示出名为 MenuStrip1 的控件图标。

(2) 根据学生选课管理系统主窗体下拉菜单的结构(见表 4-4)设计菜单。

在窗体上方出现的菜单编辑器中,输入主菜单和各菜单项的名称。或在 MenuStrip 控件 Items 属性中设置主菜单,再在主菜单的 DropDownItems 属性中设置菜单项的文本标题,并设置菜单项属性。

1) 在 MenuStrip1 中输入第一个主菜单的 Text 属性为"学生管理(&S)",此处的"S"为菜单项的热键字符,在热键字符前要输入"&"。此时在该项的下方和右侧会出现"请在此处输入"的输入框,继续逐一输入其他主菜单和菜单项显示的文本,并按表 4-4 设置 Name 属性。

2) 如果需要输入分隔条可以输入"—",或选择插入"Separator"。

3) 如果要输入快捷键,则在属性面板中,为各菜单项输入 ShortcutKeys 属性值。可以采用同样的方法为"用户管理"菜单项添加下级子菜单。

各子菜单的展开效果如图 4-25 所示。

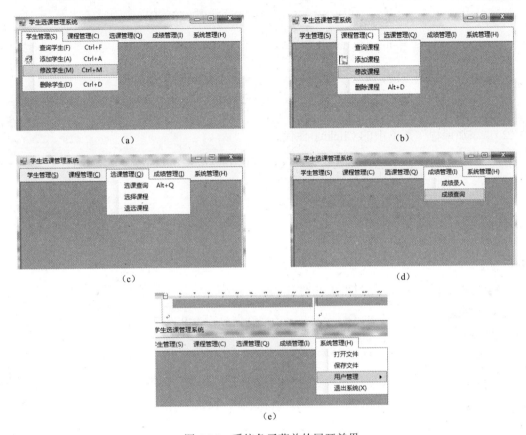

图 4-25　系统各子菜单的展开效果

（a）学生管理；（b）课程管理；（c）选课管理；（d）成绩管理；（e）系统管理

步骤 2：在项目中添加窗体 AddCourse，Text 属性为"添加课程"，如图 4-26 所示。

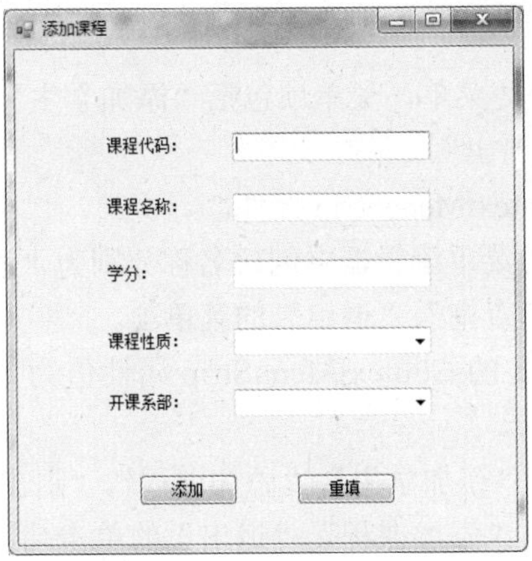

图 4-26　添加课程窗体

步骤 3：编写菜单项的 Click 事件代码。

（1）"添加学生"菜单项的 Click 事件代码。

```
private void StuAdd_Click(object sender, EventArgs e)
{
  StudentInfo s = new StudentInfo();
  s.Show();
  s.MdiParent = this;
  s.StartPosition = FormStartPosition.CenterParent;
}
```

（2）"添加课程"菜单项的 Click 事件代码。

```
private void CouAdd_Click(object sender, EventArgs e)
{
  addCourse addc = new addCourse();
  addc.Show();
  addc.MdiParent = this;
  addc.StartPosition = FormStartPosition.CenterParent;
}
```

（3）"选择课程"菜单项的 Click 事件代码。

```
private void ChoiceCou_Click(object sender, EventArgs e)
{
  CourseInfo c = new CourseInfo();
  c.Show();
  c.MdiParent = this;
  c.StartPosition = FormStartPosition.CenterParent;
}
```

（4）"退出"菜单项的 Click 事件代码。

```
private void Exit_Click(object sender, EventArgs e)
{
  Application.Exit();
}
```

步骤 4：为主界面创建快捷菜单，菜单项包括"添加学生"、"添加课程"、"查询学生"、"查询课程"、"成绩查询"、"退出"。

（1）在窗体上放一个 ContextMenuStrip 控件。

（2）在窗体左上角出现的菜单编辑器中创建名称分别为"添加学生"、"添加课程"、"查询学生"、"查询课程"、"成绩查询"、"退出"的菜单项。

（3）设置主窗体 FrmMain 的 ContextMenuStrip 属性值为上一步中的 ContextMenuStrip 控件。

步骤 5：实现快捷菜单项"添加学生"、"添加课程"、"退出"的单击功能。

快捷菜单项"添加学生"、"添加课程"、"退出"的单击功能与下拉菜单中相应菜单项的单击功能相同，此处应用共享事件处理程序实现。

首先，在快捷菜单中选择菜单项"添加学生"，在"属性"窗口中单击"事件"按钮，在

事件列表中选择 Click 事件，在 Click 事件名称旁的区域中，单击下拉按钮显示现有事件处理

程序列表，从该列表中选择 StuAdd_Click，从而快捷菜单项的 Click 事件就会绑定到下拉菜单项的事件处理程序，如图 4-27 所示。

然后，采用同样的方式实现其他两个快捷菜单项的单击功能。

代码分析与知识拓展

1. 菜单相关概念

Windows 应用系统一般都有菜单。菜单是软件界面设计的一个重要组成部分，描述了一个软件的大致功能，能提供人机对话界面。

图 4-27　共享事件处理程序

菜单的组成如图 4-28 所示。

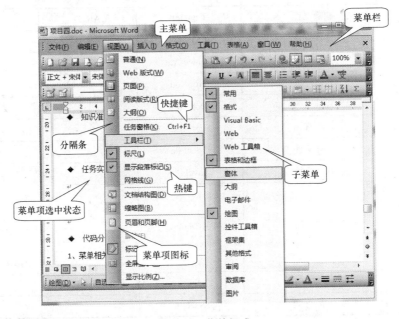

图 4-28　菜单组成

菜单有两种基本类型——下拉式菜单和弹出式菜单（快捷菜单）。

（1）下拉式菜单：用户单击主菜单后展开，如图 4-28 中单击主菜单"视图"后弹出的就是下拉菜单。

（2）弹出式菜单：当右击窗体上的某个控件对象时才会展开，右击后显示的快捷菜单是弹出式菜单。

2. 创建菜单的步骤

（1）规划菜单系统，即确定需要哪些菜单，出现在界面何处，以及哪些菜单有子菜单。根据学生选课管理系统功能模块，可以制定出本系统的"下拉菜单结构表"，如表 4-5 所示。

（2）使用相应控件设计菜单。包括设计菜单项的标题、图标、分隔条、热键、快捷键等。

（3）为菜单项编写事件处理程序。

表 4-5 学生选课管理系统主窗体"下拉菜单的结构"表

主菜单	Text （菜单项上显示的文本）	Name （菜单项的名称）	ShortcutKeys （菜单项快捷键）	子菜单	说明
学生管理 （S）	查询学生（F）	StuSel	Ctrl+F		
	添加学生（A）	StuAdd	Ctrl+A		
	修改学生（M）	StuMdi	Ctrl+M		
	—	默认			分隔条
	删除学生（D）	StuDel	Ctrl+D		
课程管理 （C）	查询课程	CouSel			
	添加课程	CouAdd			
	修改课程	CouMdi			
	—	默认			分隔条
	删除课程	CouDel	Alt+D		
选课管理 （Q）	选课查询	QueCou	Alt+Q		
	选择课程	ChoiceCou			
	退选课程	DropCou			
成绩管理 （I）	成绩录入	ScoreAdd			
	成绩查询	ScoreQue			
系统管理 （H）	打开文件	OpenFile			
	保存文件	SaveFile			
	用户管理	UserManage		查询用户	
				添加用户	
				修改用户	
				删除用户	
	退出系统（X）	Exit	Alt+E		
	帮助	SysHelp			

3. 菜单项设置

（1）设置热键。使用 Text 属性为菜单项指定标题时，可以在要用作访问键的字符前放置一个"&"来指定访问键。例如，输入菜单项名称为"文件（&F）"，其中 F 被设置为该菜单项的访问键。在菜单中，F 字符会自动加上一条下划线。（按住 Alt 键，并单击主菜单上的热键字符可展开子菜单，再次单击子菜单上的热键字符，此时不必按住 Alt 键，即可完成对子菜单项的选择。）

（2）设置快捷键。快捷键显示在菜单项的右边，通过快捷键可以直接执行相应菜单项的操作，而不必展开菜单。菜单项的快捷键通过 ShortcutKeys 属性设置，至少需要一项修饰符和键组合，否则将出错。

注意：设置 ShortcutKeys 属性时，要根据 Windows 操作系统的常用快捷菜单来设置。如退出一般是按 Alt+E 键，打开一般是按 Ctrl+O 键等。

（3）设置分隔条。在需要进行菜单项分组时，可以选择 Separator 选项进行分割。可采用以下两种方式设置菜单项的分隔条。

1）在菜单编辑器中，出现"请在此处输入"的输入框时，单击"请在此输入"后面的小三角形按钮，在弹出的快捷菜单中选择 Separator，可将一个分隔条插入到当前菜单项的上方。

2）输入菜单名称时将 Text 属性设置为"–"，则该菜单项被创建为一个分隔条。

（4）Checked 属性通过设置菜单项标记，用于决定菜单项是否处于选中状态。当在菜单项中有多个并列的选项时，菜单项标记用来表明用户所选的是哪一个选项。比如有一组用于在 TextBox 控件中设置文本颜色的菜单项，则可以使用 Checked 属性来标识当前选定的颜色。

（5）Image 属性用于设置菜单项前的图标。选中要设置的菜单项，在"属性"窗口中设置 Image 属性即可。

4. 共享事件处理程序

本任务中，实现快捷菜单项"添加学生"、"添加课程"、"退出"的单击功能时，使用了共享事件处理程序。共享事件处理程序是指当多个程序的事件处理内容类似时，可以使这几个事件共享同一个事件处理程序。例如，快捷菜单项"添加学生"和下拉菜单项"添加学生"的单击事件执行的代码是相同的，可以使这两个事件共享同一个事件处理程序，使得每个快捷菜单项在单击时，去处理其对应下拉菜单项的响应程序。共享事件处理程序可以降低代码冗余，提高软件质量。

任务 2　应用消息框

📢 学习目标

　✧ 了解消息框的样式
　✧ 掌握消息框的设置和显示方法

✏️ 任务描述

本任务是应用 MessageBox 类实现学生选课管理系统主菜单的"退出"菜单项的功能。当单击"退出"时，弹出消息框提示用户是否真的要退出程序。若用户单击"是"，则退出应用程序，消息框消失；如果单击"否"，则消息框消失，程序不退出。程序运行效果如图 4-29 所示。

👆 知识准备

在程序中，我们经常使用消息对话框给用户一定的信息提示。如在操作过程中遇到错误或程序异常时，向用户报告操作错误或询问用户该执行何种操作。

在 C#中，MessageBox（消息框）是一个预定义的对话框，用于显示简短的消息，并要求用户作出

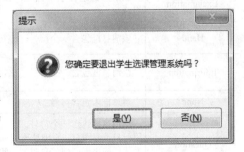

图 4-29　消息提示框

一定的响应。MessageBox 消息对话框位于 System.Windows.Forms 命名空间中，一般情况，一个消息对话框包含信息提示文字内容、消息对话框的标题文字、用户响应的按钮及信息图

标等内容。C#中允许开发人员根据自己的需要设置相应的内容，创建符合自己要求的消息对话框。

（1）显示消息框。可以用 MessageBox 类的静态方法 Show( )显示消息对话框，显示在消息框中的标题、消息、按钮和图标由传递给该方法的参数确定。

语法格式：MessageBox.Show（text，caption，buttons，icon，defaultbutton，option）；

其中，

text：String 类型，用于设置消息对话框中显示的文本。

caption：可选参数，字符串型，用于设置消息对话框的标题文本。

buttons：可选参数，设置消息对话框中显示哪些按钮，是 MessageBoxButtons 枚举值之一，如表 4-6 所示。

icon：可选参数，设置消息对话框中显示哪个图标，是 MessageBoxIcon 的枚举值之一，如表 4-7 所示。

defaultbutton：可选参数，设置消息对话框哪个按钮是默认激活的。

option：可选参数，为消息对话框设置一些特殊的选项，如文本对齐方式、指定阅读顺序，是否向系统日志写消息等。

表 4-6　　　　　　　　　　**MessageBoxButtons 枚举值**

值	说　明	值	说　明
AbortRetryIgnore	消息框含"中止、重试、忽略"按钮	RetryCancel	含"重试、取消"按钮
OK	含"确定"按钮	YesNo	含"是、否"按钮
OKCancel	含"确定、取消"按钮	YesNoCancel	含"是、否、取消"按钮

表 4-7　　　　　　　　　　**MessageBoxIcon 枚举值**

值	说　明	图标
Asterisk	该消息框包含一个符号，该符号是由一个圆圈及其中的小写字母 i 组成的	
Error	该消息框包含一个符号，该符号是由一个红色背景的圆圈及其中的白色 X 组成的	
Exclamation	该消息框包含一个符号，该符号是由一个黄色背景的三角形及其中的一个感叹号组成的	
Hand	该消息框包含一个符号，该符号是由一个红色背景的圆圈及其中的白色 X 组成的	
Information	该消息框包含一个符号，该符号是由一个圆圈及其中的小写字母 i 组成的	
None	消息框未包含符号	
Question	该消息框包含一个符号，该符号是由一个圆圈和其中的一个问号组成的。不再建议使用问号消息图标，原因是该图标无法清楚地表示特定类型的消息，并且问号形式的消息表述可应用于任何消息类型。此外，用户还可能将问号消息符号与帮助信息混淆。系统继续支持此符号只是为了向后兼容	
Stop	该消息框包含一个符号，该符号是由一个红色背景的圆圈及其中的白色 X 组成的	
Warning	该消息框包含一个符号，该符号是由一个黄色背景的三角形及其中的一个感叹号组成的	

（2）Show( )方法的返回值。当我们单击消息框上按钮关闭了消息框时，如何判断 MessageBox 中被选中的是哪个按钮呢？

实际上，在消息框上单击不同的按钮会有不同的返回值。Show( )方法的返回值类型为 DialogResult 枚举类型，返回值是 System.Windows.Forms.DialogResult 的成员之一，包含用户在此消息对话框中所做的操作（即点击了什么按钮）。开发人员可以根据这些返回值判断接下来要做什么。各枚举常量及意义如表 4-8 所示。

表 4-8   DialogResult 枚举值

成员名称	说　　明	成员名称	说　　明
Abort	用户单击"中止"按钮的返回值	None	表明有模式对话框继续运行
Cancel	用户单击"取消"按钮的返回值	OK	用户单击"确定"按钮的返回值
Igore	用户单击"忽略"按钮的返回值	Retry	用户单击"重试"按钮的返回值
No	用户单击"否"按钮的返回值	Yes	用户单击"是"按钮的返回值

【例 4-11】 新建一个 Windows 应用程序，在窗体上放置两个按钮，Text 属性分别为"简单提示消息框"、"复杂提示消息框"。当单击"简单提示消息框"时，弹出如图 4-30 所示的消息框。当单击"复杂提示消息框"时，弹出如图 4-31 所示的消息框，在消息框中分别单击不同的按钮，将出现以下几种情况。

图 4-30 简单提示消息框

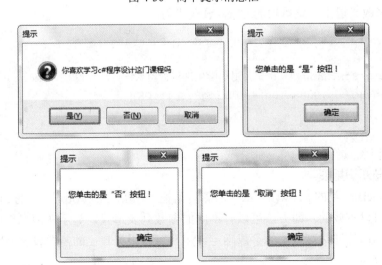

图 4-31 复杂提示消息框

操作步骤如下。

（1）编写按钮"简单提示消息框"的 Click 事件代码。

```
private void button1_Click(object sender, EventArgs e)
{
    MessageBox.Show("这是简单提示消息框","提示");
}
```

（2）编写按钮"复杂提示消息框"的 Click 事件代码。

```
private void button2_Click(object sender, EventArgs e)
{
    MessageBox.Show("你喜欢学习 c#程序设计这门课程吗", "提示",MessageBoxButtons.
YesNoCancel,MessageBoxIcon.Question);
}
```

（3）修改 button2 的 Click 事件代码，当单击不同按钮时，弹出不同的消息框。

```
private void button2_Click(object sender, EventArgs e)
{
    DialogResult result;
    result=MessageBox.Show("你喜欢学习c#程序设计这门课程吗", "提示",MessageBoxButtons.
YesNoCancel,MessageBoxIcon.Question);
    if (result == DialogResult.Yes) MessageBox.Show("您单击的是"是"按钮！","提示");
    else if (result == DialogResult.No) MessageBox.Show("您单击的是"否"按钮！
", "提示");
    else if (result == DialogResult.Cancel) MessageBox.Show("您单击的是"取消"
按钮！", "提示");
}
```

任务实施

步骤1：修改"退出"菜单项的 Click 事件代码。

```
private void Exit_Click(object sender, EventArgs e)
{
    if(MessageBox.Show("您确定要退出学生选课管理系统吗？","提示",MessageBoxButtons.
YesNo,MessageBoxIcon.Question)==DialogResult.OK)
    Application.Exit();
}
```

步骤2：编译、运行程序。

代码分析与知识拓展

（1）MessageBox 类的 Show()方法。消息对话框是用 MessageBox 对象的 Show 方法显示的，该方法是可以重载的。即方法可以有不同的参数列表形式，显示在消息框中的标题、消息、按钮和图标由传递给该方法的参数确定，用户可以根据自己的需要设置不同样式的消息对话框。

MessageBox 类的 Show()方法的多种重载形式如表 4-9 所示。

表 4-9　　　　　　　　　　　　　MessageBox 类的 Show( )方法

重 载 方 法	说　　　明
Show（string text）;	显示具有指定文本的消息框
Show（string text，string caption）;	显示具有指定文本和标题的消息框
Show（string text，string caption，MessageBoxButtons buttons）;	显示具有指定文本、标题和按钮的消息框
Show（string text，string caption，MessageBoxButtons buttons，MessageBoxIcon icon）;	前面显示具有指定文本、标题、按钮和图标的消息框

注意：无法创建 MessageBox 类的实例，要显示消息框，必须调用 MessageBox 类的方法 Show( )。Show 是一个静态方法，不需要基于 MessageBox 类的对象创建实例，直接用：MessageBox.Show( )即可调用。

（2）模式对话框与非模式对话框。显示对话框或打开一个窗体，可以使用 MessageBox.Show( )方法或 MessageBox.ShowDialog( )方法。使用 MessageBox.Show( )方法打开的是非模式对话框，非模式对话框仅显示出系统窗口界面，其他显示并运行的窗口仍然可以在后台运行。即由它打开的各个窗口、对话框可以相互切换，而不需要关闭当前窗口和对话框。由 MessageBox.ShowDialog( )打开的对话框为模式对话框。它是不可以自由切换多个窗口的。即在用户没有关闭当前页的前提下，无法操作该页后的任一页面。

综上所述，ShowDialog( )方法与 Show( )方法的主要区别是：以 ShowDialog( )方法打开的窗体要等当前窗体关闭后才能操作其他窗体，即在用户没有关闭当前页的前提下，无法关闭该页后的任一页面，而 Show( )方法不受此限制。

任务 3　应 用 通 用 对 话 框

学习目标

◇ 了解通用对话框的常用属性、事件
◇ 掌握通用对话框的用法

任务描述

本任务将应用 OpenFileDialog 控件和 SaveFileDialog 控件弹出打开文件或保存文件的对话框。当用户单击菜单项"打开文件"或"保存文件"时，通过消息框显示选择的文件名。运行效果如图 4-32 所示。

知识准备

在 Windows 应用程序中使用 OpenFileDialog 控件可以弹出"打开文件"对话框，使用 SaveFileDialog 控件可以弹出"保存文件"对话框。这两个控件中的常用属性及事件类似。

（1）OpenFileDialog 控件、SaveFileDialog 控件的属性。

InitialDirectory 属性：对话框的初始目录。

Filter 属性：要在对话框中显示的文件筛选器，可以是由"|"分隔的，表示不同文件类型的一组或多组元素组成。该属性值决定了"文件类型"列表中显示的文件类型。

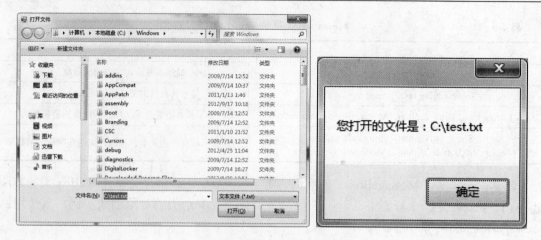

图 4-32 "打开文件"对话框

设置 Filter 属性的格式：描述符 1 | 过滤符 1 | 描述符 2 | 过滤符 2……

其中，

描述符：是将要显示在对话框"文件类型"下拉列表中的文字说明。

过滤符：用于系统区分各种文件类型，是由通配符和实际的文件扩展名组成的。例如，*.*表示所有文件，*.txt 表示文本文件，*.doc 表示 Word 文档文件。

- FilterIndex 属性：表示对话框弹出时，"文件类型"列表中默认选中了哪种类型的文件。默认值为 1，表示选中第一种文件类型。
- FileName 属性：获取在对话框的"文件名"列表中选定或输入的文件名，包括文件的完整路径。
- Title 属性：获取或设置对话框标题。
- AddExtension 属性：是否自动添加默认扩展名。
- ShowHelp 属性：是否启用"帮助"按钮。

（2）OpenFileDialog 控件、SaveFileDialog 控件的常用事件。

- FileOk 事件：当用户单击"打开"或"保存"按钮时要处理的事件。
- HelpRequest 事件：当用户单击"帮助"按钮时要处理的事件。

任务实施

步骤 1：在学生选课管理系统的主窗体上分别放置一个 OpenFileDialog 控件，并在属性窗口中设置以下属性：Title 属性为"打开文件"、Filter 属性为"文本文件|*.txt|C#文件|*.cs|word 文件|*.doc"、FilerIndex 属性为 1，表示显示文本文件、InitialDirectory 属性为"c：\windows"，并用 ShowDialog 来显示对话框。

步骤 2：编写"打开文件"菜单项的 Click 事件代码如下。

```
private void OpenFile_Click(object sender, EventArgs e)
{
    if (openFileDialog1.ShowDialog() == DialogResult.OK)
    MessageBox.Show("您打开的文件是:"+openFileDialog1.FileName);
}
```

步骤 3：在窗体上拖放一个 SaveFileDialog 控件，通过编写代码设置控件的相关属性，代码如下。

```
private void SaveFile_Click(object sender, EventArgs e)
{
  saveFileDialog1.InitialDirectory = @"c:\windows";
  saveFileDialog1.Filter = "文本文件|*.txt|C#文件|*.cs|word文件|*.doc";
  saveFileDialog1.FilterIndex = 1;
  if (saveFileDialog1.ShowDialog() == DialogResult.OK)
    MessageBox.Show("保存的文件名是:" + saveFileDialog1.FileName);
}
```

说明：本任务中的打开与保存对话框，并不能真正打开一个文件，而是提供一个打开或保存文件的用户界面，供用户选择所需文件，可以获取该文件的路径。真正打开或保存文件的工作还需要用到文件流类才能实现，文件流类的应用将在项目 5 中详细介绍。

😊 **知识拓展**

通用对话框由 Visual Studio.NET 预定义，位于"工具箱"中的"对话框"选项卡中。将通用对话框控件放置到窗体后，不直接显示在窗体中，而是出现在 Windows 窗体设计器底部的控件栏中。可以使用 ShowDialog( )方法在程序运行时显示对话框，也可以在"属性"窗口中设置对话框的属性。

常用的通用对话框有：文件对话框（FileDialog）、字体对话框（FontDialog）、颜色对话框（ColorDialog）、文件夹对话框（FolderBrowserDialog）等。其中常用的文件对话框有：打开文件对话框 OpenFileDialog、保存文件对话框 SaveFileDialog。这两个控件的用法在上文中已介绍。下面介绍其他几个对话框的用法。

（1）浏览文件夹对话框。FolderBrowserDialog 控件可以弹出"浏览文件夹"对话框，用户可以在对话框中选择目录。FolderBrowserDialog 控件的常用属性如下。

- Description 属性：定义在对话框的树形视图上显示的文本，可以用于描述弹出框功能。
- RootFolder 属性：获取或设置用户从什么文件夹开始浏览，表示开始目录，是 Environment.SpecialFolder 枚举值之一。
- ShowNewFolderButton 属性：是否显示新建文件夹按钮。
- SelectedPath 属性：对话框中最先选择的文件夹或用户最后选择的文件夹的路径。

（2）颜色对话框。在.NET 中，通过 ColorDialog 控件调用 Windows 标准的"颜色"对话框。通过使用"颜色"对话框，用户可以方便地从中选取需要的颜色。

ColorDialog 控件的常见属性如下。

AllowFullOpen 属性：禁止和启用"自定义颜色"按钮。

FullOpen 属性：是否最先显示对话框的"自定义颜色"部份。

ShowHelp 属性：是否显示"帮助"按钮。

Color 属性：获取用户在"颜色"对话框中选定的颜色，该属性最常用。

AnyColor 属性：显示可选择任何颜色。

CustomColors 属性：是否显示自定义颜色。

SolidColorOnly 属性：是否只能选择纯色。

（3）字体对话框。在.NET 中，通过 FontDialog 控件调用 Windows 标准的"字体"对话框。通过使用"字体"对话框，用户可以方便地设置文本的字体、字号及文本的各种效果，如斜体、下划线等。

1）字体对话框常用属性。

ShowColor 属性：控制是否在对话框中显示颜色选项，该值默认为 false，即不能设置文本的颜色。

AllowScriptChange 属性：是否显示字体的字符集。

Font 属性：在对话框显示的字体。

Color 属性：在对话框中选择的颜色。

ShowEffects 属性：是否在对话框中显示下划线、删除线、字体颜色等效果选项。该语句可以省略，因为 fontDialog1.ShowEffects 的默认值是 true。

ShowHelp 属性：是否显示"帮助"按钮。

ShowApply 属性：是否显示"应用"按钮。

2）字体对话框的事件。

Apply 事件：当单击"应用"按钮时要处理的事件。

HelpRequest 属性：当单击"帮助"按钮时要处理的事件。

以下程序演示了通用对话框的应用。

【例 4-12】 创建 Windows 应用程序，在窗体上放置一个 TextBox，五个按钮。单击"打开"或"保存"按钮时，弹出"打开文件"、"保存文件"对话框。完成打开或保存文件操作后，在文本框中显示打开或保存文件的文件名。单击"选择目录"按钮时，弹出"浏览文件夹"对话框，在文本框中显示所选目录。单击"颜色"、"字体"按钮时能使用颜色对话框和字体对话框设置文本框内文本的字体和颜色。程序运行界面如图 4-33 所示。

操作步骤如下。

（1）采用前面任务实施中的方法实现"打开"、"保存"按钮的功能。

（2）在窗体上放置一个 FolderBrowserDialog 控件，编写"选择目录"按钮的 Click 事件，在程序运行时，弹出如图 4-34 所示的对话框。

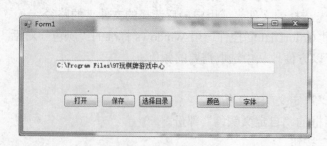

图 4-33　程序运行界面　　　　　　　　图 4-34　"浏览文件夹"对话框

编写"选择目录"按钮的 Click 事件代码如下。

```
private void button5_Click(object sender, EventArgs e)
{
    folderBrowserDialog1.SelectedPath = @"C:\windows";
```

```
                                              //设置打开目录选择对话框时默认的目录
        folderBrowserDialog1.ShowNewFolderButton = true;  //是否显示新建文件夹按钮
        folderBrowserDialog1.Description = "请选择目录:";  //描述弹出框功能
        //folderBrowserDialog1.RootFolder = Environment.SpecialFolder.MyDocuments;
                                              //此语句设置开始目录为"我的文档"
        folderBrowserDialog1.RootFolder = Environment.SpecialFolder.MyComputer;
                                              //此语句设置开始目录为"我的电脑"
        folderBrowserDialog1.ShowDialog();            //显示"浏览文件夹"对话框
        textBox1.Text = folderBrowserDialog1.SelectedPath;
                                              //返回用户选择的目录地址
    }
```

（3）在窗体上放置一个 ColorDialog 控件和一个 FontDialog 控件，设置 ColorDialog 控件的 FullOpen 属性的值为 true、ShowHelp 属性值为 true，其他属性可以使用默认值。运行效果如图 4-35 所示。

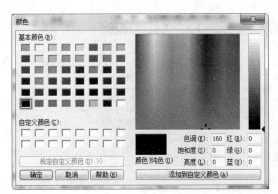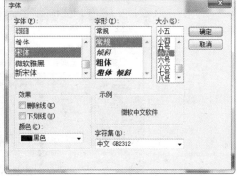

图 4-35　颜色对话框和字体对话框

编写"颜色"按钮的 Click 事件代码如下。

```
private void button4_Click(object sender, EventArgs e)
{
    if (colorDialog1.ShowDialog() == DialogResult.OK)
    {
        textBox1.ForeColor = colorDialog1.Color;          //设置文本框文本颜色
        textBox1.BackColor = colorDialog1.Color;          //设置文本框背景色
    }
}
```

编写"字体"按钮的 Click 事件代码如下。

```
private void button3_Click(object sender, EventArgs e)
{
    fontDialog1.ShowColor = true;
    fontDialog1.ShowEffects = true;
    if (fontDialog1.ShowDialog() == DialogResult.OK)
    {
        textBox1.Font = fontDialog1.Font;                 //设置文本框的字体
        textBox1.ForeColor = fontDialog1.Color;           //设置文本框的前景色
    }
```

}

任务 4   应用工具栏控件

📢 **学习目标**

    ◇ 了解工具栏控件的常用属性、事件
    ◇ 会使用 ToolBar 控件、ToolStrip 控件设计工具栏

✎ **任务描述**

    本任务是应用 ImageList 控件、ToolBar 控件、ToolStrip 控件为学生选课管理系统主界面设计工具栏，并实现"添加学生"、"添加课程"、" 选择课程"、" 退出"等功能。界面效果如图 4-36 所示。

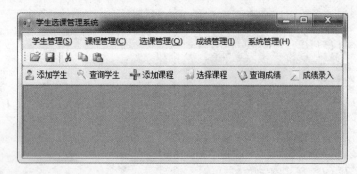

图 4-36   系统工具栏

🔖 **知识准备**

    1. ToolStrip 控件

    使用 ToolStrip 控件可以创建具有 Microsoft Office、Microsoft Windows XP 或自定义的外观和行为的常用工具栏。ToolStrip 控件中包含多个子控件，如按钮、标签等。

    （1）ToolStrip 控件的常用属性。

    Items 属性：可以添加 Button、Label、ComboBox 等项到 ToolStrip 控件中。

    Dock 属性：设置工具栏的位置，可以停靠在父容器的上、下、左、右边缘上。

    LayoutStyle 属性：设置 ToolStrip 的布局方向。

    AutoSize 属性：值为 true 或 false，用于修改按钮的大小和高度。

    ImageScaling 属性：可以修改图片大小。

    （2）ToolStrip 控件的用法。ToolStrip 控件是一个容器，默认情况下，可以在上面放置 Label、Button、TextBox、ComboBox、ProgressBar 等控件。具体做法是：从工具箱中拖放一个 ToolStrip 控件到窗体上，在"属性"窗口中设置 ToolStrip 控件的 Items 属性，打开如图 4-37 所示的 "项集合编辑器"对话框，为工具栏添加 Button、TextBox 等子控件，并在右侧属性列表中修改其属性。或直接单击 ToolStrip 控件上的下拉按钮为其添加子项，如标签、命令按钮等。

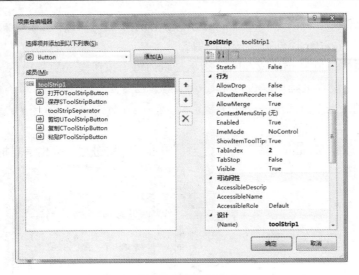

图 4-37 　项集合编辑器

　　也可以右击工具栏，在弹出的快捷菜单中选择"插入标准项"命令，自动增加如图 4-38 所示的标准工具栏，其中包括新建、打开、保存、剪切、复制、粘贴、打印、帮助共八个标准按钮。右击工具栏，在弹出的快捷菜单中选择"编辑项…"命令，打开"项集合编辑器"，在编辑器中，可以删除不需要的项，或添加其他项。

图 4-38 　标准工具栏

　　（3）ToolStrip 控件中按钮的常用属性和事件。工具栏中按钮都是独立的控件，选中工具栏中的按钮，属性窗口将显示该按钮的属性和事件，可以为每个按钮设置属性，或为按钮增加事件处理程序。

　　1）ToolStrip 控件中按钮的常用属性。

　　Name 属性：按钮对象名称。

　　ImageIndex 属性：为工具栏按钮指定的图像在图像列表中的索引值。

　　Style 属性：按钮项上显示的是文本或图像。对于文本按钮，通过 Text 属性设置显示的文字，对于图像按钮，通过 Image 属性设置按钮上显示的图标。

　　ToolTipText 属性：鼠标经过时出现的文字内容。

　　ShowToolTips 属性：鼠标移到各工具栏按钮上时，是否显示相应的工具提示，如果该属性的值设置为 true，则显示工具提示。

　　2）ToolStrip 控件中按钮的常用事件。ToolStrip 按钮最常用的是 Click 事件，当单击工具栏按钮时，将触发 Click 事件。

　　2．ToolBar 控件

　　ToolBar 和 ToolStrip 功能比较接近。ToolStrip 控件可以创建窗体的侧边工具栏，如 IE 下方的那一条功能栏。而 ToolBar 控件用于实现 Windows 窗体的顶部工具栏，是以按钮为主的工具栏，一般在窗体的标题栏正下方。

　　（1）ToolBar 控件的常用属性。

　　Buttons 属性：设置 ToolBar 的 ToolBarButtons 集合。

ImageList 属性：设置与 ToolBar 相关联的 ImageList 控件。属性设置后，将由关联的 ImageList 控件向 ToolBar 控件提供按钮图像。

ShowTips 属性：值为 true 或 false，指示是否为每个按钮设置工具提示。

Visible 属性：设置工具栏是否可见。

Enabled 属性：设置工具栏是否可用。

（2）ToolBar 控件的用法。

【例 4-13】 创建 Windows 应用程序，当单击不同的按钮时，弹出消息框显示提示信息。程序执行结果如图 4-39 所示。

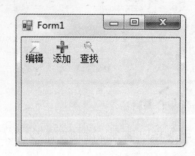

图 4-39　程序运行结果

操作步骤如下。

（1）向窗体上放置一个 ImageList 控件 imagelist1，并通过 Images 属性为其添加三个图片。

（2）将 ToolBar 控件拖动到窗体上，设置 ImageList 属性值为 imageList1。

（3）设置 ToolBar 控件的 Buttons 属性，在"ToolBarButton 集合编辑器"对话框中，添加三个按钮"编辑"、"添加"、"查找"。分别设置 ImageIndex 属性值为 0、1、2。设置 ToolBar 控件的 TextAlign 属性值，可以改变按钮上文本与图片的显示位置。

（4）为工具栏按钮添加 Click 事件处理代码。

```
private void toolBar1_ButtonClick(object sender, ToolBarButtonClickEventArgs e)
{
    if (e.Button == toolBar1.Buttons[0]) MessageBox.Show("您单击了"编辑"按钮");
    else if (e.Button == toolBar1.Buttons[1]) MessageBox.Show("您单击了"添加"
按钮");
    else if (e.Button == toolBar1.Buttons[2]) MessageBox.Show("您单击了"查找"
按钮");
}
```

任务实施

步骤 1：向主窗体上添加一个 ImageList 控件，单击 Images 属性，弹出如图 4-40 所示的图像集合编辑器，为控件添加图片（在项目文件夹中创建一个 toolimages 文件夹用于存放所需图片）。

步骤 2：创建"常用工具栏"。在窗体的主菜单下方拖放一个 ToolStrip 控件，在控件上右击，在弹出的快捷菜单中选择"插入标准项"命令。再右击工具栏，在弹出的快捷菜单中选择"编辑项…"命令，弹出"项集合编辑器"窗口，在其中删除"新建"、"打印"、"帮助"等按钮，当然也可添加其他按钮。

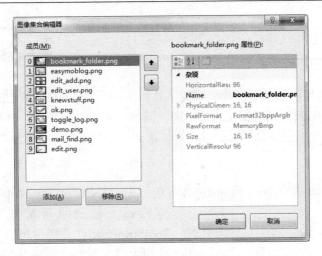

图 4-40   图像集合编辑器

步骤 3：实现"打开"和"保存"按钮的
单击事件。在如图 4-41 所示的常用工具栏上分
别选择"打开"和"保存"按钮，利用共享事
件处理程序在"事件"列表中为其指定 Click
事件程序。

图 4-41   常用工具栏效果

步骤 4：在主窗体上添加一个 ToolBar 控件，设置工具栏的 ImageList 属性值为 Imgelist1。

步骤 5：为 ToolBar 控件添加具体的 Button 对象。选中 ToolBar 控件设置 Buttons 属性，
弹出如图 4-42 所示的"ToolBarButton 集合编辑器"窗口，在窗口中添加"添加学生"、"查
询学生"、"添加课程"、"选择课程"、"查询成绩"等按钮，并设置各按钮的 ImageIndex 属性。
该属性表示显示图像列表中的图像索引值，并将 TextAlign 属性值设为 Right。

图 4-42   ToolBarButton 集合编辑器

步骤 6：编写代码，实现工具栏按钮的单击功能。

```
private void toolBar1_ButtonClick(object sender, ToolBarButtonClickEventArgs e)
{
```

```
    if (e.Button == this.toolBar1.Buttons[0]) StuAdd_Click(sender, e);
    if (e.Button == this.toolBar1.Buttons[2]) CouAdd_Click(sender, e);
    if (e.Button == this.toolBar1.Buttons[3]) ChoiceCou_Click( sender, e);
}
```

以上程序通过调用已有的事件代码实现工具栏 ToolBar 中各按钮的 Click 事件。例如，第一个 if 语句中，调用事件 StuAdd_Click 实现"添加学生"按钮功能，其他两个 if 语句与此类似。

💬 **知识拓展**

ToolStripContainer 类在.NET Framework 2.0 版中是新增的。ToolStripContainer 控件在窗体的每一侧提供可扩展和可折叠的面板 ToolStripPanel，并提供可以容纳一个或多个控件的中间面板 ToolStripContentPanel。使用每一侧的 ToolStripPanel 来容纳一个或多个 ToolStrip、MenuStrip 或 StatusStrip 控件，使用中间的 ToolStripContentPanel 来容纳其他控件。

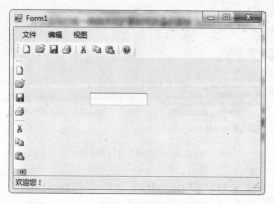

图 4-43　窗体界面

注意：ToolBar 控件不能添加到 ToolStripContainer 控件中。

【例 4-14】 创建一个 Windows 应用程序，在窗体上拖放一个 ToolStripContainer，如图 4-43 所示。

操作步骤如下。

（1）设置 TopToolStripPanelVisible、BottomToolStripPanelVisible、LeftToolStripPanelVisible 和 RightToolStripPanelVisible 属性值为 true 或 false，来显示或隐藏顶部面板、底部面板、左面板和右面板。

（2）可以在顶部面板中添加菜单和工具栏等，在底部面板中可以添加状态栏。窗体上的工具栏等控件可以任意拖动到其他面板上。

任务 5　应用 StatusStrip、Timer 控件

📢 **学习目标**

   ◇ 掌握 StatusStrip 控件的常用属性及方法
   ◇ 掌握 Timer 控件的用法

✏️ **任务描述**

使用 StatusStrip、Timer 控件设计学生选课管理系统主界面的状态栏，如图 4-44 所示。

（1）左侧显示："欢迎使用学生选课管理系统"
（2）中间显示："登录时间：……"
（3）最右边显示系统时钟。

（4）系统时钟前显示一个闪烁的图像。

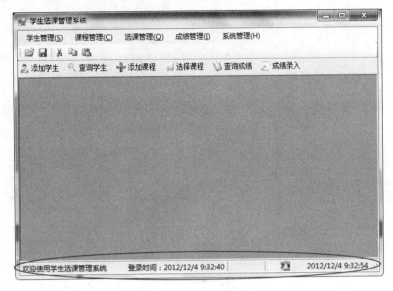

图 4-44 主界面的状态栏

知识准备

1. StatusStrip 控件

StatusStrip 控件位于工具箱的"菜单和工具栏"选项卡内，用于设计窗体的状态栏。在窗体底部显示应用程序当前状态的简短信息，例如，"欢迎信息、当前登录用户、系统时钟……"。

在窗体上放置一个 StatusStrip 控件后，单击属性窗口中 Items 属性，弹出"项集合编辑器"对话框，可以在此对话框中为状态栏添加子控件。也可以直接在 StatusStrip 控件中添加以下子控件：ToolStripStatusLabel、ToolStripDropDownButton、ToolStripProgressBar 和 ToolStripSplitButton，如图 4-45 所示。ToolStripStatusLabel 子控件可以在状态栏中显示文本或

图标类信息，只要设置其 Text 属性即可修改显示的字符。ToolStripProgressBar 控件可用于显示进程的完成状态信息。在"项集合编辑器"窗口中，左侧列表框中显示了已添加到状态栏中的子控件，选中某一子控件后，可以在右侧属性列表中修改其属性。

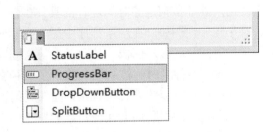

【例 4-15】 创建 Windows 应用程序，为窗体添加状态栏，在状态栏内显示鼠标位置和进度条。运行界面如图 4-46 所示。

图 4-45 StatusStrip 控件的子控件

操作步骤如下。

（1）拖放 StatusLabel 控件到窗体上，通过 Items 属性为状态栏添加一个 ToolStripStatusLabel 控件，修改属性 AutoSize=false，修改属性 Size.With=200，属性 Text 为空。添加一个 ToolStripProgressBar 控件用于显示进度条。

图 4-46   程序运行界面

（2）为 Form1 添加 MouseMove 事件处理程序。

```
private void Form1_MouseMove(object sender, MouseEventArgs e)
{
    toolStripStatusLabel1.Text = "鼠标位置  X:" + e.X.ToString() + ",Y:" +
e.Y.ToString();
}
```

（3）编写 button1 的 Click 事件处理程序。

```
private void button1_Click(object sender, EventArgs e)
{
    toolStripProgressBar1.Maximum = 1000;
    toolStripProgressBar1.Minimum = 0;
    toolStripProgressBar1.Step = 1;
    for (int i = 0; i <= 1000; i++)  toolStripProgressBar1.PerformStep();
}
```

（4）编译、运行程序。在窗口用户区域内移动鼠标，可以在窗体的状态栏中看到鼠标的位置不断变化。单击按钮时，在状态栏中显示进度条。

2. Timer 控件

在 Windows 应用程序的编程开发中，需要一种可在程序运行时操控时间的机制。该机制主要用来处理按指定的时间运行的具体事件。可以设置到达某一特定时间执行某个操作或运行某个程序，例如，在应用程序中显示实际时间。也可以按照某个周期触发事件，例如，按指定的时间长度显示图像、移动图像等（间隔性发生的事件）。

Timer 控件（时间控制器）提供了一种在经过指定的时间间隔或到达指定的绝对时间时根据代码进行响应的方式。Timer 控件类包含在 System.Windows.Forms 命名空间中，Timer 控件按一定时间间隔周期性地自动触发 Tick 事件，在程序运行时，该定时组件是不可见的。

（1）Timer 控件常用的属性。

Interval 属性：时钟每隔多长时间触发一次 Tick 事件，单位为 ms。

Enabled 属性：值为 true 或 false，启动或停止定时器。

（2）Timer 控件常用的方法和事件。

Start( )方法和 Stop( )方法：启动和停止定时器。

Tick 事件：每隔 Interval 时间间隔触发一次。

在［例 4-15］基础上，用标签显示当前日期和时间，并在水平方向循环移动标签。程序界面如图 4-47 所示。

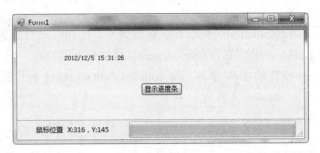

图 4-47　程序运行界面

操作步骤如下。

（1）向窗体上放置一个 Timer 控件，一个 Label 控件，Text 属性为空。

（2）为窗体添加 Load 事件处理程序。

```
private void Form1_Load(object sender, EventArgs e)
{
  timer1.Interval = 1000;
  timer1.Enabled = true;
  label1.Text = DateTime.Now.ToString();
}
```

（3）双击 Timer 控件对象，在其 Tick 事件中键入以下代码。

```
private void timer1_Tick(object sender, EventArgs e)
{
  label1.Text = DateTime.Now.ToString();
  label1.Left -=50;  //标签每隔1秒向左移动10像素
  //如果标签移出了当前窗体左侧边界,则将标签的左侧设置为窗体宽度,即从右侧再次出现,从而在
水平位置上不断循环向左移动
  if (label1.Right < 0) label1.Left = Width;
}
```

（4）编译、运行，在窗体上可以看到循环移动的时钟。

任务实施

步骤 1：打开项目的主窗体，向窗体上放置一个 StatusStrip 控件，默认名称为 statusStrip1。单击 StatusStrip 控件，在右侧的下拉组合框中选择 StatusLabel，重复多次可插入多个 StatusLabel。也可以通过属性窗口在 StatusStrip1 的 Items 属性中添加五个 StatusLabel，分别采用默认名称 ToolStripStatusLabel1、2、3、4、5。

步骤 2：修改 ToolStripStatusLabel1 的 Text 属性为"欢迎使用学生选课管理系统"。

步骤 3：修改 ToolStripStatusLabel2 的 Text 属性为空，在 FrmMain 的 Load 事件中编写以下代码使其显示为当前时间。

```
private void FrmMain_Load(object sender, EventArgs e)
{
  toolStripStatusLabel2.Text = "登录时间:" + DateTime.Now.ToString();
}
```

步骤 4：修改 ToolStripStatusLabel3 的 Text 属性值为空、Spring 属性值为 true、BorderSides 属性值为 Left，Right。

步骤 5：修改 ToolStripStatusLabel4 的 Text 属性为空，Spring 属性值为 true。在窗体上添加 Timer 控件，设置 Enabled 属性值为 true，Interval 属性值为 1000。

步骤 6：编写 Timer 控件的 Tick 事件，使 ToolStripStatusLabel4 的位置显示一张闪烁的头像，图片来源于项目中的 images 文件夹。

```
private void timer1_Tick(object sender, EventArgs e)
{
  int i = DateTime.Now.Second;
  if (i % 2 == 0) toolStripStatusLabel4.Image = Image.FromFile("4.jpg");
  else toolStripStatusLabel4.Image = null;
}
```

步骤 7：在步骤 6 Timer 控件的 Tick 事件代码中添加以下代码，使 ToolStripStatusLabel5 显示当前系统时钟。

```
toolStripStatusLabel5.Text = DateTime.Now.ToString();
```

步骤 8：运行程序。

📖 代码分析与知识拓展

（1）在项目任务第 3 步中，也可以设置按某种格式显示登录时间。例如：

```
this.toolStripStatusLabel2.Text="登录时间：" + DateTime.Now.ToString("yyyy-
MM-dd hh:mm:ss");
```

注意：此处月份必须用大写字母 M 表示，以区别于分钟的小写字母 m。

（2）在项目任务第 4 步中，Spring 属性用于设置当调整窗体大小时标签是否自动填充、BorderSides 属性用于设置标签的哪些边显示边框，选项有无、全部、顶、底、左、右。

（3）在项目任务第 6 步中，以下代码的作用是首先获取当前秒数，然后再用 if 语句根据秒数的奇偶设置加载或隐藏图片。

```
int i = DateTime.Now.Second;                        //获取当前秒数。
//以下 if 语句根据秒数的奇偶设置加载或隐藏图片。
if (i % 2 == 0) toolStripStatusLabel4.Image = Image.FromFile("4.jpg");
else toolStripStatusLabel4.Image = null;
```

（4）应用 Timer 控件时，可以在属性窗口中设置 Enabled 属性值为 true 或 false 来启动或停止时钟，也可通过以下代码实现。

```
timer1.Start();                                     //启动时钟
timer1.Stop();                                      //停止时钟
```

任务 6   应用 NumericUpDown、DateTimePicker 控件

🔊 学习目标

◇ 掌握 NumericUpDown 控件的基本属性及方法

◇ 掌握 DateTimePicker、MonthCalendar 控件的基本属性及方法

📝 **任务描述**

本任务在"学生选课管理系统"的学生基本信息窗体上添加一个 NumericUpDown 控件用于输入年龄，添加一个 DateTimePicker 控件用于输入入学年月，并实现信息汇总。程序运行界面如图 4-48 所示。

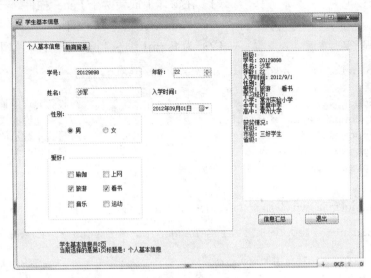

图 4-48　程序运行界面

💻 **知识准备**

1. NumericUpDown 控件

NumericUpDown 控件（微调按钮控件）又称为数字选择控件，是一个显示和输入数值的控件。该控件提供了一对上下箭头，用户单击上下箭头可选择数值，也可以直接输入一个数值。

（1）NumericUpDown 控件的常用属性。

Increment 属性：递增量，默认为 1。

Maximum 属性：设置数值允许的最大值，默认 100，如果超过这个最大值会自动被修改为设置的最大值。

Minmum 属性：设置数值允许的最小值，默认 0。如果小于这个最小值会自动被修改为设置的最小值。

Updownalign 属性：设置微调按钮的位置，Left 或者 Right。

InterceptArrowKeys 属性：是否允许用户使用上下键调整值的大小。

Value 属性：获取显示框中的值。

UpDownAlign 属性：设置或获取数值显示框中向上和向下按钮的对齐方式。

DecimalPlaces 属性：获取或设置数字显示框中的十进制小数点的位数。

Hexadecimal 属性：获取或设置一个值，该值指示显示框是否以十六进制的格式显示包含的值。

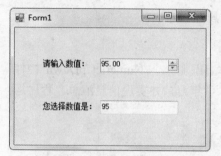

图 4-49　程序运行界面

（2）NumericUpDown 控件的用法。

【例 4-16】　创建 Windows 应用程序，在窗体上输入或选择数值，并在文本框中显示数值。运行界面如图 4-49 所示。

操作步骤如下。

（1）在窗体上放置两个 Label 控件、一个 TextBox 控件、一个 NumericUpDown 控件。

（2）为 Form1 编写 Load 事件代码如下。

```
private void Form1_Load(object sender, EventArgs e)
{
  numericUpDown1.Minimum = 0;                    //设置允许的最小值
  numericUpDown1.Maximum = 100;                  //设置允许的最大值
  numericUpDown1.DecimalPlaces = 2;              //设置小数点的位数为 2 位
  numericUpDown1.Increment = 1;                  //设置步长为 1
  numericUpDown1.InterceptArrowKeys = true;      //允许通过上下箭头调整值
}
```

（3）为 NumericUpDOwn 添加一个 ValueChanged 事件，代码如下。

```
private void numericUpDown1_ValueChanged(object sender, EventArgs e)
{
  //在文本框中显示微调按钮中选择的数值
  textBox1.Text =numericUpDown1.Value.ToString();
}
```

（4）编译、运行程序。

2．DateTimePicker 控件

DateTimePicker 控件使用户可以选择日期和时间，并以指定的格式显示该日期和时间。可以使用各种颜色属性自定义控件的下拉式日历的外观。例如，CalendarBackColor，CalendarForeColor，CalendarTitleBackColor，CalendarTitleForeColor 等。

DateTimePicker 控件有以下两种操作模式。

下拉式日历模式（默认）：允许用户显示一种能够用来选择日期的下拉式日历。

时间格式模式：允许用户在日期显示中选择一个字段（如月、日、年等），按下控件右边的上下箭头来设置它的值。

（1）DateTimePicker 控件的常用属性。

ShowCheckBox 属性：是否在控件中显示复选框。

Checked 属性：当 ShowCheckBox 为 true 时候，确定是否选择复选框。

Format 属性：控制日历中显示的日期和时间格式。属性值为 DateTimePickerFormate 枚举型，有 long、Short、Time 和 Custom 四种类型。默认值为 Long，用户只能选择日期。设为 Time 时，可使用户输入时间，但此时仍能打开下拉框选择日期。

CustomFormat 属性：　如果在 Format 属性中设置了 Custom 类型，则必须在 CustomFormat 属性中设置适当的 DateTime 格式字符串，从而使 DataTimePicker 控件显示自定义的日期时间格式。

ShowUpDown 属性：在日历中是否使用数值调节控件调整日期和时间值。值为 true 时只有微调按钮，只显示时间，不显示日历表；值为 false 时，显示日历表，可以在日历表中选择日期。

Value 属性：用户选择的日期和时间，默认为当前的日期时间（年月日时分秒），DateTime 数据类型。

MinDate 属性：日历中用户可以选择的第一个日期，默认为 1753 年 1 月 1 日。

MaxDate 属性：日历中用户可以选择的最后一个日期，默认为 9998 年 12 月 31 日。

（2）DateTimePicker 控件的常用事件。

ValueChanged 事件：当修改 DateTimePicker 控件的值时触发该事件。

（3）DateTimePicker 控件的用法。

【例 4-17】 创建 Windows 应用程序，使用 DateTimePicker 控件显示日期和时间信息。程序运行界面如图 4-50 所示。

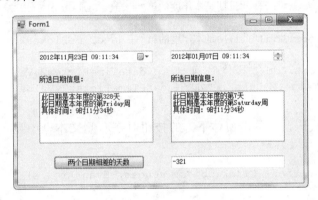

图 4-50 程序运行界面

操作步骤如下。

（1）设计如图 4-50 所示窗体，窗体上包括两个 DateTimePicker 控件，两个 ListBox 控件，两个 Label 控件，一个 TextBox 控件。将 dateTimePicker1 的 ShowUpDown 属性设置为 true，显示下拉日历，将 dateTimePicker2 的 ShowUpDown 属性设置为 false，以数字显示框的方式显示。

（2）在属性窗口中设置 DateTimePicker 控件的 Format 属性值为 Custom，设置 CustomFormat 属性的值为 yyyy 年 MM 月 dd 日 hh：mm：ss，指定 DateTimePicker 控件以 "××××年××月××日××：××：××" 格式显示日期。也可以在窗体的 Load 事件中编写如下代码。

```
private void Form1_Load(object sender, EventArgs e)
{
  dateTimePicker1.Format = DateTimePickerFormat.Custom;
  dateTimePicker1.CustomFormat = "yyyy 年 MM 月 dd 日 hh:mm:ss";
  dateTimePicker2.Format = DateTimePickerFormat.Custom;
  dateTimePicker2.CustomFormat = "yyyy 年 MM 月 dd 日 hh:mm:ss";
}
```

（3）编写 DateTimePicker1 的 ValueChanged 事件代码如下。

```
private void dateTimePicker1_ValueChanged(object sender, EventArgs e)
```

```
    {
      listBox1.Items.Clear();
      listBox1.Items.Add("此日期是本年度的第"+ dateTimePicker1.Value.DayOfYear +"
天");
      listBox1.Items.Add("此日期是本年度的第" + dateTimePicker1.Value.DayOfWeek + "
周");
      listBox1.Items.Add(" 具体时间:" + dateTimePicker1.Value.Hour + "时" +
dateTimePicker1.Value.Minute + "分" + dateTimePicker1.Value.Second + "秒");
    }
```

（4）编写 DateTimePicker2 的 ValueChanged 事件代码如下。

```
private void dateTimePicker2_ValueChanged(object sender, EventArgs e)
{
  listBox2.Items.Clear();
  listBox2.Items.Add("此日期是本年度的第"+ dateTimePicker2.Value.DayOfYear +"
天");
  listBox2.Items.Add("此日期是本年度的第" + dateTimePicker2.Value.DayOfWeek + "
周");
  listBox2.Items.Add(" 具体时间:" + dateTimePicker2.Value.Hour + "时" +
dateTimePicker2.Value.Minute + "分" + dateTimePicker2.Value.Second + "秒");
    }
```

（5）编写以下代码，当单击窗体下方的按钮时在右侧文本框中显示出两个日期相差的天数。

```
private void button1_Click(object sender, EventArgs e)
{
  DateTime d1 = dateTimePicker1.Value;
  DateTime d2 = dateTimePicker2.Value;
  TimeSpan d3 = d2.Subtract(d1);
  textBox1.Text =d3.TotalDays.ToString();
}
```

代码中，语句 TimeSpan d3 = d2.Subtract(d1);用于求两个日期之差。其中，TimeSpan 表示一个时间间隔。Subtract 方法可以求出两个事件准确的日期差值。

当然，如果两个控件中选择的日期是属于同一年份，可以使用以下代码求差值

```
textBox1.Text=(dateTimePicker2.Value.DayOfYear-dateTimePicker1.Value.DayOfYear
).toString();。
```

注意：如果所选择的两个日期处于不同年份，这种方式不适用。例如，第一天为 2012 年 12 月 31 日，而另一天为 2013 年 1 月 1 日，其日期只差 1 天，但计算结果为−365，显然不正确。

💫 **任务实施**

步骤 1：打开 StudentInfo.cs，在"学生基本信息"窗体的"个人基本信息"选项卡页上放置两个 Label 用于表示年龄和入学时间。

步骤 2：拖放一个 NumericUpDown 控件用于录入年龄，Increment 属性值设为 1，InterceptArrowKey 属性值设为 True，Minimum 值为 1，Maximum 值为 30。

步骤 3：放置一个 DateTimePicker 控件用于选择入学时间，Format 属性为 Custom，

CustomFormat 属性值为"yyyy 年 MM 月 dd 日"。

步骤 4：修改"信息汇总"按钮的 Click 事件，将 string 类型变量 str1 的赋值语句进行如下修改，即可实现本任务要求。

```
string str1 = "班级:" + textBox1.Text + "\r\n" + "学号:" + textBox2.Text + "\r\n"
+ "姓名:" + textBox3.Text + "\r\n" +"年龄:" + numericUpDown1.Value + "\r\n" + "
入学时间:" + dateTimePicker1.Value.ToShortDateString() + "\r\n" + "性别:";
```

步骤 5：编译、运行程序。

知识拓展

1. 在 DateTimePicker 控件中自定义时间或日期的显示格式

（1）设置 DateTimePicker 控件的 Format 属性值为 DateTimePickerFormat.Cutstom，然后在 CutstomFormat 属性中输入某种格式字符串。例如：

"HH：mm"（区分大小写）可以显示"16：50 下午"。

"MM 月 dd 日'at'hh：mm tt"可以显示"06 月 01 日 at04：50 下午"。

"dd'/'MM'/'yyyy hh'：'mmtt"可以显示"06/01/2013 04：50 下午"。

"yyyy 年 MM 月 dd 日 ddd hh：mm：ss"可以显示"2013 年 06 月 01 日周四 09：34：40"。

"yyyy 年 MM 月 dd 日 dddd hh：mm：ss"可以显示"2013 年 06 月 01 日 星期六 09：34：40"。

（2）格式字符串。

d：一位数或两位数的天数。

dd：两位数的天数。若是一位数，数值前面加一个零。

ddd：星期几缩写。

dddd：完整的星期几名称。

h：12 小时格式的一位数或两位数小时数。

hh：12 小时格式的两位数小时数。若是一位数，数值前面加一个零。

H：24 小时格式的一位数或两位数小时数。

HH：24 小时制的两位数小时数。若是一位数，数值前面加一个零。

m：一位数或两位数分钟值。

mm：两位数分钟值。若是一位数，数值前面加一个零。

M：一位数或两位数月份值。

MM：两位数月份值。若是一位数，数值前面加一个零。

MMM：三个字符的月份缩写，如"十二月"。

s：一位数或两位数秒数。

ss ：两位数秒数。若是一位数，数值前面加一个零。

t：一个字母的 AM/PM 缩写（"AM"显示为"A"）。

tt：两个字母的 AM/PM 缩写（"AM"显示为"AM"）。

y：一位数的年份（2001 显示为"1"）。

yy：年份的最后两位数（2001 显示为"01"）。

yyyy：完整的年份（2001 显示为"2001"）。

（3）可以通过编写代码来设置显示日期的格式。例如，以下代码设置 CustomFormat 属性，使 DateTimePicker 控件将日期显示为"June 01， 2013 － Sunday"（2013 年 6 月 1 日，星期六）。

```
dateTimePicker1.Format = DateTimePickerFormat.Custom;
dateTimePicker1.CustomFormat = "MMMM dd, yyyy - dddd";
```

2. MonthCalendar 控件

MonthCalendar 控件（日历控件）为用户查看和设置日期信息提供了一个直观的图形界面，通常用于选择日期。它不仅提供对单个日期的选择，也能提供对一段日期范围的选择，用户可以单击月份标题任何一侧的箭头按钮来选择不同的月份。

MonthCalendar 控件以网格形式在窗体上显示一个或多个月的日历，网格包含月份的编号日期，这些日期排列在周一到周日下的七个列中，并且突出显示选定的日期范围。

（1）MonthCalendar 控件的常用属性。

BackColor 属性：月份中显示背景色。

TitleBackColor 属性：日历标题背景色。

TitleForeColor 属性：日历标题前景色。

TrailingColor 属性：上下月颜色。

ShowToday 属性：是否显示今天日期。

ShowTodayCircle 属性：是否在今天日期上加红圈。

ShowWeekNumbers 属性：是否左侧显示周数（1～52 周）。

FirstDayOfWeek 属性：日历中每周的第一天是星期几，默认为星期日。

MinDate 属性：日历中用户可以选择的第一个日期，默认为 1753 年 1 月 1 日。

MaxDate 属性：日历中用户可以选择的最后一个日期，默认为 9998 年 12 月 31 日。

SelectionStart/SelectionEnd 属性：用户选择的第一个（最后）日期，默认为今天的日期，属性值为 DateTime 数据类型（日期型数据）。

SelectionRange 属性：在月历中显示的起止时间范围，Begin 为开始日期，End 为结束日期。

MaxSelectionCount 属性：在日历中一次最多可选择的天数，默认为 7 天。

（2）MonthCalendar 控件的常用事件。

DateChanged 事件：用户在日历中选择新的日期时触发该事件。

DateSelected：用户选择日期或日期范围时发生。

（3）MonthCalendar 控件的用法。用户可以单击日历上某个日期来选择一天，也可按住 Shift 键，在日历上单击开始和结束日期选择连续的多天。MaxSelectionCount 属性可以设置在日历中一次最多可选择多少天。选好的日期保存在 SelectionStart/SelectionEnd 属性和 SelectionRange 属性中。

用户选择的日期以 DateTime 的数据类型保存，由于 MonthCalendar 控件只能提供用户对日期的选择，所以日期后面的时间值都是"0：00：00"，可以通过 ToString( )方法设置格式字符串来指定输出的日期格式。

例如，在［例 4-17］中的窗体下方放置一个 MonthCalendar 控件，用于显示在日历控件中选择的起止日期，以及当前日期。程序运行界面如图 4-51 所示。

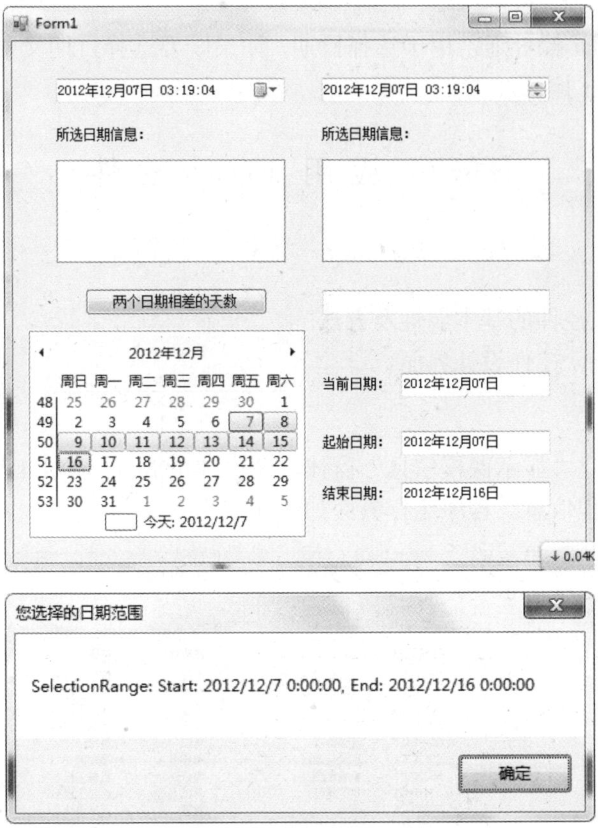

图 4-51 程序运行界面

操作步骤如下。

（1）设置 MaxSelectionCount 属性值为 10，最多可以选择 10 天。设置 TitleBackColor 属性值为 Red，ShowWeekNumbers 属性值为 True。

（2）编写 MonthCalendar1 的 DateChanged 事件代码，当在日历控件中改变日期时，在右侧文本框中显示当前日期、所选起始日期和结束日期，并设置显示格式为"××××年××月××日"。

```
private void monthCalendar1_DateChanged(object sender, DateRangeEventArgs e)
{
  textBox2.Text = monthCalendar1.TodayDate.ToString("yyyy年MM月dd日");
  textBox3.Text = monthCalendar1.SelectionStart.ToString("yyyy年MM月dd日");
  textBox4.Text = monthCalendar1.SelectionEnd.ToString("yyyy年MM月dd日");
}
```

（3）编写 MonthCalendar1 的 DateSelected 事件代码，当在日历控件中选择多个日期时，弹出消息框显示所选日期范围。

```
private void monthCalendar1_DateSelected(object sender, DateRangeEventArgs e)
{
  SelectionRange  sr=new SelectionRange(monthCalendar1.SelectionRange);
```

```
    MessageBox.Show(sr.ToString(), "您选择的日期范围");
}
```

（4）MonthCalendar 控件通常用于选择日期，如果既要选择日期又要选择具体的时间，一般使用 DateTimePicker 控件。

任务 7　应 用 ListView 控 件

🔊 **学习目标**

◇ 掌握 ListView 控件的基本属性及方法
◇ 能使用 ListView 控件设计界面

📝 **任务描述**

在本任务中，创建"显示课程信息"窗体，在窗体上放置一个 ListView 控件，以多种视图模式显示各系部课程信息。程序运行界面如图 4-52 所示。

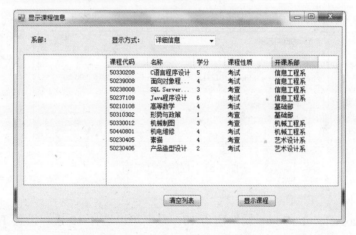

图 4-52　显示课程信息窗体界面

📌 **知识准备**

1. ListView 控件

ListView 控件（列表视图控件）可以创建与 Windows 资源管理器的右侧窗口相似的用户界面，并且能以多种视图模式显示列表视图控件中的内容。列表中显示的项可以用五种不同视图之一显示：LargeIcon 大图标、SmallIcon 小图标、List 列表、Details 详细资料和 Title 标题。

（1）ListView 控件的属性。

Items 属性：获取包含在 ListView 中的所有项的集合，可以用于添加项、移除项和获取项的计数。

CheckBoxes 属性：当值为真时，在 ListView 控件的各项的旁边显示复选框。

MultiSelect 属性：允许选择多个项。

SelectedItems 属性：获取用户在视图控件中选择的项的集合。

SelectedIndices 属性：获取控件中选定项的索引。

Sorting 属性：指定进行排序的方式。

Columns 属性：详细视图中显示的列信息。

LargeImageList 属性：获取或设置当选项以大图标在控件中显示时使用的 ImageList。

SmallImageList 属性：获取或设置当选项以小图标在控件中显示时使用的 ImageList。

View 属性：选择五种视图中的一种。

（2）ListView 控件的常用方法和事件。

Clear( )方法：清空视图，删除所有的选项和列。

Sort( )方法：进行排序，局限于字母数字类型。

BeginUpdate( )方法：开始更新，直到调用 EndUpdate 为止。当一次插入多个选项时使用这个方法很有用，因为它会禁止视图闪烁，并可以大大提高速度。

EndUpdate( )方法：结束更新。

ItemActivate 事件：当激活列表视图控件中一个或多个项时发生。用户可以通过单击、双击或使用键盘激活项。

ItemCheck 事件：当某项的选中状态发生更改时，或将 CheckBoxes 属性设置为 true 时发生。

2．ListView 控件的用法

ListView 控件用于以列表样式显示内容，主要包括以下两步。

（1）表头设计，即设置 ListView 控件的列信息。主要配置 Columns 属性和 View 属性，以及 ColumnHeader 对象。

View 属性用于设置列表以哪种视图样式显示其中的项。

ColumnHeader 对象用于定义 ListView 控件的列，可以设置列标题、图标、对齐方式等。当 ListView 控件的 View 属性设置为"Details"值时，在表头位置显示列标题，如果 ListView 控件没有任何列标题，则 ListView 控件不显示任何项。

ListView 控件的 Columns 属性：表示控件中出现的所有列标题的集合，即详细视图中显示的列信息。

（2）行信息设计，用于向表中添加数据行。主要配置 Items 项集合和 Items 项对象。ListView 控件的 Items 属性表示包含控件中所有项的集合，可以用于在 ListView 控件中添加新项、删除项或计算可用项数。

任务实施

步骤 1：在当前项目中添加新窗体 ShowCourse.cs，Text 属性为"显示课程信息"。在窗体上添加两个标签，Text 属性分别为"系部："、"显示方式："，添加一个 ComboBox 控件，在属性窗口中设置 Items 属值为大图标、小图标、列表、详细信息、标题。

步骤 2：编写 comboBox1 控件的 SelectedIndexChanged 事件代码，用于设置 ListView 控件的视图模式。

```
if (comboBox1.SelectedIndex == 0) listView1.View = View.LargeIcon;
else if (comboBox1.SelectedIndex == 1) listView1.View = View.SmallIcon;
else if (comboBox1.SelectedIndex == 2) listView1.View = View.List;
```

```
else if (comboBox1.SelectedIndex == 3) listView1.View = View.Details;
else if (comboBox1.SelectedIndex == 4) listView1.View = View.Tile;
```

步骤3：在窗体左侧添加一个 TreeView 控件（下一项目中使用），右侧添加一个 ListView 控件，并设置 ListView 控件的列信息。

（1）设置 ListView 控件的 View 属性值为"Details"。

（2）设置 ListView 控件的 Columns 属性。在弹出的"ColumnHeader 集合编辑器"对话框中单击"添加"，为列表控件添加五列。在右侧的属性列表中，分别设置 Text 属性值为"课程代码、名称、学分、课程性质、开课系部"，也可设计列宽、文字对齐等。

表头设计工作也可以通过以下代码完成。

```
ColumnHeader c1 = new ColumnHeader();
c1.Text = "课程代码";
c1.Width = 100;
c1.TextAlign = HorizontalAlignment.Center;
listView1.Columns.Add(c1);
listView1.Columns.Add("课程名称", 150, HorizontalAlignment.Left);
listView1.Columns.Add("学分", 50, HorizontalAlignment.Center);
listView1.Columns.Add("课程性质", 100, HorizontalAlignment.Center);
listView1.Columns.Add("开课系部", 100, HorizontalAlignment.Center);
```

步骤4：设置 ListView 控件的行信息（即向表中添加数据行）。选中 ListView 控件的 Items 属性，打开如图4-53所示的 ListViewItem 集合编辑器，连续添加若干项，并为每项键入 Text 属性值。

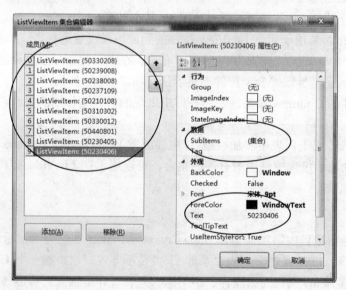

图4-53　ListViewItem 集合编辑器

注意：此处 Text 属性值相当于数据库表中每行信息的"主键"（如课程信息中的"课程代码"），该行其他信息（课程名称、学分、课程性质、开课系部）的填写工作需要单击 SubItems 属性运行设置。

　　单击图 4-53 中某行的 SumItems 属性，进入如图 4-54 所示的 ListViewSubItems 配置界面。该界面主要设置某行除"主键"信息以外的其他列的信息。例如，选择第一行（课程代码 50330208），在展开的 ListView SubItems 配置界面中可添加后四列信息，分别设置 Text 属性为该课程的课程名称、学分、课程性质、开课系部，即 C 语言程序设计、5、考试、信息工程系，完成 ListView 控件中第一行信息的设置。其他各行设置方法相同。

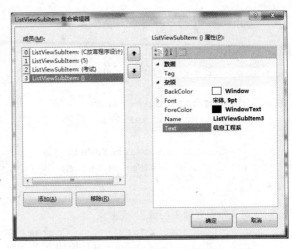

图 4-54　ListViesSubItems 配置界面

　　也可以通过以下代码添加数据行（以下是第一行）。

```csharp
listView1.Items.Add("row1", "50330208", 0);
listView1.Items["row1"].SubItems.Add("C 语言程序设计");
listView1.Items["row1"].SubItems.Add("5");
listView1.Items["row1"].SubItems.Add("考试");
listView1.Items["row1"].SubItems.Add("信息工程系");
```

步骤 5：动态添加 ListView 控件中行信息。

（1）在窗体上添加"清空列表"按钮，并编写按钮的 Click 事件代码。

```csharp
private void button1_Click(object sender, EventArgs e)
{
  listView1.Clear();               //清除全部 (表头也删除)
  listView1.Items.Clear();         //或:清空列表中数据行 (保留表头信息)
}
```

（2）在当前窗体的代码中添加以下代码。

```csharp
//定义 Course 类描述课程信息
public class Course
{
  private string courseId, courseName, courseType, courseDep;
  public string CourseDep
  {
    get { return courseDep; }
    set { courseDep = value; }
  }
  public string CourseType
  {
    get { return courseType; }
    set { courseType = value; }
  }
  public string CourseName
  {
    get { return courseName; }
    set { courseName = value; }
```

```
    }
    public string CourseId
    {
      get { return courseId; }
      set { courseId = value; }
    }
    private int courseXuFen;
    public int CourseXuFen
    {
      get { return courseXuFen; }
      set { courseXuFen = value; }
    }
  }
//定义数组存放多门课程信息
public Course[] cours = new Course[7];
//定义方法 initializeCourse 初始化课程信息
private void initializeCourse()
{
  Course cour0 = new Course();
  cour0.CourseId = "50330208";
  cour0.CourseName = "C 语言程序设计";
  cour0.CourseXuFen = 5;
  cour0.CourseType = "考试";
  cour0.CourseDep = "信息工程系";
  cours[0] = cour0;
  Course cour1 = new Course();
  cour1.CourseId = "50239008";
  cour1.CourseName = "面向对象程序设计(C#)";
  cour1.CourseXuFen = 4;
  cour1.CourseType = "考试";
  cour1.CourseDep = "信息工程系";
  cours[1] = cour1;
  Course cour2 = new Course();
  cour2.CourseId = "50238008";
  cour2.CourseName = "SQL server 数据库技术";
  cour2.CourseXuFen = 3;
  cour2.CourseType = "考查";
  cour2.CourseDep = "信息工程系";
  cours[2] = cour2;
  Course cour3 = new Course();
  cour3.CourseId = "54403321";
  cour3.CourseName = "汽车检测与维修";
  cour3.CourseXuFen = 3;
  cour3.CourseType = "考试";
  cour3.CourseDep = "汽车工程系";
  cours[3] = cour3;
  Course cour4 = new Course();
  cour4.CourseId = "50354555";
  cour4.CourseName = "材料热学";
  cour4.CourseXuFen = 5;
  cour4.CourseType = "考试";
```

```
    cour4.CourseDep = "模具技术系";
    cours[4] = cour4;
    Course cour5 = new Course();
    cour5.CourseId = "50221345";
    cour5.CourseName = "色彩基础";
    cour5.CourseXuFen = 2;
    cour5.CourseType = "考试";
    cour5.CourseDep = "艺术设计系";
    cours[5] = cour5;
    Course cour6 = new Course();
    cour6.CourseId = "50230405";
    cour6.CourseName = "素描";
    cour6.CourseXuFen = 4;
    cour6.CourseType = "考试";
    cour6.CourseDep = "艺术设计系";
    cours[6] = cour6;
}
```

（3）在窗体上添加"显示课程"按钮，并编写按钮的 Click 事件代码。首先，定义方法 initializeListView，用于初始化 ListView，即设计表头。

```
private void initializeListView()
{
  ColumnHeader c1 = new ColumnHeader();
  c1.Text = "课程代码";
  c1.Width = 100;
  c1.TextAlign = HorizontalAlignment.Center;
  listView1.Columns.Add(c1);

  listView1.Columns.Add("课程名称", 150, HorizontalAlignment.Left);
  listView1.Columns.Add("学分", 50, HorizontalAlignment.Center);
  listView1.Columns.Add("课程性质", 100, HorizontalAlignment.Center);
  listView1.Columns.Add("开课系部", 100, HorizontalAlignment.Center);
  for (int i = 0; i < cours.Length; i++)
  {
    ListViewItem lvitem = new ListViewItem();
    lvitem.Text = cours[i].CourseId;
    lvitem.SubItems.Add(cours[i].CourseName);
    lvitem.SubItems.Add(cours[i].CourseXuFen.ToString());
    lvitem.SubItems.Add(cours[i].CourseType);
    lvitem.SubItems.Add(cours[i].CourseDep);
    listView1.Items.Add(lvitem);
  }
}
```

然后，编写"显示课程"按钮的 Click 事件代码如下。

```
private void button2_Click(object sender, EventArgs e)
{
  initializeListView();
}
```

💬 **知识拓展**

（1）在 ListView 控件中显示图标。

1）在窗体上放置一个 ImageList 控件（为该图片列表控件加载若干图片信息）。

2）选中 ListView 控件，配置其 LargeImageList （大图标显示时使用的 ImageList）和 SmallImageList（小图标）属性分别为 ImageList 控件对象。

3）选中 ListView 控件，通过 Columns 属性，设置 Columnheader 的 ImageIndex 属性值。

（2）在 ListView 控件中隔行显示不同颜色，如图 4-55 所示。

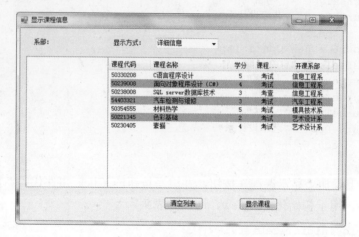

图 4-55　程序运行界面

在本项目任务的 button2_Click 事件代码中增加以下代码，即可实现。

```
for (int i = 0; i < listView1.Items.Count; i++)
{
  if (i % 2 ==1)
  {
    listView1.Items[i].BackColor = Color.Cyan;
  }
}
```

任务 8　应用 TreeView 控件

学习目标

◇ 了解 TreeView 控件的基本属性、方法及事件
◇ 掌握 TreeView 控件的常用操作
◇ 能使用 TreeView 控件进行界面设计

任务描述

在"显示课程信息"窗体上放置一个 TreeView 控件显示开课系部。程序运行界面如图 4-56 所示。

（1）通过"属性"窗口设置 TreeView 控件，显示系部信息。

（2）通过"清空系部"按钮，清除 TreeView 中的所有内容。

（3）通过"显示系部"按钮显示系部信息。

（4）编写 TreeView 的 AfterSelect 事件代码，当在左侧树视图中选定某个系部后，在右侧的列表视图中显示相应系部的课程信息。

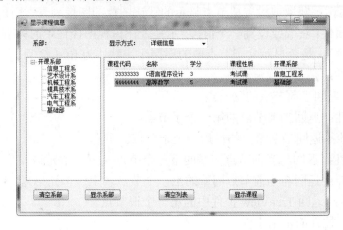

图 4-56　程序运行界面

知识准备

1.　TreeView 控件

在 Windows 窗体上，TreeView 控件（树视图控件）用于显示层次结构的节点，类似于 Windows 资源管理器左侧窗格中的效果，如图 4-57 所示。

图 4-57　Windows 资源管理器

（1）TreeView 控件的常用属性。

Nodes 属性：表示为 TreeView 控件指定的树节点集，树节点集中的每个树节点对象可包括它本身的树节点集。

SelectedNode 属性：获取或设置当前在树视图控件中选定的树节点，如果当前未选定任何节点，则该属性值为空引用。

ImageList 属性：获取或设置树节点所使用的 Image 对象的 ImageList。

ImageIndex 属性：获取或设置树节点显示的默认图像的图像列表索引值。

CheckBoxes 属性：获取或设置一个值，指示是否在树视图控件中的树节点旁显示复选框。

ShowLines 属性：是否显示父子节点中的连接线，默认为 true。

Scrollable 属性：是否出现滚动条。

Parent 属性：返回当前节点的父节点。

FirstNode 属性：返回当前节点的第一个子节点。

LastNode 属性：返回当前节点的最后一个子节点。

NextNode 属性：返回与当前节点同辈的下一个节点（下一个兄弟）。

PrevNode 属性：返回与当前节点同辈的上一个节点（上一个兄弟）。

TopNode 属性：返回 TreeView 控件中的第一个根节点。

（2）TreeView 控件的常用事件。

AfterCheck/BeforeCheck：在选中或取消树节点复选框后/前发生。

AfterCollapse/BeforeCollapse：折叠节点后/前发生。

AfterExpand/BeforeExpand：展开节点后/前发生。

AfterSelect/BeforeSelect：用户选择节点后/前触发。

2．TreeView 控件的主要操作

TreeView 控件的主要操作有加入子节点、删除节点等。添加、删除节点可以在设计阶段通过"属性"窗口为 TreeView 控件添加或删除节点，也可用编程模式添加和删除节点。

（1）通过"属性"窗口为 TreeView 控件添加或删除节点。

在"属性"窗口中单击 Nodes 节点属性旁的省略号（…）按钮打开如图 4-58 所示树节点编辑器，添加到树的第一个节点是根节点，其他节点可添加到存在根节点的树上。通过选择根节点或任何其他节点，然后单击"添加子级"按钮，可为树添加子节点。也可以对已经添加的节点进行修改。删除节点的方法为打开树节点编辑器，选择要删除的节点，单击"删除"按钮。

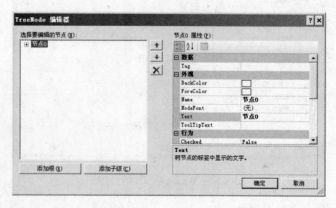

图 4-58　　TreeNode 编辑器

由于 TreeView 控件以层次结构方式显示节点，在添加、删除节点时应注意：在将新节点添加到现有 TreeView 时，注意谁是它的父节点；删除节点时，要确保删除的节点无子节点。

（2）编程模式添加节点、插入子节点、删除节点。

1）添加节点。

第 1 步：创建节点。

```
TreeNode t1 = new TreeNode("常州机电学院");
TreeNode t2 = new TreeNode("信息工程系");
TreeNode t3 = new TreeNode("软件技术");
```

第 2 步：添加根节点。

```
TreeView1.Nodes.Add (t1);
```

第 3 步：添加子节点。

```
TreeView1.Nodes[0].Nodes.Add (t2);      为第 1 个节点添加子节点
TreeView1.Nodes[0].Nodes[0].Nodes.Add (t3); //为第 1 个节点的第 1 个子节点添加子节点
```

2）插入子节点。

```
TreeNode t4 = new TreeNode("计算机网络技术");
TreeView1.Nodes.Insert(1,t4);                //Insert 方法在指定位置插入一个新节点
```

3）删除节点。Nodes 集合的 Remove( )或 RemoveAt( )方法可以移除单个节点。某个节点被移除后，则该节点及其所有子节点都将被移除。

```
TreeView1.Nodes.Remove(tvwTree1.Nodes[1]); //移除第一个节点
TreeView1.Nodes.RemoveAt(1);      //此种方法只能删除根节点
TreeView1.Nodes.Clear();// 清除所有节点
```

3. 访问节点

（1）获取选定节点。通过 SelectedNode 属性可以获得当前 TreeView 控件中被选定的节点。例如，以下代码编写 TreeView 控件的 AfterSelect 事件处理过程，在窗体上添加一个 Label 控件，当在 TreeView 控件中选择某一节点后，在标签中显示该节点的文本。

```
private void treeView1_AfterSelect(object sender, TreeViewEventArgs e)
{
  label1.Text = treeView1.SelectedNode.Text;
}
```

（2）向选中的节点加入子节点。首先确定在 TreeView 控件中要加入的子节点的位置，然后创建一个节点对象，再利用 TreeVeiw 类的 Add( )方法为控件添加此节点对象。

```
treeView1.SelectedNode.Nodes.Add ("新节点");
```

（3）向选中的节点加入兄弟节点。首先要通过 Parent 属性获得当前节点的父节点，然后通过父节点的 Nodes 属性的 Add 方法添加兄弟节点。

```
treeView1.SelectedNode.Parent.Nodes.Add("新节点");
```

（4）删除当前节点的子节点。先判断要删除的节点是否存在下一级节点，如果不存在，就可以调用 TreeView 类中的 Remove( )方法删除节点了。

```
treeView1.SelectedNode.Remove();
```

任务实施

步骤 1：在"显示课程信息"窗体上放置一个 TreeView 控件，设置 Nodes 属性。在弹出

的"TreeNode 编辑器"窗口中单击"添加根"，设置 Text 值为"开课系部"。为根节点添加七个子节点，并设置各节点的 Text 属性值为"信息工程系、机械工程系、电气工程系、汽车工程系、艺术设计系、模具技术系、基础部"。

步骤 2：编写"清空系部"按钮的 Click 事件代码。treeView1.Nodes.Clear();

步骤 3：编写"显示系部"按钮的 Click 事件代码。

```
TreeNode n1 = new TreeNode("开课系部");
TreeNode n2 = new TreeNode("信息工程系");
TreeNode n3= new TreeNode("艺术设计系");
TreeNode n4 = new TreeNode("机械工程系");
TreeNode n5 = new TreeNode("模具技术系");
TreeNode n6 = new TreeNode("汽车工程系");
TreeNode n7 = new TreeNode("电气工程系");
TreeNode n8 = new TreeNode("基础部");
treeView1.Nodes.Add(n1);
treeView1.Nodes[0].Nodes.Add(n2);
treeView1.Nodes[0].Nodes.Add(n3);
treeView1.Nodes[0].Nodes.Add(n4);
treeView1.Nodes[0].Nodes.Add(n5);
treeView1.Nodes[0].Nodes.Add(n6);
treeView1.Nodes[0].Nodes.Add(n7);
treeView1.Nodes[0].Nodes.Add(n8);
```

步骤 4：编写 TreeView 的 AfterSelect 事件代码，当在左侧树视图中选定某个系部后，在右侧的列表视图中可以显示相应系部的课程信息。

```
private void treeView1_AfterSelect(object sender, TreeViewEventArgs e)
{
  //如果点击"开课系部"，ListView 中仅显示表头
  if (e.Node.Text == "开课系部")
  {
    listView1.Clear();
    initializeListView();
  }
  //如果选择系部,在 ListView 中显示相应系部的课程信息
  else
  {
    listView1.Items.Clear();
    for (int i = 0; i < cours.Length; i++)
      if (e.Node.Text == cours[i].CourseDep)
      {
        ListViewItem lvitem = new ListViewItem();
        lvitem.Text = cours[i].CourseId;
        lvitem.SubItems.Add(cours[i].CourseName);
        lvitem.SubItems.Add(cours[i].CourseXuFen.ToString());
        lvitem.SubItems.Add(cours[i].CourseType);
        lvitem.SubItems.Add(cours[i].CourseDep);
        listView1.Items.Add(lvitem);
      }
  }
}
```

```
    }
```

💬 知识拓展

使用 TreeView 控件以层次结构方式显示节点时，经常会执行展开节点和折叠节点的操作。

1. 展开节点

（1）展开所有节点。首先获取当前 TreeView 控件的根节点，然后利用 ExpandAll 方法展开节点。

例如，以下代码可以展开 TreeView 控件中的所有节点。

```
treeView1.SelectedNode = treeView1.Nodes[0] ;       //定位根节点
treeView1.SelectedNode.ExpandAll();                 //展开树视图中的所有节点
```

（2）展开选定节点的下一级节点。首先获取当前选中的节点，然后利用 Expand 方法展开节点。

```
treeView1.SelectedNode.Expand();
```

2. 折叠节点

首先获取当前 TreeView 控件的根节点，然后利用 Collapse 方法折叠节点。例如，以下语句可以折叠 TreeView 控件中的所有节点。

```
treeView1.SelectedNode = treeView1.Nodes [ 0 ] ;   //定位根节点
treeView1.SelectedNode.Collapse ( ) ;              //折叠组件中所有节点
```

项目 5　在学生选课管理系统中实现文件读/写

本项目中主要介绍.NET 中文件处理技术，包括 System.IO 命名空间和 File、Directory、FileStream、StreamReader、StreamWriter、BinaryReader、BinaryWriter 等类的常用方法、参数、属性、事件等。

【主要内容】
- ◇ System.IO 命名空间
- ◇ 文件与流的概念
- ◇ FileStream 类
- ◇ StreamReader、StreamWriter 类
- ◇ BinaryReader、BinaryWriter 类

【能力目标】
- ◇ 了解 File 类、Directory 类的常用方法
- ◇ 掌握 FileStream、StreamReader、StreamWriter 类的用法
- ◇ 了解 BinaryReader、BinaryWriter 类的用法

【项目描述】

使用.NET 中文件处理技术在学生选课管理系统中实现学生选课信息的读取与保存。在本项目的开发过程中，我们可以了解 System.IO 类的引用方式；熟悉 File 类、Directory 类的常用方法；掌握 FileStream 类、StreamReader 类、StreamWriter 类的用法及 BinaryReader 类、BinaryWriter 类的用法；能实现对文件的读、写操作。

模块 1　文 件 与 文 件 流

C#提供了强大的文件操作功能，利用.NET 框架提供的 Directory、File、FileStream、StreamReader、StreamWriter 等类可以方便地编写 C#程序，实现目录、文件管理和对文件的读/写操作。

C#将文件看成是存储在磁盘上的一系列二进制字节信息（顺序字节流），也称为文件流。即文件流是字节序列的抽象概念，C#用文件流对文件进行输入。

流为文件的读/写操作提供通道，一个流是字节的源或目的，流是有次序的。例如，一个需要键盘输入的程序可以用流来完成信息的输入。有两种基本的流：输入流和输出流。可以从输入流读，但不能对它写。要从输入流读取字节，必须有一个与这个流相关联的字符源，如文件、内存或键盘等。可以向输出流写，但不能对它读。要向输出流写入字节，必须有一个与这个流相关联的字符源，如文件、内存或显示器等。

所有表示流的类都是从 Stream 类继承的。Stream 类是所有流的抽象基类，所以它的对象不能被实例化。Stream 对象具有以下一种或多种能力。

读：将数据从一个流传输到一个数据结构（如字节数组）中。

写：将数据从一个数据结构写到一个流中。

定位：查询和修改流中的当前位置。

.NET 类库结构中的 System.IO 命名空间中提供了用于文件和目录操作的类，利用它们，可以很容易地实现对目录的管理和对文件的读/写等各种操作。System.IO 命名空间常用的类如表 5-1 所示。

表 5-1　　　　　　　　　　　System.IO 命名空间常用的类

File	提供用于创建、复制、删除、移动和打开文件的静态方法，并协助创建 FileStream 对象
Directory	提供对目录和子目录进行创建、移动和枚举的静态方法。无法继承此类
FileInfo	提供用于创建、复制、删除、移动和打开文件的实例方法，并且帮助创建 FileStream 对象。无法继承此类
DirectoryInfo	提供多个对目录和子目录进行创建、移动和枚举的实例方法。无法继承此类
FileStream	用于打开和关闭文件，以字节为单位读写文件
StreamReader	以特定的编码从字节流中读取字符
StreamWriter	以特定的编码向字节流中写入字符
BinaryReader	用特定的编码将原始数据读作二进制值
BinaryWriter	以二进制形式将原始数据写入流

注意：在程序中使用以上类，需要在程序源文件最前面加入 using　System.IO 引入命令。

任务 1　应用 File 类、Directory 类实现文件与文件夹管理

学习目标

◇ 了解文件与目录操作类

◇ 掌握 File、Directory 类的使用

任务描述

本学习任务是使用 File、Directory 类在当前项目文件夹下创建一个名为 systext 的文件夹，并在文件夹中新建五个文本文档，文件名分别为成绩管理、用户登录、系统功能、选课功能、学生管理。

知识准备

1. 文件夹管理

C#语言中，通过 Directory 类和 DirectoryInfo 类进行目录管理，如创建、复制、删除、移动和重命名文件夹等，还可以获取和设置与文件夹的创建、访问及写入操作相关的时间信息等。

（1）Directory 类。Directory 类使用静态方法进行目录管理，该类不能建立对象。

1）Directory 类常用的静态方法。

CreateDirectory（string path）：按 path 指定的路径创建目录。若目录已存在，或目录格式不正确时，将引发异常。例如，以下语句可以在 d：\下创建目录 temp。

```
Directory.CreateDirectory(@"d:\temp");
```

Exists（string path）：确定指定目录是否存在。参数 Path 表示目录，如果目录存在返回 true，否则返回 false。例如，以下语句可以在创建目录"d：\temp"前，先判断该目录是否已经存在，若不存在，则创建。

```
if(!(Directory.Exists(@"d:\temp"))) Directory.CreateDirectory (@"d:\temp");
```

Delete（string　path）：删除指定的目录及其内容。如果该目录不为空，则引发异常。

GetCreationTime( )：获取目录的创建日期和时间。

GetCurrentDirectory( )：获取应用程序的当前工作目录。

GetDirectorys( )：获取指定目录下的所有子目录。

GetFiles( )：获取指定目录下的所有文件。

2）Directory 类的主要属性。

Attributes：目录属性，枚举值，0X01 表示只读，0X02 表示隐藏。

Name：当前目录名。

FullName：当前目录的全名。

Exists：判断目录是否存在。

CreationTime：获取目录被创建的时间。

LastAccessTime/LastWriteTime：最后一次访问目录/修改目录的时间。

（2）DirectoryInfo 类。DirectoryInfo 类使用实例方法实现目录管理，该类必须被实例化后才能使用。

1）DirectoryInfo 类的常用方法。

DirectoryInfo（string path）：构造函数，其中的参数表示目录所在的路径。

GetFiles( )：获取指定目录中的文件，返回类型为 FileInfo[]，支持通配符查找。

GetDirectories( )：获取指定目录中的子目录。

Create( )：创建目录。

CreateDirectories( )：在指定路径中创建一个或多个子目录，指定路径可以是相对于 DirectoryInfo 类的此实例的路径。

Delete( )：删除目录及其内容。

2）DirectoryInfo 类的主要属性。

DirectoryInfo 类的主要属性与 Directory 类的主要属性类似，此处不再赘述。

2. 文件管理

C#语言中，通过 File 类和 FileInfo 类进行文件管理，如创建、复制、删除、移动文件等，还可以用于创建 FileStream 对象。

（1）File 类。File 类使用静态方法完成上述功能，该类不能建立对象。File 类的常用方法如下。

Exists（string filepath）：判断指定路径中的文件是否存在。若存在，值为 true，否则值为

false。例如，语句 if(File.Exists(@"d:\temp\a.txt")) 判断文件 d：\temp\a.txt 是否存在。

Creat（string filepath）：在指定的路径中创建文件。

Delete（string filepath）：删除参数 filepath 指定文件的路径。

Move（string sourceFileName，string desFileName）：将指定的文件移到新的位置。例如，以下代码可以将"d：\temp"下的 a.txt 文件移动到 d 盘根目录下。

```
File.Move(@"d:\temp\a.txt",@"d:\a.txt");
```

CreateText（string filepath）：创建或打开一个文件用于写入 UTF-8 编码的文本，返回的是一个 StreamWriter 对象。

Open（string filepath，fileMode）：打开指定位置的文件。打开文件后，可以将信息写入文件中或读取文件中的信息。

（2）FileInfo 类。FileInfo 类使用实例方法实现文件管理，该类必须被实例化后才能使用。

1）FileInfo 类的主要属性。

Exists 属性：获取指示文件是否存在的值。

CreationTime 属性：获取或设置文件被创建时间。

FullName 属性：获取文件的全名（包含文件的绝对路径）。

2）FileInfo 类的常用方法。

Create( )：在指定路径中创建一个文件。

Delete( )：删除指定的文件，如果文件不存在，则引发异常。

Open( )：打开指定位置的文件，打开文件后，可将信息写入文件或读取文件中的信息。

⚓ 任务实施

步骤 1：在当前项目中添加新窗体 DirectoryFile.cs，窗体标题为"创建目录和文件"，如图 5-1 所示。在窗体上添加两个 Button 控件，Text 属性分别为"在当前项目文件夹下创建目录 systext"和"在 systext 目录下创建文件：用户登录.txt"。

步骤 2：在窗体代码编辑窗口中引用命名空间：using System.IO;。

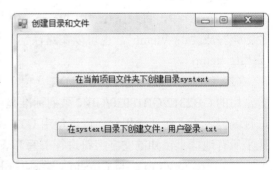

图 5-1　程序运行界面

步骤 3：在 Button1 的 Click 事件中添加如下代码，当目录已经存在时，弹出消息框提示是否删除，删除后重新创建目录。

```
private void button1_Click(object sender,EventArgs e)
{
  string dpath = "..\\..\\systext";
  if((Directory.Exists(dpath)))              //使用 Directory 类实现目录管理。
  {
    MessageBox.Show("目录已存在,是否删除? ","提示",MessageBoxButtons.OK,
MessageBoxIcon.Warning);
  }
  else  Directory.CreateDirectory(dpath);
}
```

步骤4：在 Button2 的 Click 事件中添加如下代码，可以在 systext 目录下创建文本文件。

```
private void button2_Click(object sender,EventArgs e)
{
  string filepath = "..\\..\\systext\\用户登录.txt";
  //本例使用 FileInfo 类实现文件管理,使用 FileInfo 类必须先实例化。
  FileInfo   fi=new FileInfo(filepath);
  if (fi.Exists)
  {
    if (MessageBox.Show("该文件已存在,是否删除,重新创建?","提示",MessageBoxButtons.OKCancel,MessageBoxIcon.Warning) == DialogResult.OK)
    {
      fi.Delete();
      fi.Create();
    }
  }
  else
  {
    fi.Create();
  }
}
```

执行以上代码将会在 systext 文件夹中创建名为"用户登录.txt"的文件。可以采用类似的方法创建其他文件。

代码分析与知识拓展

（1）在 C#中，目录路径"d：\temp"中的"\"需要使用转义字符"\\"表示。因此，路径应该写成"d：\\temp"。也可以在路径字符串前加上@，则路径"d：\\temp"可以表示成：@"d：\temp"。

（2）UTF－8 编码是"UNICODE 八位交换格式"的简称，UNICODE 是国际标准。在我国常用的 GB2312/GB18030/GBK 系列标准是中国的国家标准，但只能对中文和多数西方文字进行编码。为了保证通用性，可以使用 UTF-8 编码。在 UNICODE 编码的文件中可以同时对几乎所有地球上已知的文字字符进行书写和表示。

（3）DirectoryInfo 类与 Directory 类具有相同的功能和用途，它们的成员函数也大致相同。但 DirectoryInfo 类的成员函数都不是静态的，使用时必须先实例化成一个对象，然后通过对象进行调用。同样，File 类与 FileInfo 类具有相同的功能和用途，FileInfo 类使用时也必须先实例化。

任务 2　　应用 FileStream 类读/写文件

学习目标

◇ 了解 FileStream 文件流类的特点
◇ 掌握 FileMode、FileAccess 和 FileShare 参数的使用
◇ 掌握 FileStream 类的构造函数与实例方法

任务描述

在项目主菜单中添加"帮助"子菜单项，当单击"帮助"菜单项时，弹出标题为"帮助"的窗体，如图 5-2 所示，左侧使用 TreeView 控件实现树状列表，当选择其中一项时，会打开对应的文件，并读取文件内容显示在右侧文本框中。

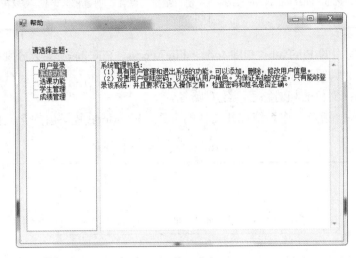

图 5-2　"帮助"窗体

知识准备

C#把读写的文件看成是顺序字节流，用抽象类 Stream 代表一个流。所有表示流的类都是从 Stream 类派生出来的，Stream 类是所有流的抽象基类，它不能被实例化。

Stream 类有许多派生类，有 FileStream 类、BinaryReader 类、BinaryWriter 类、StreamReader 类、StreamWriter 类、内存流类等。其中，

FileStream 类以字节为单位读/写文件。

BinaryReader 类和 BinaryWriter 类以基本数据类型为单位读/写文件，可以从文件直接读/写 bool、string、int16、int 等基本类型数据。

StreamReader 类和 StreamWriter 类以字符或字符串为单位读/写文件。

本任务中将详细介绍 FileStream 类的用法。

1. FileStream 文件流类

用 File 类提供的方法创建或打开文件时，会产生一个 FileStream 对象，FileStream 对象也称为文件流对象，它为文件的读/写操作提供通道。使用 FileStream 类时，必须首先实例化一个 Filestream 类的对象，在实例化后可以用于读写文件中的数据。

2. FileStream 类的构造函数

FileStream 类的三种常用构造函数如表 5-2 所示。

表 5-2　　　　　　　　　　　FileStream 类的常用构造函数

名称	说　　明
FileStream（string FilePath，FileMode）	使用指定的路径和创建模式初始化 FileStream 类实例

名称	说　明
FileStream（string FilePath，FileMode，FileAccess）	使用指定的路径、创建模式和读/写权限初始化 FileStream 类的实例
FileStream（string FilePath，FileMode，FileAccess，FileShare）	使用指定的路径、创建模式、读/写权限和共享权限初始化 FileStream 类的新实例

构造函数中使用的 FilePath、FileMode、FileAccess、FileShare 参数分别指要访问的文件路径、创建模式、读/写权限和共享权限

（1）FilePath：文件的相对路径或绝对路径。

（2）FileMode：指定操作系统打开文件的方式，FileMode 枚举值的含义如表 5-3 所示。

表 5-3　　　　　　　　　　**FileMode 枚 举 值**

名称	说　明
Append	打开现有文件并查找到文件尾或创建新文件
Create	指定操作系统应创建新文件。如果文件已存在，则将被创建的新文件覆盖
CreateNew	指定操作系统应创建新文件
Open	指定操作系统应打开现有文件
OpenOrCreate	指定操作系统应打开文件（如果文件存在），否则应创建新文件
Truncate	指定操作系统应打开现有文件。文件一旦打开就将被截断为 0 字节大小，试图从使用 Truncate 打开的文件中进行读取操作将导致异常

（3）FileAccess 参数：定义用于控制对文件的读访问、写访问、或读/写访问。枚举值的含义如表 5-4 所示。

表 5-4　　　　　　　　　　**FileAccess 枚 举 值**

名称	说　明
Read	对文件的读访问，只能从文件中读取数据。如果文件内容不允许修改，就用此方式打开文件，可防止意外修改文件内容
Write	对文件的写访问，只能向某文件写入数据
ReadWrite	对文件的读访问和写访问。可从文件中读取数据和将数据写入文件

（4）FileShare 参数：包含用于控制其他 FileStream 对象对同一文件可以具有的访问类型。枚举值的含义如表 5-5 所示。

表 5-5　　　　　　　　　　**FileShare 枚 举 值**

名称	说　明
None	谢绝共享当前文件。文件关闭前，打开该文件任何请求都将失败
Read	允许随后打开文件读取，如果未指定此标志，则文件关闭前，任何打开该文件以进行读取的请求都将失败

名称	说　明
Write	允许随后打开文件写入，如果未指定此标志，则文件关闭前，任何打开该文件以进行写入的请求都将失败
ReadWrite	允许随后打开文件读取或写入。如果未指定此标志，则文件关闭前，任何打开该文件以进行读取或写入的请求都将失败

例如，以下代码使用 FileStream 类的构造函数创建 FileStream 对象，要访问的文件为当前目录下的 Test.cs 文件，打开模式为打开现有文件或创建新文件，对文件的访问形式为读/写，共享模式为拒绝共享，并把文件流赋给 fs。

```
FileStream fs = new FileStream("Test.cs",FileMode.OpenOrCreate,
FileAccess.ReadWrite,FileShare.None);
```

3.　FileStream 类的实例方法

创建了 FileStream 文件流类对象后，就可以通过文件流对象打开文本文件、写入文本文件、设置文件属性等。

FileStream 类的实例方法有以下几种。

（1）ReadByte( )：从文件中读取一个字节，并把这个字节转换为一个 0～255 的整数，如果达到该流的末尾，就返回−1。例如，以下语句从文件中读取一个字节，并赋值给 int 类型变量。

```
int nextByte=fs.ReadByte();                //fs 为 FileStream 类的一个实例对象
```

（2）Read( )：一次读取多个字节，可以将特定数量的字节读入到一个数组中。该方法返回实际读取的字节数，如果返回 0，表示已经到达了流的尾端。例如，以下代码将从文件中读取的数据存放到 byte 类型数组中。

```
int nByte=100;
byte nBytesRead[nByte];
int nBytesRead=fs.Read(nBytesRead,0,nBytes);   //一次读入 100 个字节。
```

其中，第一个参数表示 Byte 类型的数组，第二个参数表示从数组的哪个元素开始，第三个参数表示最多读取多少个字节。

（3）WriteByte( )：把一个字节写入文件流的当前位置。例如，以下语句可以将一个整数写入文件中。

```
byte nextByte=100;
fs.WriteByte(nextByte);
```

（4）Write( )：将数组中特定数量的字节写入流，一次写入多个字节。例如，以下代码可以将数组中的多个数据写入文件中。

```
int nBytes=100;
byte[] ByteArray=new byte[nBytes];
for(int i=0;i<100;i++)ByteArray[i]=i;          //设置要输出的多个字节
fs.Write(ByteArray,0,nBytes);                  //参数含义同上
```

（5）Flush( )：使用流完成所有写操作后，应清除该流的所有缓冲区，使所有缓冲区的数

图 5-3　程序运行界面

据都被写入基础设备，避免数据遗失。

（6）Close( )：使用完一个流后，应关闭文件流，释放与它相关的所有资源。

（7）Seek( )：将该流的位置设置为给定值。

4. FileStream 类的应用

例如，以下程序使用 FileStream 类显示和保存"d：\temp.txt"文件，运行界面如图 5-3 所示。

操作步骤如下。

（1）创建 "d：\temp.txt" 文件。

（2）使用文本框、按钮等控件设计界面。

（3）编写"读取文件"按钮的 Click 事件代码。

```
private void button1_Click(object sender,EventArgs e)
{
  if (!File.Exists("d:\\temp.txt")) MessageBox.Show("文件d:\temp.txt不存在");
  else
  {
    FileStream fs = new FileStream("d:\\temp.txt",FileMode.Open,FileAccess.
Read);
    textBox1.Clear();
    int n =(int)fs.Length;
    byte []data=new byte[n];
    fs.Read(data,0,n);                           //使用数组一次读写多个字节
    for(int i=0;i<data.Length;i++)textBox1.Text += ((char)data[i]).ToString();
    fs.Close();
    }
  }
```

（4）编写"保存文件"按钮的 Click 事件代码。

```
private void button2_Click(object sender,EventArgs e)
{
    FileStream fs= new FileStream("d:\\temp.txt",FileMode.Truncate,FileAccess.
Write);
    int n = textBox1.Text.Length;
    byte[] data = new byte[n];
    for (int i = 0; i < data.Length; i++) data[i] = (byte)textBox1.Text[i];
    fs.Write(data,0,n);
    fs.Flush();
    fs.Close();
}
```

任务实施

步骤 1：在任务 1 中，我们已经创建了 systext 文件夹，并在此文件夹中创建了名为"成绩管理、用户登录、系统功能、选课功能、学生管理"的五个文本文件，分别给各个文本文件录入相关文字内容。

步骤 2：在项目中添加 SysHelp.cs，窗体标题为"帮助"，启动时位于屏幕中央。在窗体

左侧放置一个 TreeView 控件，并添加五个节点，右侧放置一个多行文本框，窗体界面如图 5-2 所示。

步骤 3：打开 SysHelp.cs 文件，在程序中增加代码 `using System.IO;`，以引入命名空间。

步骤 4：编写 TreeView 控件的 AfterSelect 事件处理程序。

```
private void treeView1_AfterSelect(object sender,TreeViewEventArgs e)
{
  textBox1.Text = "";
  string filename = null;
  if (e.Node.Text == "用户登录") filename = "..\\..\\systext\\用户登录.txt";
  else if (e.Node.Text == "系统功能") filename = "..\\..\\systext\\系统功
能.txt";
  else if (e.Node.Text == "学生管理") filename = "..\\..\\systext\\学生管
理.txt";
  else if (e.Node.Text == "选课功能") filename = "..\\..\\systext\\选课功
能.txt";
  else if (e.Node.Text == "成绩管理") filename = "..\\..\\systext\\成绩管
理.txt";
  FileStream fs = new FileStream(filename,FileMode.Open,FileAccess.Read);
  int nbytes = (int)fs.Length;
  byte[] barray = new byte[nbytes];
  if (fs.Read(barray,0,nbytes) > 0)
  {
    textBox1.Text += Encoding.GetEncoding("gb2312").GetString(barray);
  }
  fs.Close();
}
```

📖 代码分析与知识拓展

1．创建文件流对象

除了使用 FileStream 类的构造函数创建 FileStream 对象外，也可以使用 File 对象的 Create( ) 方法或 Open( ) 方法创建文件流对象。

（1）利用 File 类的 Open( ) 方法创建文件流对象。例如，以下代码打开名为 "d：\temp.txt" 的文件夹，打开模式为打开现有文件，访问形式为只写，并把文件流赋给 fs。

```
FileStream fs = File.Open("d:\\temp.txt",FileMode.Open,FileAccess.Write);
```

（2）利用 FileInfo 类的 Create( ) 方法创建文件流对象。例如，以下代码首先实例化 FileInfo 类的对象 fi，然后创建一个新的文件进行读写。

```
FileInfo  fi=new FileInfo("d:\\temp.txt");
FileStream  fs=fi.Create();
```

2．使用 FileStream 对象读取文件中的中文

System.Text 命名空间的 UnicodeEncoding 类或 Ecoding 类中有个 GetBytes( ) 方法，专门用来将字符串转换成字节数组。方法原型是 public　virtual byte[ ]　GetBytes（string　s ），其中，参数 s 为要转换成字节数组的字符串。

同样，要将读出的字节数组以中文显示出来，可以使用 GetString( ) 方法。该方法专门用来将字节数组转换成中文字条串。方法原型是 public　virtual　string　Getstring（byte[ ]　bytes），

其中，bytes 为要转换成字符串的字节数组，返回类型为 string。

例如，任务实施第 4 步中以下代码可以用于读取并显示文件中的中文。

```
textBox1.Text += Encoding.GetEncoding("gb2312").GetString(barray);
```

3. 使用 Using 语句强制清理对象资源

Using 关键字的作用除了引入命名空间，还有一个重要的作用为强制清理对象资源。

.NET 提供了 Dispose 模式来实现显式清理对象资源和关闭对象的能力，用于释放对象封装的非托管资源。因为非托管资源不受 GC 的限制，必须要用 Dispose()方法来释放，这就是所谓的 Dispose 模式。Using 语句结束后会隐式调用 Dispose 方法。

例如，任务实施第 4 步中阴影部分的代码可以用以下 Using 语句代替。

```
using (FileStream fs = new FileStream(filename,FileMode.Open,FileAccess.
Read))
{
  int nbytes = (int)fs.Length;
  byte[] barray = new byte[nbytes];
  if (fs.Read(barray,0,nbytes) > 0)
  {
    textBox1.Text += Encoding.GetEncoding("gb2312").GetString(barray);
  }
//注意:使用 using 语句可以强制关闭文件流,此处不需要再使用 fs.Close()关闭文件流。
}
```

模块 2　文 件 读 / 写

FileStream 类以字节为单位读/写文件，适合于读取原始字节（二进制）数据。如果希望处理字符数据（如读取文本文件），则 StreamReader 和 StreamWriter 类更适合。StreamReader 类和 StreamWriter 类以字符或字符串为单位读写文件，可以从文件读取字符顺序流或将字符顺序流写入文件中。另外，BinaryReader 类和 BinaryWriter 类以基本数据类型为单位读/写文件，可以以二进制形式从文件直接读/写 bool、string、Int16、int 等基本类型数据。

任务 1　应用 StreamReader/StreamWriter 类读/写文件

学习目标

◇ 了解 StreamReader/StreamWriter 类的常用属性和方法
◇ 应用 StreamReader/StreamWriter 类读/写文件

任务描述

通过"添加课程"窗体添加课程信息，使用 StreamWriter 类将课程信息保存到当前项目中的 courseinfo.txt 文件中，单击"重填"时清空窗体上的文本框内容。修改如图 5-4 所示"显示课程信息"窗体，当窗体载入时，使用 StreamReader 类读取 Courseinfo.txt 文件，实现课程的初始化，并将课程信息显示在窗体中。

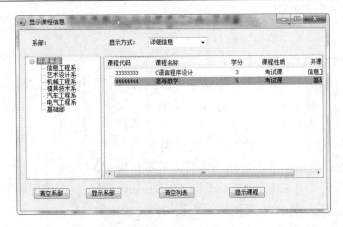

图 5-4　"显示课程信息"窗体

StreamReader/StreamWriter 类用于读取/写入文本文件，它们的成员函数 StreamReader.ReadLine( )和 StreamWriter.WriteLine( )可以一次读写一行文本。在读取文件时，流会自动确定下一个回车符的位置，并在该处停止读取。在写入文件时，流会自动把回车符和换行符添加到文本的末尾。

使用 StreamReader 和 StreamWriter 类，不需要担心文件中使用的编码方式。StreamReader 类可以正确地读取任何格式的文件，而 StreamWriter 类可以使用任何一种编码技术格式化它要写入的文本。

1．StreamReader 类

StreamReader 类用于读取文本文件，使用时必须使用构造函数实例化 StreamReader 类对象。

（1）StreamReader 类的构造函数。使用 StreamReader 类的构造函数创建 StreamReader 对象有多种用法。

1）用指定的文件名初始化 StreamReader 类的新实例。例如：

```
StreamReader  sr=new StreamReader(@"c:\temp\readme.txt");
```

2）用指定文件名、编码的格式初始化 StreamReader 类的新实例。例如：

```
StreamReader  sr=new StreamReader(@"c:\temp\readme.txt",Encoding.ASCII);
```

3）构造函数也可以不提供要读取的文件名，而是提供另一个流。即可以把 StreamReader 关联到 FileStream 上，其优点是可以指定是否创建文件、读/写方式、共享许可等。例如：

```
FileStream fs=new FileStream(@"c:\temp\readme.txt",FileMode.Open,
FileAccess.Read,FileShare.None);
StreamReader  sr=new StreamReader(fs);
```

4）通过 File 和 FileInfo 类的 OpenText( )方法得到 StreamReader 对象。例如：

```
String  path= @"c:\temp\readme.txt";
StreamReader  sr=File.OpenText(path);
```

或

```
FileInfo  f1=new FileInfo(@"c:\temp\readme.txt");
StreamReader  sr=f1.OpenText();
```

（2）StreamReader 类的常用成员方法。

1）ReadLine( )方法：一次读取一行文本，但返回的字符串中不包含标记该行结束的回车换行符。如 `string  nextline=sr.ReadLine();`。

2）Read( )方法：读取输入字符串中的下一个字符或下一组字符。

3）ReadToEnd( )方法：可以读取整个文件内容。

4）Peek( )方法：返回一下个可用的字符，但不使用它。

5）Close( )方法：关闭 StreamReader。与 FileStream 一样，应在使用后关闭 StreamReader。否则会使文件一直锁定，不能被其他的过程使用。

2．StreamWriter 类

StreamWriter 类用于写入文本文件，使用时也必须实例化 StreamWriter 类对象。

（1）StreamWriter 类的构造函数。使用 StreamReader 类的构造函数创建 StreamReader 对象也有多种用法。

1）用指定的文件名初始化 StreamWriter 类的新实例。例如：

```
StreamWriter sr=new StreamWriter (@"c:\temp\readme.txt");
```

2）用指定文件名、编码的格式初始化 StreamWriter 类的新实例。例如，以下构造函数中第二个参数值为 true 或 false：表示文件是否应以追加的方式打开。

```
StreamWriter sr=new StreamWriter (@ "c:\temp\readme.txt ",true,Encoding.
ASCII);
```

3）把 StreamWriter 关联到一个 FileStream 上，获得打开文件的更多控制选项。例如：

```
FileStream fs=new FileStream(@"c:\temp\readme.txt",FileMode.CreateNew,
FileAccess.Write,FileShare.Read);
StreamWriter sr=new StreamWriter (fs);
```

4）通过 File 和 FileInfo 类的方法得到 StreamWriter 对象。例如：

```
String  path= @"c:\temp\readme.txt";
StreamWriter  sr=File.CreateText(path);
```

或

```
FileInfo  f1=new FileInfo(@"c:\temp\readme.txt");
StreamWriter  sr=f1. CreateText();
```

（2）StreamWriter 类的常用成员方法。

1）Write( )方法：将文本写入流。

2）WriterLine( )方法：一次写入一行文本，并在其后面加上一个回车换行符。

3）Flush( )方法：清理当前编写器的所有缓冲区，并使所有缓冲区数据写入基础流。

4）Close( )方法：与 FileStream 一样，应在使用后关闭 StreamWriter 对象，否则会使文件一直锁定，不能被其他的过程使用。

（3）StreamWriter 类的公共属性。

1）AutoFlush：获取或设置一个值，该值指示 StreamWriter 是否在每次调用 StreamWriter.

Write( )方法之后，将其缓冲区刷新到基础流。

　　2）BaseStream：获取同后备存储区连接的基础流。

　　3）Encoding：获取将输出写入到其中的 Encoding。

任务实施

　　步骤 1：在当前项目下创建 CourseInfo.txt 文件，用于保存课程信息。

　　步骤 2：打开 AddCourse.cs 文件，在代码窗口中添加"using System.IO;"。

　　步骤 3：编写"添加"按钮的 Click 事件代码。

```
FileStream fs = new FileStream(@"..\..\courseinfo.txt",FileMode.Append,
FileAccess.Write);
StreamWriter sw = new StreamWriter(fs,Encoding.GetEncoding("gb2312"));
sw.Write(textBox1.Text + "\t");
sw.Write(textBox2.Text + "\t");
sw.Write(textBox3.Text + "\t");
sw.Write(comboBox1.SelectedItem.ToString() + "\t");
sw.Write(comboBox2.SelectedItem.ToString() + "\t");
sw.Write("\r\n");
sw.Flush();
sw.Close();
textBox1.Text = "";
textBox2.Text = "";
```

　　步骤 4：编写"重填"按钮的 Click 事件代码。

```
textBox1.Text = "";
textBox2.Text = "";
textBox3.Text = "";
```

　　步骤 5：修改"显示课程信息"窗体的 Load 事件代码，以及 InitializeCourse( )方法的代码，当窗体载入时，使用 StreamReader 类读取 Courseinfo.txt 文件，实现课程的初始化。

　　（1）修改"显示课程信息"窗体的 Load 事件代码如下。

```
private void ShowCourse_Load(object sender,EventArgs e)
{
  initializeCourse();
  for (int i = 0; i < cours.Length; i++)
  {
    ListViewItem lvitem = new ListViewItem();
    lvitem.Text = cours[i].CourseId;
    lvitem.SubItems.Add(cours[i].CourseName);
    lvitem.SubItems.Add(cours[i].CourseXuFen.ToString());
    lvitem.SubItems.Add(cours[i].CourseType);
    lvitem.SubItems.Add(cours[i].CourseDep);
    listView1.Items.Add(lvitem);
  }
  for (int i = 0; i < listView1.Items.Count; i++)
  {
    if (i % 2 == 1)
    {
      listView1.Items[i].BackColor = Color.Cyan;
```

```
    }
   }
  }
```

（2）修改 InitializeCourse( )方法的代码如下。

```
private void initializeCourse()
{
  int n = 0;
  FileStream  fs  =  new  FileStream(@"..\..\courseinfo.txt",FileMode.Open,
FileAccess.Read);
  StreamReader sr = new StreamReader(fs,Encoding.GetEncoding("gb2312"));
  fs.Seek(0,SeekOrigin.Begin);
  while (sr.ReadLine() != null) n++;
  cours = new Course[n];
  fs.Position = 0;
  for (int i = 0; i < n; i++)
  {
    string strline = sr.ReadLine();
    string[] str = strline.Split(new char[] { '\t' });
    Course cour = new Course();
    cour.CourseId = str[0];
    cour.CourseName = str[1];
    cour.CourseXuFen = int.Parse(str[2]);
    cour.CourseType = str[3];
    cour.CourseDep = str[4];
    cours[i] = cour;
  }
}
```

步骤 6：将当前窗体设为启动窗体，运行程序。

💬 **知识拓展**

（1）编码格式。编码格式是指文件中的文本用什么格式存储，可能的编码格式是 ASCII（一个字节表示一个字符）或基于 Unicode 的格式，如 UNICODE、UTF7 或 UTF8 等。

类 System.Text.Encoding 编码方法的取值及含义如下。

Encoding.ASCII：获取 ASCII（7 位）字符集的编码。

Encoding.Unicode：获取 Unicode 格式的编码。

Encoding.UTF7：获取 UTF－7 格式的编码。

Encoding.UTF8：获取 UTF－8 格式的编码。

（2）文件流对象的关闭。StreamReader 类和 StreamWriter 类在后台使用一个 FileStream 对象，关闭了 StreamReader 和 StreamWriter 对象也就关闭了底层的 FileStream 对象。例如：

```
FileStream fs = new FileStream("c:\\a.txt",FileMode.OpenOrCreate); //建立一
个 FileStream 对象
  StreamWriter sw = new StreamWriter(fs); //用 FileStream 对象实例化一个
StreamWriter 对象
  sw.Write("Hello.");
  sw.Close();                    //文件读写完成后,只要关闭 sw 对象,不需要再关闭 fs 对象
```

任务 2　应用 BinaryReader、BinaryWriter 类读/写文件

🔊 **学习目标**

　　◇ 了解 BinaryReader、BinaryWriter 类的常用属性和方法
　　◇ 掌握 BinaryReader、BinaryWriter 类的使用

📋 **任务描述**

　　本任务中，修改"学生基本信息"窗体，将右侧文本框删除，添加 ListView 控件，并修改窗体上的按钮。当单击"添加"时，可以将录入的学生信息保存到当前项目中的 StuInfo 文件中，当单击"浏览"时，可以在右侧列表视图中显示所有学生记录。程序运行界面如图 5-5 所示。

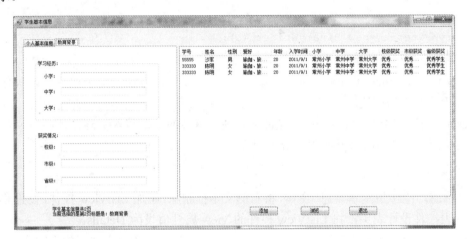

图 5-5　程序运行界面

👆 **知识准备**

　　BinaryReader、BinaryWriter 类又称为二进制文件读取器/编写器，用于以二进制方式读/写文件。BinaryReader 和 BinaryWriter 都从 System.Object 直接派生。BinaryReader（二进制读取器）用于读取字符串和基本数据类型。BinaryWriter（二进制编写器）用于从文件中以二进制数据写入基本数据类型。

　　使用 BinaryReader、BinaryWriter 类读取/写入文件前，必须创建一个实例。创建实例时要注意，这两个对象都需要在 FileStream 上创建。同样，关闭了 BinaryReader 和 BinaryWriter 对象也就关闭了底层的 FileStream 对象。

　　1. BinaryReader 类

　　（1）BinaryReader 类的构造函数。可以使用 FileStream 对象来创建 BinaryReader 实例。例如：

```
FileStream  s=new FileStream(@"d:\temp.txt",FileMode.Read);
BinaryReader  br=new BinaryReader (s);
```

（2）BinaryReader 类的常用方法。

Close( )：关闭当前阅读器及基础流。

Read( )：已重载。从基础流中读取字符，并提升流的当前位置。

ReadDecimal( )：从当前流中读取十进制数值，并将该流的当前位置提升 16 字节。

ReadByte( )：从当前流中读取下一字节，并使流的当前位置提升一字节。

ReadInt16( )：从当前流中读取两字节有符号整数，并使流的当前位置提升两字节。

ReadInt32( )：从当前流中读取四字节有符号整数，并将其返回。同时使流的当前位置提升四字节。

ReadString( )：从当前流中读取一个字符串，并将其返回。

2．BinaryWriter 类

（1）BinaryWriter 类的构造函数。可以使用 FileStream 对象来创建 BinaryWriter 实例。例如：

```
FileStream s=new FileStream(@"c:\1.txt",FileMode.Append);
BinaryWriter bw=new BinaryWriter (s);
```

（2）BinaryWriter 的常用方法。

Write( )方法：BinaryWriter 类定义了多个重载的 Write( )方法，用于把基本数据类型的值以二进制形式写入当前流。

Flush( )：清理当前编写器的所有缓冲区，使所有缓冲数据写入基础设备。

Close( )：关闭当前的 BinaryWriter 和基础流。

任务实施

步骤 1：打开"学生基本信息"窗体，将右侧文本框删除，添加 ListView 控件，设置 Columns 属性为列表控件设计表头，将 ListView 控件的 View 属性值设为 Details。

步骤 2：修改"学生基本信息"窗体上按钮为"添加"、"浏览"、"退出"。

步骤 3：在当前窗体文件中增加代码 using System.IO;。

步骤 4：编写"添加"按钮的 Click 事件代码。

```
FileStream fs = new FileStream(@"..\..\stuinfo.txt",FileMode.Append,
FileAccess.Write);
BinaryWriter bw = new BinaryWriter(fs,Encoding.GetEncoding("gb2312"));
string str1 = ""; ;
bw.Write(textBox2.Text);
bw.Write(textBox3.Text);
if (radioButton1.Checked == true) bw.Write("男");
else bw.Write("女");
if (checkBox1.Checked == true) str1 += checkBox1.Text + "、";
if (checkBox2.Checked == true) str1 += checkBox2.Text + "、";
if (checkBox3.Checked == true) str1 += checkBox3.Text + "、";
if (checkBox4.Checked == true) str1 += checkBox4.Text + "、";
if (checkBox5.Checked == true) str1 += checkBox5.Text + "、";
if (checkBox6.Checked == true) str1 += checkBox6.Text + "、";
bw.Write(str1);
bw.Write(numericUpDown1.Value);
bw.Write(dateTimePicker1.Value.ToShortDateString());
```

```
bw.Write(textBox5.Text);
bw.Write(textBox6.Text);
bw.Write(textBox7.Text);
bw.Write(textBox8.Text);
bw.Write(textBox9.Text);
bw.Write(textBox10.Text);
bw.Flush();
bw.Close();
```

步骤 5：编写"浏览"按钮的 Click 事件代码。

```
listView1.Items.Clear();
FileStream fs = new FileStream(@"..\..\stuinfo.txt",FileMode.Open,FileAccess.
Read);
BinaryReader br = new BinaryReader(fs,Encoding.GetEncoding("gb2312"));
while (fs.Position != fs.Length)
{
  ListViewItem lvi = new ListViewItem();
  lvi.Text = br.ReadString();
  lvi.SubItems.Add(br.ReadString());
  lvi.SubItems.Add(br.ReadString());
  lvi.SubItems.Add(br.ReadString());
  lvi.SubItems.Add(br.ReadDecimal().ToString());
  lvi.SubItems.Add(br.ReadString());
  lvi.SubItems.Add(br.ReadString());
  lvi.SubItems.Add(br.ReadString());
  lvi.SubItems.Add(br.ReadString());
  lvi.SubItems.Add(br.ReadString());
  lvi.SubItems.Add(br.ReadString());
  lvi.SubItems.Add(br.ReadString());
  listView1.Items.Add(lvi);
}
br.Close();
```

步骤 6：将项目启动窗体设为 StudentInfo，运行程序。

💬 **知识拓展**

（1）什么是二进制文件？

从文件编码的方式来看，文件可分为 ASCII 码文件和二进制码文件两种。ASCII 文件也称为文本文件，是由字母、数字、符号等组成，是可以用任何文字处理程序阅读的简单文本文件。这种文件在磁盘中存放时每个字符对应一字节，用于存放对应的 ASCII 码。ASCII 码文件可在屏幕上按字符显示。二进制文件是按二进制的编码方式来存放文件的，二进制文件全都是 0 和 1 组成的。二进制文件虽然也可在屏幕上显示，但其内容无法读懂，像图形文件、文字处理程序等计算机程序都属于二进制文件。

计算机能识别的是二进制代码，不论是文本文件还是音频视频类的多媒体文件都需要转换成二进制文件，计算机才能识别。实际上，计算机中所有的文件及信息均以二进制的信号储存。所谓的文本文件其实也是一种二进制文件。如果一个文件专门用于存储文本字符的数据，没有包含字符以外的其他数据，可以称之为文本文件，除此之外的文件就是二进制文件。

图 5-6　程序运行界面

（2）使用二进制读取器存储与读取图片。

学习案例：创建 Windows 应用程序，界面如图 5-6 所示。当单击"显示图片"按钮时读取当前项目下 images 文件夹中的图片文件 1.jpg，并显示在图片框控件中。单击"保存图片"按钮时打开如图 5-7 所示的"保存图片"对话框，把图片保存到当前项目下 images 文件夹中，图片文件名为 2.jpg。

操作步骤：

（1）读取图片并显示在图片控件中。

第 1 步：在窗体上放置一个 PictureBox 控件和一个 Button 控件，设置 Button 控件的 Text 属性值为"显示图片"。

第 2 步：在窗体的代码窗口中添加语句 using System.IO;

第 3 步：编写"显示图片"按钮的 Click 事件代码如下。

图 5-7　"保存图片"对话框

```
private void button1_Click(object sender,EventArgs e)
{
    FileStream  fs  =  new  FileStream(@"..\..\images\1.jpg",FileMode.Open,
FileAccess.Read,FileShare.None);
    BinaryReader br = new BinaryReader(fs);        //创建二进制读取器
    byte[] fbytes = br.ReadBytes((int)fs.Length);//读取图片文件,并转化为二进制流
    br.Close();  //关闭当前的 BinaryReader 和基础流
    MemoryStream ms = new MemoryStream(fbytes);   //使用字节数组创建一个固定大小的
MemoryStream 对象
    pictureBox1.Image = Image.FromStream(ms);      //为图片框控件加载图片
    ms.Close();
}
```

其中，内存流 MemoryStream 类继承自 Stream 类。MemoryStream 对象的数据来自内存中

的一块连续区域，这块区域称为"缓冲区（Buffer）"。可以把缓冲区看成一个数组，每个数组元素可以存放一字节的数据。内存流可降低应用程序中对临时缓冲区和临时文件的需要。

创建 MemoryStream 对象时，也可以指定缓冲区的大小，例如：

```
MemoryStream ms = new MemoryStream(50); //创建内存流对象,初始分配50字节的缓冲区。
```

（2）将图片另存到当前项目下 images 文件夹中，图片文件名为 2.jpg。

第 1 步：在窗体上添加一个 Button 控件，设置 Text 属性值为"保存图片"。

第 2 步：编写"保存图片"按钮的 Click 事件代码。

```
private void button2_Click(object sender,EventArgs e)
{
  saveFileDialog1.Title = "保存图片";
  saveFileDialog1.Filter = "JPEG文件|*.jpg|GIF文件|*.gif|所有文件|*.*";
  saveFileDialog1.InitialDirectory = Directory.GetCurrentDirectory() ;
  if (saveFileDialog1.ShowDialog() == DialogResult.OK)
  {
    FileStream  fs  =  new  FileStream(saveFileDialog1.FileName,FileMode.
OpenOrCreate,FileAccess.Write,FileShare.None);
    BinaryWriter br = new BinaryWriter(fs);
    MemoryStream ms = new MemoryStream();            //创建内存流
    Bitmap bm = new Bitmap(pictureBox1.Image);       //创建 Bitmap 对象
    bm.Save(ms,System.Drawing.Imaging.ImageFormat.Jpeg);
                          //使用指定的编码器和图像编码器参数,把图片保存到指定的流
    byte[] fbytes = ms.ToArray();                    //将流内容写入字节数组
    br.Write(fbytes);
    ms.Close();
    br.Close();
  }
}
```

其中，Bitmap 用于处理由像素数据定义的图像的对象。其构造函数如下。

Bitmap（Image）：从指定的现有图像初始化 Bitmap 类的新实例。

Bitmap（Stream）：从指定的数据流初始化 Bitmap 类的新实例。

另外，Bitmap 的常用方法 Save（stream，ImageFormat）可以将图像以指定格式保存到指定的流中。

（3）运行程序。

项目6　在学生选课管理系统中实现数据库访问

本项目中主要介绍 ADO.NET 数据库访问技术、ADO.NET 组件及数据访问对象的作用和使用方法，包括 Connection 对象、Command 对象、DataAdapter 对象、DataSet 对象、DataReader 对象，以及 DataGridView 数据控件的用法。

【主要内容】

- ◇ ADO.NET 数据库访问技术
- ◇ ADO.NET 组件
- ◇ 使用 Connection 对象
- ◇ 使用 Command 对象
- ◇ 使用 DataAdapter 对象
- ◇ 使用 DataSet 对象
- ◇ 使用 DataReader 对象
- ◇ 使用 DataGridView 控件

【能力目标】

- ◇ 理解 ADO.NET 数据库访问技术和方法
- ◇ 了解 ADO.NET 的五大基本对象
- ◇ 掌握数据库的插入、修改、删除、查询等常用操作
- ◇ 掌握 DataGridView 控件的主要用法

【项目描述】

在学生选课管理系统中，使用 ADO.NET 数据库访问技术实现学生信息、课程信息、学生选课信息的管理。本项目中以课程管理模块为例介绍 ADO.NET 数据库访问技术。

模块1　ADO.NET 数据库访问技术

1. ADO.NET 简介

ADO.NET（ActiveX Data Object.NET）是 Microsoft 公司开发的用于数据库连接的一套组件模型，是.NET Framework 中不可缺少的一部分。ADO.NET 提供了一组公开数据访问服务的类，允许应用程序和数据库交互，以便检索和更新信息。

ADO.NET 是 ADO 的升级版，在访问速度、访问的兼容性等方面都有了很好的改进。ADO.NET 更具有通用性，它可以对 Microsoft SQL Server 和 XML 等数据源及通过 OLE DB 和 XML 公开的数据源提供一致的访问。

ADO.NET 是与数据库访问操作有关的对象模型的集合，它基于 Microsoft 的.NET

Framework，拥有两个核心组件——.NET Framework 数据提供程序和 DataSet 数据集。

ADO.NET 结构图如图 6-1 所示。

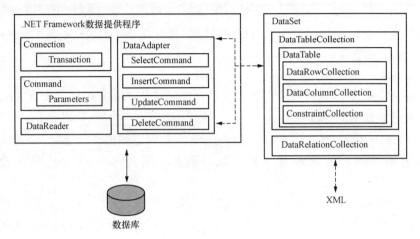

图 6-1　ADO.NET 结构图

（1）.NET Framework 数据提供程序。.NET Framework 数据提供程序用于连接到数据库、执行命令和检索结果，是专门为数据处理及快速地只进、只读访问数据而设计的组件。用户可以直接处理检索到的结果，或将其放入 ADO.NET 的 DataSet 对象中，以便与来自多个源的数据或在层之间进行远程处理的数据组合在一起，以特殊方式向用户公开。.NET Framework 数据提供程序是轻量的，它在数据源和代码之间创建了一个最小层，以便在不以功能为代价的前提下提高性能。

.NET Framework 中包含的数据提供程序有四种，如表 6-1 所示。这四种数据提供程序对应的命名空间分别是 SqlClient、OleDb、ODBC、OracleClient。

表 6-1　　　　　　　　　　　　　　.NET Framework 数据提供程序

.NET Framework 数据提供程序	说　　明
SQL Server .NET Framework 数据提供程序	提供对 Microsoft SQL Server 的数据访问 使用 System.Data.SqlClient 命名空间
OLE DB .NET Framework 数据提供程序	适合于 OLE DB 公开数据源（如 Access 数据库） 使用 System.Data.OleDb 命名空间
ODBC .NET Framework 数据提供程序	适合于 ODBC 公开的数据源 使用 System.Data.Odbc 命名空间
Oracle .NET Framework 数据提供程序	适用于 Oracle 数据源 使用 System.Data.OracleClient 命名空间

每种数据提供程序的命名空间里都包含 Connection 对象、Command 对象、DataReader 对象、DataAdapter 对象。它们是通过前缀名进行区别的。例如，SqlClient 命名空间包含的对象有 SqlConnection、SqlCommand、SqlDataReader、SqlDataAdatper 等。OleDb 命名空间包含的对象有 OleDbConnection、OleDbCommand、OleDbDataReader、OleDbData Adatper 等。

本项目使用 SQL Server 数据库，所以使用 SQL Server .NET Framework 数据提供程序。

因此，程序开头必须加入命令 `using System.Data.SqlClient;`。

（2）DataSet 数据集。数据集 DataSet 专门为独立于任何数据源的数据访问而设计，它可以用于多种不同的数据源。DataSet 对象在本地相当于一个小型数据库，包含一个或多个 DataTable 对象的集合，这些对象由数据行和数据列及有关 DataTable 对象中数据的主键、外键、约束和关系信息组成。

2. ADO.NET 核心对象

.NET Framework 数据提供程序的四个核心对象分别是 Connection 对象、Command 对象、DataAdapter 对象、DataReader 对象。

（1）Connection 对象。Connection 对象用于建立与特定数据源的连接。只有与数据源建立连接并打开数据源，才能从数据库中取得数据。所有 Connection 对象的基类均为 DbConnection 类。

（2）Command 对象。Command 对象对数据源执行命令。例如，可以对数据源发送插入、修改、删除、查询等指令，或让数据源执行存储过程。Command 对象使用户能够访问用于返回数据、修改数据、运行存储过程及发送或检索参数信息的数据库命令。这个对象是架构在 Connection 对象上，也就是 Command 对象是通过 Connection 连接到数据源。所有 Command 对象的基类均为 DbCommand 类。

（3）DataAdapter 对象。DataAdapter 对象主要是在数据源及 DataSet 之间执行数据传输的工作。DataAdapter 使用 Command 对象在数据源中执行 SQL 命令，通过 Command 对象发送命令后，将取得的数据加载到 DataSet 对象中，使对 DataSet 中数据的更改与数据源保持一致。这个对象是架构在 Command 对象上，并提供了许多配合 DataSet 使用的功能。所有 DataAdapter 对象的基类均为 DbDataAdapter 类。

（4）DataReader 对象。DataReader 对象从数据源中读取只进且只读的数据流。当只需要顺序读取数据而不需要其他操作时，可以使用 DataReader 对象一次一笔向下顺序读取数据源中的数据。所有 DataReader 对象的基类均为 DbDataReader 类。

3. ADO.NET 对数据库的访问

ADO.NET 访问数据库的具体过程：连接到数据库、执行数据库操纵命令、检索结果。可以直接处理检索到的结果，也可以将其放入 DataSet 对象。

使用 ADO.NET 开发数据库应用程序的一般步骤如下。

（1）根据使用的数据源，确定使用的哪一类数据提供程序。

（2）使用 Connection 对象建立与数据源的连接。

（3）使用 Command 对象执行对数据源的操作，可以是 SQL 命令，也可以是执行存储过程。

（4）使用 DataAdapter 对象、DataSet 对象，或 DataReader 对象获取数据。

（5）在客户端显示数据。

4. 数据库连接方式

通常，连接数据库有以下两种方式。

（1）断开式数据库访问连接。断开式数据库访问连接是指客户端从数据源获取数据后，断开与数据源的连接，所有的数据操作都是针对本地数据缓存里的数据，当数据被修改后需要回传，再重新连接数据库，通过数据适配器将数据保存在数据库内。

　　在断开式数据库访问连接中最为核心的对象是 DataSet 对象，一旦通过数据适配将数据填充至 DataSet 对象后，则今后的数据访问将直接针对 DataSet 对象展开。

　　具体过程如图 6-2 所示。

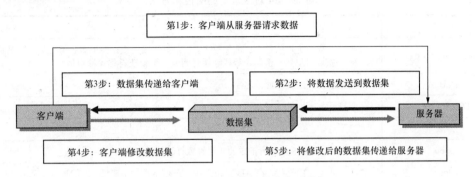

图 6-2　断开式数据库访问连接

　　（2）连线式数据库访问连接。连线式数据库访问连接是指客户端从数据源获取数据后，通过 DataReader 对象，一条一条地从数据源中将访问到的数据行读取到客户端的过程。在数据读取过程中，DataReader 对象必须时刻与数据源保持连接，以只读、前进式的方式进行数据访问。

　　具体过程：首先，通过 Connection 对象与数据源建立连接后，利用 Command 对象执行 SQL 语句或存储过程。然后，通过 DataReader 对象将 Command 对象执行 SQL 语句查询后的具体数据从数据库中一条一条读取到 DataReader 对象之中，并在客户端将数据呈现出来。

任务 1　使用 Connection 对象建立数据库连接

🔊 **学习目标**

　　◇ 了解 Connection 对象常用的属性和方法
　　◇ 了解常用的数据库连接字符串
　　◇ 能使用 Connection 对象建立数据库连接

✎ **任务描述**

　　本学习任务使用 Connection 对象建立与 scdb 数据库的连接。当用户登录成功后，即连接数据库，并弹出一个消息框显示数据库连接成功，以及当前连接信息。运行界面如图 6-3 所示。

👍 **知识准备**

　　要开发数据库应用程序，首先要建立与数据库的连接。在 ADO.NET 中，通过在连接字符串中提供必要的身份验证信息，使用 Connection 对象连接到特定的数据源。

图 6-3　程序运行界面

1. Connection 对象常用的属性和方法

Connection 对象常用的属性和方法见表 6-2。

表 6-2   **Connection 对象常用的属性和方法**

属性	说　明
ConnectionString	获取或设置用于连接数据库的字符串。包括要连接的数据源的数据库服务器的名称、数据库名称、登录用户名、密码、等待连接时间、安全验证设置等参数信息
DataBase	获取当前打开的数据库的名字
DataSource	获取打开数据库的连接实例
方法	说　明
Open	使用 ConnectionString 所指定的属性设置打开数据库连接
Close	关闭与数据库的连接。在 ADO.NET 中，必须显式关闭连接，才能释放实际的数据库连接

2. 连接数据库

可使用 Connection 对象组件，或通过编程方式连接数据库。

（1）使用 Connection 对象组件建立数据库连接。

第 1 步：在"服务器资源管理器"窗口中，右击"数据连接"项，选择"添加连接"命令，弹出如图 6-4 所示对话框，选择"Microsoft SQL Server（SqlClient）"数据源、数据库

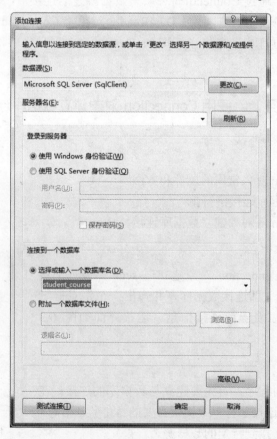

图 6-4 "添加连接"对话框

服务器名、登录方式及所要连接的数据库，并测
试连接。测试连接成功后，在如图 6-5 所示的"服
务器资源管理器"窗口出现所创建的数据连接。
使用 Connection 对象组件建立数据库连接时会
自动生成连接字符串，在如图 6-6 所示的属性窗
口中可以看到数据连接的各个属性值，如使用的
提供程序、连接字符串等。

图 6-5　"服务器资源管理器"窗口

　　第 2 步：添加 SqlConnection 控件到窗体中，
在如图 6-7 所示的属性窗口中设置 SqlConnection
控件的 ConnectionString 属性为第 1 步中创建的
数据连接，设置后可以看到连接字符串的值。也可以新建连接，在弹出的如图 6-4 所示的"添
加连接"窗口中配置 SqlConnection 对象的连接属性，操作步骤同前。

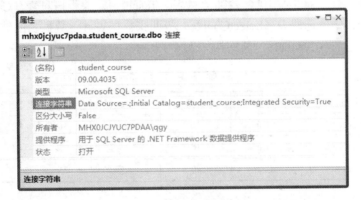

图 6-6　数据连接"属性"窗口

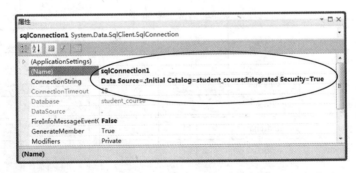

图 6-7　配置 SqlConnection 控件的 ConnectionString 属性窗口

　　（2）使用编程方式连接数据库。通过编写代码定义的 SqlConnection 对象，需手工编写连
接字符串。

　　第 1 步：定义连接字符串。

```
Connstring ="Data Source=服务器名;Initial Catalog=数据库名; User ID=用户名;Pwd=
密码";
```

　　第 2 步：使用构造函数创建 SqlConnection 对象。

1）带参构造函数 SqlConnection（connString）。将连接字符串作为参数传递给 SqlConnection 类的构造函数。例如：

```
SqlConnection  conn  =  new  SqlConnection(connString);
```

2）无参构造函数 SqlConnection( )。实例化时不将连接字符串作为参数传给构造函数，实例化后，给对象 conn 的 ConnectionString 属性赋值，完成对象 conn 的设置。例如：

```
SqlConnection  conn  =  new  SqlConnection( );
conn.ConnectionString=connString;
```

（3）打开、关闭数据库连接。与数据库建立连接后，必须使用 Open()方法打开数据库连接，才能实现对数据库的访问。数据库操作完成后，必须使用 Close()方法及时关闭数据库。

任务实施

步骤 1：创建数据库。

学生选课数据库（scdb），包含教师信息表（Teacher）、课程信息表（Courses）、学生信息表（Students）、学生选课表（SelectCourse）等四张数据表，各数据表的结构如下。

（1）教师信息表（Teacher），其结构如表 6-3 所示。

表 6-3   教 师 信 息 表 结 构

序号	数据项名	类型	宽度	小数位	外键或主键	说明
1	TeacherId	Char	10		主键	教师 ID 号
2	TeacherName	Char	10			用户姓名
3	Password	nChar	30			用户密码

（2）课程信息表（Courses），其结构如表 6-4 所示。

表 6-4   课 程 信 息 表 结 构

序号	数据项名	类型	宽度	小数位	外键或主键	说明
1	CourseID	nchar	10		主键	课程代码
2	CourseName	varChar	20			课程名称
3	XueFen	int				学分
4	CType	nvarchar	10			课程性质
5	CDepartment	nvarchar	14			开课系部

（3）学生信息表（Students），其结构如表 6-5 所示。

表 6-5   学 生 信 息 表 结 构

序号	数据项名	类型	宽度	小数位	外键或主键	说明
1	StuID	Char	10		主键	学号
2	StuName	Char	10			学生姓名
3	Sex	Char	2			学生性别
4	Password	Char	50			用户密码

续表

序号	数据项名	类型	宽度	小数位	外键或主键	说明
5	Sdepartment	Char	14			所属系部
6	StuInterest	nchar	60			所属班级
7	StuAge	int				年龄
8	StuRXNF	datetime				入学时间
9	StuXiaoXue	nchar	30			就读小学
10	StuZhongXue	nchar	30			就读中学
11	StuDaXue	nchar	30			就读大学
12	StuXiaoJiJL	nchar	30			校级奖励
13	StuShiJiJL	nchar	30			市级奖励
14	StuShenJiJL	nchar	30			省级奖励

（4）学生选课表（SelectCourse），其结构如表 6-6 所示。

表 6-6　　　　　　　　　　学 生 选 课 表 结 构

序号	数据项名	类型	宽度	小数位	外键或主键	说明
1	SCID	Int				选课 ID（自动增长）
2	StuID	Char	8		外键	学号
3	CourseID	nchar	10		外键	课程号

步骤 2：在当前项目中添加 DBConnection.cs 文件，代码如下。

```
using System.Data.SqlClient;
class DBConnection
{
  SqlConnection conn;                        //定义 sqlconnettion 对象
  string    constr  =  "Data   Source=.;Initial   Catalog=scdb;Integrated
Security=True";                              //定义连接字符串
  public DBConnection()
  {
  }
  public SqlConnection GetConnection()
  {
  conn = new SqlConnection(constr);
  conn.Open();
  return conn;
  }
}
```

步骤 3：修改 FrmMain.cs 文件代码。

（1）在文件开头增加以下代码用于引入 System.Data.SqlClient 命名空间。

```
using System.Data.SqlClient;
```

（2）在 FrmMain 中，创建 DBConnection 类的对象，用于获取一个数据库连接。

```
DBConnection db = new DBConnection();
SqlConnection conn;                              //声明 SqlConnection 对象
//修改 FrmMain_Load 代码
private void FrmMain_Load(object sender,EventArgs e)
{
  toolStripStatusLabel2.Text = "登录时间:" + DateTime.Now.ToString();
  conn = db.GetConnection();                     //通过 GetConnection()获取数据连接
  MessageBox.Show("数据库连接成功! \n\n 数据库服务器:"+conn.DataSource+"\n 数据库
为:"+conn.Database+"\n 当前连接状态:"+conn.State.ToString()," 数据库连接信息
",MessageBoxButtons.OK,MessageBoxIcon.Information);
  conn.Close();                                  //关闭数据库连接
}
```

步骤 4：运行程序。

💬 **知识拓展**

1. 各类数据库 Connection 对象

不同的数据提供程序对应不同的 Connection 对象，各类数据库 Connection 对象名及命名空间如表 6-7 所示。

表 6-7   各类数据库 Connection 对象名及命名空间

对　象　名	命　名　空　间	说　　明
SqlConnection	System.Data.SqlClient	SQL Server 数据库
OleDbConnection	System.Data.OleDb	Access 数据库
OracleConnection	System.Data.OracleClient	Oracle 数据库
OdbcConnection	System.Data.Odbc	其他类型数据库

使用哪个 Connection 对象取决于数据源的类型，本教材中使用 SQL Server 数据库，所以使用 SqlConnection 对象来建立数据库连接。

2. 常用数据库连接字符串

数据库的连接定义以字符串的形式出现，连接字符串决定了连接某台服务器、某个数据库连接方式及要求。不管是拖曳方式增加的、还是通过代码编写生成的 SqlConnection 对象，都需要定义连接字符串。

所有的连接字符串都有相同的格式，由一组关键字和值组成，中间用分号隔开，两端加上单引号或双引号。关键字不区分大小写，但是值可能会根据数据源的情况区分大小写。

（1）SQL Server 数据库的连接字符串。可以采用 Windows 验证方式或 SQL Server 验证方式连接 SQL Server 服务器。

1）如果选择 Windows 验证方式，ConnectionString 的属性值为

```
Data Source=.; Initial Catalog=scdb; Integrated Security=True
```

2）如果选择 SQL Server 验证方式，ConnectionString 的属性值为

```
Data Source=.; Initial Catalog=scdb; Persist Security Info=True; User ID=sa;
Password=sa
```

其中，

- Data Source 可与 Server 互换，表示数据库服务器，可以用数据库服务器的 IP 或名称。
- Initial Catalog 关键字可以与 database 互换，指定需要连接的具体数据库。
- "user ID=****;Password=****;"表示使用 SQL Server 身份身份验证，必须指定用户名和密码。如果使用 Windows 身份验证，则使用 Integrated Security 关键字及值，如果键值为 true 或 SSPI，表示指定 Windows 身份验证，如果值为 false 表示不指定 Windows 身份验证。

（2）Access 数据库的连接字符串。使用 OLE DB 方式可以访问 Access 数据源，其连接字符串如下。

```
string  connString = "Provider=Microsoft.Jet.OLEDB.4.0;Data Source
=scdb.mdb;User id=admin,password=111;"
```

其中，Provide 关键字用于指定哪一类数据源，取值可以为 SQLOLEDB（访问 SQL Server 数据库）、MSDAORA、MICROSOFT.Jet.OLEDB4.0（访问 Access 数据库）。其他关键字同上。

（3）Oracle 数据库的连接字符串。

访问 Oracle 数据库的连接字符串如下所示。

```
string  connString = "Provider=MSDAORA;Data Source=dbAlias;User id=yourid,
password=youpwd;"
```

其中，Provider 关键字用于指定哪一类数据源，取值可以为 SQL Server、MICROSOF ODBC for Oracle 、Microsoft Access。其他关键字同上。

任务 2　使用 Command 对象添加课程信息

🔈 **学习目标**

◇ 了解 Command 对象的常用属性、方法
◇ 能使用 Command 对象访问数据库

✏️ **任务描述**

在完成任务 1 的基础上，使用 Command 对象将课程信息添加到课程信息表中。运行界面如图 6-8 所示。

👤 **知识准备**

与数据库建立连接之后，要操作数据库必须向数据库发送命令信息。例如，SQL 语句或存储过程名称，可以使用 Command 对象来执行命令并从数据源中返回结果。可以使用 Command 类构造函数来创建 Command 对象，也可以使用 Connection 的 Create Command()方法来创建用于特定连接的命令。

1. Command 对象常用的属性和方法

Command 对象常用的属性和方法见表 6-8。

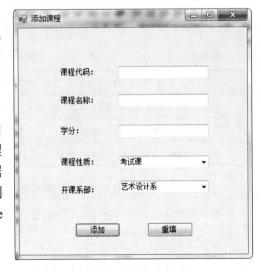

图 6-8　"添加课程"窗体

表 6-8   **Command 对象常用的属性和方法**

属 性	说 明
Connection	设置或获取 Command 对象使用的 Connection 对象实例
CommandText	设置或获取需要执行的 SQL 语句或存储过程名
CommandType	设置或获取执行语句的类型。当 CommandType 属性设置为 StoredProcedure 时，执行存储过程，应将 CommandText 属性设置为存储过程的名称；当 CommandType 属性设置为 Text 时，执行 SQL 语句，应将 CommandText 属性设置为 SQL 语句
Parameters	取得参数值集合
方 法	说 明
ExecuteReader	执行 CommandText 指定的 SQL 语句或存储过程，返回一个 SqlDataReader 对象，该对象可以读取查询所得的数据。返回值类型为 DataReader
ExecuteNonQuery	与 ExecuteReader 功能相同，返回值为执行 SQL 语句或存储过程受影响的记录行数
ExecuteScalar	执行查询，并返回查询所返回的结果集中第一行第一列，忽略其他列或行

2. 创建 Command 对象

可以使用 Command 对象组件创建 Command 对象，也可以通过编程方式创建 Command 对象。

（1）使用 Command 对象组件创建 Command 对象，并配置属性。

第 1 步：从工具箱中拖放一个 SqlCommand 对象到窗体上，设置 Connection 属性，为前一任务中创建的 SqlConnection 对象，其 ConnectionString 属性值为"Data Source=.;Initial Catalog=scdb;Integrated Security=True"，或者通过连接字符串新建连接。

第 2 步：设置 CommandType 属性值为：Text（执行 SQL 语句）或 StoredProcedure（执行存储过程）。

第 3 步：设置 CommandText 属性值为某个 SQL 语句。例如，"select did，rtrim（dname）as dname from departments"。

（2）编程方式创建 Command 对象，并配置属性。可以使用 SqlCommand 类的构造函数创建 Command 对象。SqlCommand 类的构造函数如表 6-9 所示。

表 6-9   **SqlCommand 类的构造函数**

名 称	说 明
SqlCommand( )	初始化 SqlCommand 类的新实例
SqlCommand（String）	用查询文本初始化 SqlCommand 类的实例
SqlCommand（String，SqlConnection）	初始化具有查询文本和 SqlConnection 的 SqlCommand 类的新实例

例如，以下代码使用带参的构造函数创建 SqlCommand 对象。

```
SqlConnection  conn = new  SqlConnection(connString);
String strsql= "select * from departments";
SqlCommand  command = new  SqlCommand(strsql,conn);
```

或，使用无参构造函数创建对象后，再设置属性。

```
SqlCommand   command =new   SqlCommand();
command.CommandType=CommandType.Text ;
command.CommandText=" select * from departments ";
command. Connection= SqlConnection;
```

也可以使用 SqlConnection 对象的 CreateCommand( )方法返回该连接的 SqlCommand 对象，如 `SqlCommand   command =conn.CreateCommand();`。

任务实施

步骤 1：在"添加课程"窗体上，设置 ComboBox1 控件的 Items 属性为"考查课，考试课"，设置 ComboBox2 控件的 Items 属性为"信息工程系、模具技术系、机械工程系、汽车工程系、经济管理系、艺术设计系、电气工程系、基础部"。

步骤 2：打开 AddCourse.cs 文件，在代码窗口中添加以下代码，声明全局数据库访问对象。

```
using System.Data.SqlClient;               //在程序前面引入命名空间
DBConnection db = new DBConnection();      //创建 DBConnection 对象
SqlConnection conn;
SqlCommand command;
```

步骤 3：修改"添加"按钮的 Click 事件代码。

```
private void button1_Click(object sender,EventArgs e)
{
  if (textBox1.Text == "" || textBox2.Text == "" || textBox3.Text == "")
  {
    MessageBox.Show("请填写完整信息");
    return;
  }
  conn = db.GetConnection();
  string courseid,coursename,ctype,cdepartment;
  int xuefen;
  courseid = textBox1.Text;
  coursename = textBox2.Text;
  xuefen = int.Parse(textBox3.Text);
  ctype = comboBox1.SelectedItem.ToString();
  cdepartment = comboBox2.SelectedItem.ToString();
  string strsql = "insert into
  courses(courseid,coursename,xuefen,ctype,cdepartment) values('";
  strsql+=courseid+"','";
  strsql+=coursename+"',";
  strsql+=xuefen+",'";
  strsql+=ctype+"','";
  strsql += cdepartment + "')";
  command = new SqlCommand(strsql,conn);
  command.ExecuteNonQuery();
  textBox1.Text = "";
  textBox2.Text = "";
  textBox3.Text = "";
  conn.Close();
}
```

步骤 4：运行并调试程序，检查数据是否写入数据库。

💬 **知识拓展**

1．数据绑定

数据绑定指把已经打开的数据集中某个或某些字段绑定到组件的某些属性上。绑定后，组件显示字段的内容将随着数据记录指针的变化而变化。同时在被绑定组件中修改数据能被正确写回数据集。可以在可视化界面下通过鼠标拖放操作或直接设置被绑定组件的相关属性，也可以通过编写代码在运行时进行数据绑定。

（1）绑定方式。有简单数据绑定和复杂数据绑定。简单数据绑定指绑定后组件显示出来的内容只是单个字段，通常用在显示单个值的组件上，如 TextBox、Label 等。复杂数据绑定是将多个数据元素绑定到一个控件，同时显示记录源中的多行或多列。支持复杂数据绑定的控件有数据网格控件 DataGridView、组合框控件 ComboBox、列表框控件 Listbox 等。

（2）数据绑定的操作步骤。连接数据库，得到可以操作的 DataSet。若是简单数据绑定，将数据集中某个字段绑定到组件的显示属性上。若是复杂型数据绑定，通过设置组件的某些属性值来实现。复杂数据绑定控件的属性设置如表 6-10 所示。

表 6-10　　　　　　　　　　**复杂数据绑定控件的属性设置**

控件	属性	说　　明
ComboBox、ListBox	DataSource	指定数据源
	DisplayMember	显示的字段
	ValueMember	实际使用的值
DataGridView	DataSource	可与其绑定的数据源（如 DataSet、DataTable、DataView、数组、列表）
	DataMember	若 DataSet 包含多个表，由该属性指定要绑定的表

2．使用 Command 对象删除课程信息

操作步骤如下。

（1）在当前项目中添加窗体 DelCourse.cs，设置窗体界面如图 6-9 所示。可以通过课程名称或课程代码删除课程信息。

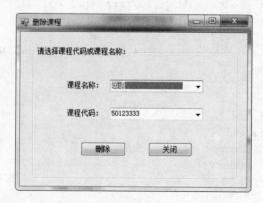

图 6-9　"删除课程"窗体界面

（2）在代码窗口中添加以下代码。

```
using System.Data.SqlClient;
DBConnection db = new DBConnection();
SqlConnection conn;
SqlCommand command;
string strsql;
```

（3）编写 DelCourse_Load 事件代码，将课程名称与课程代码两个 ComboBox 控件与"课程信息表"进行绑定。

```
private void DelCourse_Load(object sender,EventArgs e)
{
  conn = db.GetConnection();                        //获取数据库连接对象
  string sql = "select courseid,coursename from courses";
  SqlDataAdapter adapter = new SqlDataAdapter(sql,conn);
  DataSet ds = new DataSet();
  adapter.Fill(ds,"courses");
  conn.Close();

  comboBox1.DataSource = ds.Tables[0].DefaultView;
  comboBox1.DisplayMember = "coursename";
  comboBox1.ValueMember = "coursename";
  comboBox2.DataSource = ds.Tables[0].DefaultView;
  comboBox2.DisplayMember = "courseid";
  comboBox2.ValueMember = "courseid";
}
```

（4）编写"删除"按钮的 Click 事件代码如下。

```
private void button1_Click(object sender,EventArgs e)
{
  conn = db.GetConnection();  //此行可省略
  strsql = "delete from courses where coursename='"+comboBox1.Text+"' or
courseid='"+comboBox2.Text+"'";
  command=new SqlCommand(strsql,conn);
  int i=command.ExecuteNonQuery();
  if (i == 1) MessageBox.Show("删除成功！");
  else MessageBox.Show("删除失败！");
  conn.Close();
}
```

其中，ExecuteNonQuery()方法对于 update、insert、delete 语句，返回值为该命令所影响和行数。而对于其他类型的语句，如 select 操作，返回值为-1。例如，在 button1_Click 事件中执行 delete 操作，若成功删除，则返回 1。

（5）编写"关闭"按钮的 Click 事件代码如下。

```
private void button2_Click(object sender,EventArgs e)
{
  this.Close();
}
```

（6）运行、调试程序。

也可以采用类似的方法实现课程信息的修改，由读者自行完成。

任务 3　使用 DataAdapter 对象和 DataSet 对象查询课程信息

📢 学习目标

◇ 了解 DataAdapter 对象和 DataSet 对象的作用、常用属性和方法
◇ 使用 DataAdapter 对象和 DataSet 对象实现对数据库的访问

✎ 任务描述

本学习任务是使用 DataAdapter 对象和 DataSet 对象实现课程信息的查询，可以按课程代码或课程名称查询课程。程序运行界面如图 6-10 所示。当选择系部中的"开课系部"或"显示所有课程"按钮时，在 ListView 控件中显示所有课程信息。当选择其中某个系部时，可以筛选出该系部的课程。

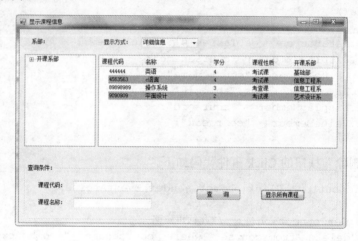

图 6-10　"显示课程信息"界面

👆 知识准备

1. DataAdapter 对象

ADO.NET 的 DataAdapter 类表示用于填充 DataSet 及更新数据源的一组数据库命令和一个数据库连接。DataAdapter 对象（数据适配器）充当 DataSet 和数据源之间用于检索和保存数据的桥梁。它可以辅助 ADO.NET 从 SQL Server 数据库中检索数据来填充 DataSet 数据集，然后更新数据库以反映通过使用 DataSet 对象对数据进行的更改，如插入、更新和删除。

（1）DataAdapter 对象的工作原理。在客户端应用程序需要处理数据源的数据时，客户端应用程序与数据源之间建立连接。引用数据命令的 DataAdapter 对象向数据源发送数据命令请求，这个请求是执行 DataAdapter 对象的 Fill()方法来完成"填充"操作时发送并被数据源执行的。数据源的数据就会填充到客户端的 DataSet 对象，在 DataSet 对象内部形成具有跟数据源数据结构一致的数据表 DataTable 对象，而 DataTable 对象内部有包含表示数据结构的 DataColumn 对象集合和表示数据约束的 Constraint 对象集合，还含有表示数据记录的 DataRow 对象的集合。

数据及数据结构填充到 DataSet 对象后，DataSet 数据集相当于一个脱机数据库，客户端应用程序操作的数据完全从 DataSet 数据集中获取。这时客户端 DataSet 数据集与数据源之间

可以断开连接，也就是说它们之间的关系是非永久连接关系。

客户端完成数据操作需要将数据回传给数据源时，再次建立连接。由 DataAdapter 对象再次向数据源发送数据命令请求，这个请求是执行 DataAdapter 对象的 Update( )方法来完成"更新"操作时发送并被数据源执行的。执行后，连接再次断开。

（2）DataAdapter 常用的属性和方法。DataAdapter 常用的属性和方法见表 6-11。

表 6-11　　　　　　　　　　　DataAdapter 对象的主要属性和方法

属　　性	说　　明
SelectCommand	从数据库检查数据的 Command 对象
InsertCommand	向数据源插入数据的 Command 对象
UpdateCommand	从数据库更新数据的 Command 对象
DeleteCommand	从数据库删除数据的 Command 对象
方　　法	说　　明
Fill	向 DataSet 中的表填充数据
Upate	将 DataSet 或 DataTable 对象中变化的数据更新到数据库

数据适配器从数据库读取数据，是通过一个 Command 命令来实现的，可以设置数据适配器的 SelectCommand 属性为某个 SqlCommand 对象。把数据放在数据集 DataSet 中，需要使用 DataAdapter 的 Fill 方法。要把 DataSet 中修改过的数据保存到数据库，需要使用 DataAdapter 的 Update 方法。

SqlDataAdapter 对象的 InsertCommand、UpdateCommand、DeleteCommand 属性用于指定执行 Insert、Update、Delete 命令的 SqlCommand 对象，这些命令用于将数据集修改传递到目标数据库中以完成对数据库的更新操作。分配给这些属性的 SqlCommand 对象可以用代码手动创建，也可以通过使用 SqlCommandBuilder 对象自动生成。

（3）创建 DataAdapter 对象。可以使用"数据适配器向导"创建和配置 SqlDataAdapter 对象，也可以用编程方式创建 DataAdapter 对象。

1）使用"数据适配器向导"创建和配置 SqlDataAdapter 对象。

第 1 步：从工具箱中拖放 SqlDataAdapter 对象到窗体上。

第 2 步：在弹出的"数据适配器向导"窗口中，单击"新建连接"项，弹出"添加连接"对话框，建立连接。

第 3 步：单击"下一步"按钮，选择数据适配器访问数据库的命令类型。有三种类型：使用 SQL 语句、创建新存储过程、使用现有存储过程。一般选择使用 SQL 语句。

第 4 步：单击"下一步"按钮，在文本框内输入 SQL 语句，或通过"查询生成器"生成 SQL 语句。单击"完成"按钮。

数据适配器配置完成后，自动创建了 sqlConnectin1 和 sqlDataAdapter1 对象实例，并完成相关属性的设置。

2）编程方式创建 DataAdapter 对象，就是使用构造函数创建 DataAdapter 对象。

方式一：调用不带参数的构造函数创建 DataAdapter 对象，并配置属性。例如：

```
SqlConnection conn;
```

```
SqlDataAdapter dataadapter;
conn = new SqlConnection("Data Source=.;Initial Catalog=scdb;Integrated
Security=True ");
dataadapter = new SqlDataAdapter();
string strsql = "select  * from courses";
sdap.SelectCommand = strsql;
```

方式二：调用带参构造函数创建 DataAdapter 对象。例如：

```
conn = new SqlConnection("Data Source=.;Initial Catalog=scdb;Integrated
Security=True ");
string strsql = "select  * from courses";
dataadapter = new SqlDataAdapter(strsql,conn);
```

提示：SqlDataAdapter 对象可以自动完成打开或关闭数据库连接的操作，不需要编写代码来打开或关闭连接。

2. DataSet 对象

DataSet 是 ADO.NET 结构的主要组件，它是从数据源中检索到的数据在内存中的缓存。ADO.NET 的 DataSet 对象是数据的一种内存驻留表示形式，其内部用动态 XML 的格式来存放数据，这种设计使 DataSet 能访问不同数据源的数据。

DataSet 使用方法一般有以下三种。

1）把数据库中的数据通过 DataAdapter 对象填充 DataSet。

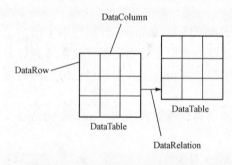

图 6-11　DataSet 对象模型

2）通过 DataAdapter 对象操作 DataSet，实现更新数据库。

3）把 XML 数据流或文本加载到 DataSet。

数据集 DataSet 创建后，就能在应用程序中充当数据库的位置，为应用程序提供数据支持。DataSet 表示整个数据集，类似于一个客户端内存中的数据库。可以在这个数据库中增加、删除数据表，可以定义数据表结构和表之间的关系，可以增加、删除表中的行。图 6-11 显示了 DataSet 对象模型。

（1）DataSet 类的常用属性和方法如表 6-12 所示。

表 6-12　　　　　　　　　　DataSet 类的常用属性和方法

属　　性	说　　明
DataSetName	获取或设置当前 DataSet 的名称
Tables	获取包含在 DataSet 中的表的集合
方　　法	说　　明
Clear	清除数据集中包含的所有表的所有行
HasChanges	返回一个布尔值，指示数据集是否更改了

（2）使用构造函数创建 DataSet 数据集对象。

语法格式：DataSet 数据集对象 = new DataSet（"数据集的名称字符串"）；

说明：数据集的名称可以指定，或不指定。如果没有指定名称，则以默认名称 NewDataSet 创建数据集。例如：

```
DataSet ds = new DataSet();
DataSet ds = new DataSet("courses");           // courses 为数据集名称
```

（3）使用 DataAdapter 对象填充 DataSet。

使用 DataAdapter 对象填充数据集 DataSet 的步骤如下。

1）创建数据连接对象（Connection 对象）。

2）创建从数据库查询数据用的 SQL 语句。

3）利用 SQL 语句和 Connection 对象创建 DataAdapter 对象，并通过 DataAdapter 的 SelectCommand 属性从数据库中检索出需要的数据。

4）调用 DataAdapter 对象的 Fill 方法把检索来的数据填充到数据集 DataSet。

（4）Fill( )方法的两种重载形式。

形式一：DataAdapter 对象.Fill（数据集对象）

把从数据源中选取的行添加到数据集中，并创建一个名为"table"的表，可以通过 `DataTable dt=ds.Tables[0];` 或 `DataTable dt=ds.Tables["Table"];` 获得对表的引用。

形式二：DataAdapter 对象.Fill（数据集对象, "数据表名称字符串"）

指定在 DataSet 中要填充的表的名称，如果指定的表不存在，则在 DataSet 中以指定名称创建一个新表。

例如，以下代码可以从数据库中读取课程信息，放在数据集 DataSet 中的 courses 表中。

```
//创建数据库连接对象
SqlConnection       conn=new       SqlConnection("Data        Source=.;Initial
Catalog=scdb;Integrated Security=True");
//创建从数据库查询数据的 SQL 语句
strsql = "select courseid,coursename from courses";
//利用 SQL 语句和 Connection 对象创建 DataAdapter 对象
SqlDataAdapter adapter = new SqlDataAdapter(strsql,conn);
DataSet ds = new DataSet();                         //创建 DataSet 对象
//调用 DataAdapter 对象 adapter 的 Fill 方法填充数据集 ds
adapter.Fill(ds,"courses");
conn.Close();                                       //关闭数据连接
```

（5）使用数据集 DataSet 更新数据源。DataAdapter 通过 Update( )方法以 DataSet 中的数据来更新数据库。当 DataSet 实例中包含的数据发生更改后，此时调用 Update 方法，DataAdapter 分析已作出的更改，并执行相应的命令（INSERT、UPDATE、DELETE），并以此命令来更新数据库中的数据。如果 DataSet 中的 DataTable 是映射到单个数据库表或从单个数据库表生成，则可以利用 CommandBuilder 对象自动生成 DataAdapter 的 DeleteCommand、InsertCommand、UpdateCommand。

例如，使用 DataAdapter 的 Update 方法更新数据库。

```
//用 SqlDataAdapter 对象初始化 sqlCommandBuilder 实例
sqlCommandBuilder   CommandBuilder1=new   sqlCommandBuilder(adapter);
//删除数据集 ds 中 courses 数据表中第一行数据
ds.Tables["courses"].Rows[0].Delete();
```

```
//调用 Update 方法,以 ds 中的数据更新数据库
Adapter.Update(ds,"courses");
Ds.Tables.["courses"].AcceptChanges();
```

✥ **任务实施**

步骤 1:打开 ShowCourse.cs 文件,修改窗体界面如图 6-10 所示。

步骤 2:在代码窗口中添加 using System.Data.SqlClient;。

步骤 3:在 ShowCourse 类中添加以下代码,用于定义全局数据访问对象。

```
public partial class ShowCourse : Form
{
  DBConnection db = new DBConnection();
  SqlConnection conn;
  SqlCommand command;
  SqlDataAdapter dataadapter;
  DataSet ds;
  string strsql;
}
```

步骤 4:在 ShowCourse_Load 事件中添加以下代码,用于创建数据库访问对象。

```
conn = db.GetConnection();
strsql = "select * from courses ";
command = new SqlCommand(strsql,conn);
dataadapter = new SqlDataAdapter();
dataadapter.SelectCommand = command;
ds = new DataSet();
```

步骤 5:在"显示所有课程"按钮的 Click 事件中添加如下代码。

```
private void button2_Click(object sender,EventArgs e)
{
  listView1.Items.Clear();
  command = new SqlCommand("select * from courses ",conn);
  dataadapter.SelectCommand = command;
  dataadapter.Fill(ds);
  foreach (DataRow row in ds.Tables[0].Rows)
  {
    ListViewItem lvi = new ListViewItem();
    lvi.Text = row["courseid"].ToString();
    lvi.SubItems.Add(row["coursename"].ToString());
    lvi.SubItems.Add(row["xuefen"].ToString());
    lvi.SubItems.Add(row["ctype"].ToString());
    lvi.SubItems.Add(row["cdepartment"].ToString());
    listView1.Items.Add(lvi);
  }
  for (int i = 0; i < listView1.Items.Count; i++)
  {
    if (i % 2 == 1)
    {
      listView1.Items[i].BackColor = Color.Cyan;
    }
```

```
    }
    ds.Clear();
    conn.Close();                                    //此行可省略
}
```

步骤 6：修改 TreeView1 控件的 AfterSelect 事件代码如下，当在 TreeView1 控件中选择不同的选项时，能在右侧 ListView1 控件中按系部显示课程信息。

```
private void treeView1_AfterSelect(object sender,TreeViewEventArgs e)
{
  listView1.Items.Clear();
  if (e.Node.Text == "开课系部")
  {
    button2_Click(sender,e);
  }
  else
  {
    strsql="select   *   from   courses   where   cdepartment='"+treeView1.
SelectedNode.Text+"'";
    command = new SqlCommand(strsql,conn);
    dataadapter.SelectCommand = command;
    dataadapter.Fill(ds);
    foreach (DataRow row in ds.Tables[0].Rows)
    {
      ListViewItem lvi = new ListViewItem();
      lvi.Text = row["courseid"].ToString();
      lvi.SubItems.Add(row["coursename"].ToString());
      lvi.SubItems.Add(row["xuefen"].ToString());
      lvi.SubItems.Add(row["ctype"].ToString());
      lvi.SubItems.Add(row["cdepartment"].ToString());
      listView1.Items.Add(lvi);
    }
    for (int i = 0; i < listView1.Items.Count; i++)
    {
      if (i % 2 == 1)
      {
        listView1.Items[i].BackColor = Color.Cyan;
      }
    }
    ds.Clear();                                      //清空数据集
  }
}
```

步骤 7：在"查询"按钮的 Click 事件中添加如下代码，实现按课程代码或课程名称查询相关课程信息。

```
private void button1_Click(object sender,EventArgs e)
{
  listView1.Items.Clear();
  if (textBox1.Text == "" && textBox2.Text == "")
  {
    MessageBox.Show("请选择查询条件");
```

```
        return;
    }
    else if(textBox1.Text!=""&&textBox2.Text=="")
    {
        strsql = "select * from  courses  where courseid='" +textBox1.Text.Trim()
+"'";
    }
    else if (textBox1.Text == "" && textBox2.Text != "")
    {
        strsql = "select * from  courses  where coursename='" + textBox2.Text.
Trim() + "'";
    }
    else
    {
      strsql = "select * from  courses  where courseid='" + textBox1.Text.Trim()
+ "'  and  coursename='"+ textBox2.Text+"'";
    }
    command = new SqlCommand(strsql,conn);
    dataadapter.SelectCommand = command;
    dataadapter.Fill(ds);
    foreach (DataRow row in ds.Tables[0].Rows)
    {
      ListViewItem lvi = new ListViewItem();
      lvi.Text = row["courseid"].ToString();
      lvi.SubItems.Add(row["coursename"].ToString());
      lvi.SubItems.Add(row["xuefen"].ToString());
      lvi.SubItems.Add(row["ctype"].ToString());
      lvi.SubItems.Add(row["cdepartment"].ToString());
      listView1.Items.Add(lvi);
    }
    for (int i = 0; i < listView1.Items.Count; i++)
    {
    if (i % 2 == 1)
    {
        listView1.Items[i].BackColor = Color.Cyan;
      }
    }
    ds.Clear();
}
```

步骤 8：运行、调试程序。

💬 **知识拓展**

1. SqlCommandBuilder 对象

在调用数据适配器的 Update()方法前，要确保为数据适配器的 InsertCommand、Delete Command、UpdateCommand 属性指定了正确的命令对象。.net 提供了 SqlCommandBuilder 对象（命令生成器）可以通过数据适配器的 SelectCommand 属性自动设置 InsertCommand、DeleteCommand、UpdateCommand 属性。命令生成器是一个特定于数据提供程序的类，在 C# 中用于批量更新数据库。它工作在数据适配器对象上，利用 SqlCommandBuilder 对象能够自动生成 insert 命令、update 命令、delete 命令。

（1）创建 SqlCommandBuilder 类对象。通常，SqlCommandBuilder 对象与 DataAdapter 对象结合使用，创建 SqlCommandBuilder 类对象的代码如下。

```
SqlCommandBuilder  commandBuilder=new SqlCommandBuilder (adapter);
```

其中，参数 Adapter 为已创建的 DataAdapter 对象。

或

```
SqlCommandBuilder  commandBuilder=new SqlCommandBuilder ();
commandBuilder.DataAdapter = adapter;
```

（2）将 DataSet 的数据更新到数据源。

语法格式：DataAdapter 对象.Update（数据集对象,"数据表名称字符串"）;

（3）使用命令生成器的注意事项。

1）必须为 SelectCommand 属性设置一个有效的命令对象，即指向一个有效的查询语句。该查询不得包括 INNER JOIN、计算的列、也不得引用多个表。

2）使用 SqlCommandBuilder 对象时，数据库表必须要有主键，否则无法通过。

2. DataTable、DataColumn 和 DataRow 对象

除了通过前述方法构建 DataSet 对象外，也可以通过手动编码定义 DataTable 对象（数据表）、DataColumn 对象（数据列）、DataRow 对象（数据行），然后将数据表添加到 DataSet 中的方法创建 DataSet 对象。

（1）DataTable 对象。数据集 DataSet 中的数据以 DataTable 对象的形式存储。DataTable 对象是内存中的一个数据表，与关系数据库中的表结构类似，也包括行、列、及约束等属性。主要由 DataColumn（一列）和 DataRow（一行）对象组成。DataTable 类属于 System.Data 命名空间，使用前必须引入命名空间。

1）DataTable 的常用属性和方法。DataTable 的常用属性和方法如表 6-13 所示。

表 6-13　　　　　　　　　　　　DataTable 的常用属性和方法

属　　性	说　　明
Columns	表示列的集合或 DataTable 包含的 DataColumn
Constraints	表示特定 DataTable 的约束集合
DataSet	表示 DataTable 所属的数据集
PrimaryKey	表示作为 DataTable 主键的字段或 DataColumn
Rows	表示行的集合或 DataTable 包含的 DataRow
HasChanges	返回一个布尔值，指示数据集是否更改了
方　　法	说　　明
AcceptChanges	提交对该表所做的所有修改
NewRow	添加新的 DataRow

2）创建 DataTable 对象。可以使用 DataTable 类构造函数创建 DataTable 对象实例。

方法一：用带参数构造函数，创建 DataTable 对象的实例，以表名字符串为参数。例如：

```
DataTable  dt = new DataTable("Courses");
```

方法二：用无参构造函数，创建 DataTable 对象的实例。创建后，再修改 TableName 属性，给表设定表名。例如：

```
DataTable  dt= new DataTable();
ds.TableName="Courses";
```

通过 DataSet 的 Tables 属性的 Add( )方法也能创建 DataTable 对象。例如：

```
DataSet   ds = new DataSet();
DataTable dt = ds.Tables.Add("Courses");
```

（2）DataColumn 对象。DataColumn 对象即数据表的字段，表示 DataTable 中列的结构。所组成的集合即为 DataTable 对象中的 Columns 属性，是组成数据表的最基本单位。

1）DataColumn 的常用属性和方法。DataColumn 的常用属性和方法如表 6-14 所示。

表 6-14   DataColumn 的常用属性和方法

属　　性	说　　明
AllowDBNull	表示一个值，指示对于该表中的行，此列是否允许 null 值
ColumnName	表示指定 DataColumn 的名称
DataType	表示指定 DataColumn 对象中存储的数据类型
DefaultValue	表示新建行时该列的默认值
Table	表示 DataColumn 所属的 DataTable 的名称
Unique	表示 DataColumn 的值是否必须是唯一的

2）创建 DataColumn 对象实例。例如：

```
DataTable dt = new DataTable("Courses");
DataColumn  dcolumn=dt.Columns.Add ("CourseScore",typeof(Int32));
dcolumn.AllowDBNull = false;                //可以设置 DataColumn 对象的属性
```

（3）DataRow 对象。DataRow 对象即数据表的行，表示 DataTable 中的一行数据。

1）DataRow 对象的常用属性和方法。DataRow 对象的常用属性和方法如表 6-15 所示。

表 6-15   DataRow 对象的常用属性和方法

属　　性	说　　明
Item	表示 DataRow 的指定列中存储的值
RowState	表示行的当前状态
Table	表示用于创建 DataRow 的 DataTable 的名称
方　　法	说　　明
AcceptChanges	用于提交自上次调用了 AcceptChanges 之后对该行所做的所有修改
Delete	用于删除 DataRow
RejectChanges	用于拒绝自上次调用了 AcceptChanges 之后对 DataRow 所做的所有修改

2）创建 DataRow 对象实例。例如：

```
DataRow  row=dt.NewRow( );
row["CourseId"]="55555555";
row["CourseName"]-"C#面向对象程序设计";
……
dt.Rows.Add(row);                    //将 DataRow 对象添加到 DataTable 中,即增加一行
```

3. 自定义 DataSet

可以通过以下方法创建 DataSet 对象。首先定义 DataTable、DataColumn、DataRow 对象，然后将数据表添加到 DataSet 中。具体步骤如下。

（1）创建 DataSet 对象。

（2）创建 DataTable 对象。

（3）创建 DataColumn 对象构建表结构。

（4）将创建好的表结构添加表中。

（5）创建 DataRow 对象新增数据。

（6）将数据插入到表中。

（7）将表添加到 DataSet 中。

例如，以下代码可定义描述班级信息的 DataSet 对象。

```
//创建一个新空班级 DataSet
DataSet dsClass = new DataSet();
//创建班级表
DataTable dtClass = new DataTable("Class");
//创建班级名称列
DataColumn dcCName = new DataColumn("CName",typeof(string));
dcCName.MaxLength = 50;
//创建系部 ID 列
DataColumn dcDID = new DataColumn("DID",typeof(int));
//将定义好列添加班级表中
dtClass.Columns.Add(dcCName);
dtClass.Columns.Add(dcDID);
//创建一个新数据行
DataRow drClass = dtClass.NewRow();
drClass["CName"] = "机电 0931";
drClass["DID"] = 3;
//将新的数据行插入班级表中
dtClass.Rows.Add(drClass);
//将班级表添加到 DataSet 中
dsClass.Tables.Add(dtClass);
```

任务 4　使用 DataReader 对象实现用户登录

◁：**学习目标**

　　◇ 了解 DataReader 对象的常用属性、方法

　　◇ 使用 DataReader 对象实现对数据库的访问

✎　**任务描述**

　　本任务使用 DataReader 对象进行连线式数据库访问，实现用户登录功能。用户类型有两

种——教师和学生。教师用户登录成功后显示系统主界面 FrmMain，学生用户登录成功后显示"课程基本信息"窗体，可以进行选课。程序运行界面如图 6-12 所示。

图 6-12　登录界面

知识准备

可以使用 ADO.NET DataReader 对象从数据库中检索只读、只进的数据流，查询结果在查询执行时返回，并存储在客户端的网络缓冲区中，直到用户使用 DataReader 的 Read 方法对它们发出请求。使用 DataReade 可以提高应用程序的性能，原因是它只要数据可用就立即检索数据。检索的意思，不是把要查询的内容全部存储在 DataReader 对象中，DataReader 每次只在内存中存储一行数据，减少了系统开销。

（1）DataReader 对象的工作原理。客户端应用程序需要数据源提供数据时，发送查询命令到数据源，由数据源进行查询，返回给客户端一个只读、只进的记录集。每读一个数据就向下一条记录转移，直到记录集末尾，并且得到的数据是只读的，不能修改。使用 DataReader 对象采用"连接式数据访问"方式直接获得数据源的数据。客户端应用程序与数据源必须始终保持连接状态。

（2）DataReader 对象的常用的属性和方法。DataReader 对象的常用的属性和方法见表6-16。

表 6-16　　　　　　　　　　DataReader 对象常用的属性和方法

属　　性	说　　明
FieldCount	获取当前行中的列数
IsClosed	判断 DataReader 对象是否已经关闭
HasRows	如果 DataReader 包含了一行或多行，则为 true，否则为 false
方　　法	说　　明
Close	关闭 DataReader 对象
Read	用来检索行，然后用下标来访问行中的字段。即：使 DataReader 前进到下一条记录，如果存在多个行，则为 true，否则为 false。必须调用 Read 来开始访问任何数据。在同一时段，每个数据连接只能打开一个 DataReader，在上一个关闭之前，打开另一个的任何尝试都将失败
GetString	以 String 类型返回指定列中的值
Getvalue	以自身的类型返回指定列中的值
Getvalues	返回当前记录所有字段的集合

（3）使用 DataReader 对象。DataReader 类没有构造函数，不能直接实例化。创建 DataReader 对象，必须通过调用 Command 对象的 ExecuteReader( )方法来生成一个 DataReader 实例。ExecuteReader( )方法返回一个 DataReader 实例时，当前光标的位置在第一条记录的前面，

必须调用 Read( )方法把光标移动到第一条记录，然后，第一条记录将变成当前记录。

使用 DataReader 检索数据的步骤如下。

1）创建 Command 对象。

2）调用 ExecuteReader( )创建 DataReader 对象。

3）使用 DataReader 的 Read( )方法逐行读取数据。

4）读取某列的数据：(type)dataReader[ ];[ ]内可以指定列的索引，从 0 开始，也可指定列名。

5）关闭 DataReader 对象。例如，以下代码使用 DataReader 对象读取系部信息表中的系部名称，并输出。

```
string strsql = "select * from 系部信息表";
SqlCommand command = new  SqlCommand (strsql,conn);        //conn 表示数据连接
conn.Open();
SqlDataReader  datareader  = command.ExecuteReader();
while (datareader.Read())
{
  Console.WriteLine(datareader["Dname"]);
}
Datareader.Close();
```

任务实施

步骤 1：打开"登录"窗体，添加一个 Label 控件，Text 属性值为"用户类型"。添加一个 ComboBox 控件，设置 Items 属性为"教师、学生"，表示两种用户类型，并设置用户身份默认为教师。

步骤 2：在代码窗口中，添加代码 using System.Data.SqlClient;。

步骤 3：在 Login 类中添加以下代码。

```
DBConnection db = new DBConnection();
SqlConnection conn;
SqlCommand command;
SqlDataReader  reader;
```

步骤 4：修改"登录"按钮的 Click 事件代码如下。

```
private void button1_Click(object sender,EventArgs e)
{
  conn = db.GetConnection();                                //获取数据连接对象
  //获取输入的用户名和密码,并去除前后空白
  string id = textBox1.Text.Trim();
  string pwd = textBox2.Text.Trim();
  string strsql;
  //当没有有输入用户名和密码时,用消息框提示
  if (id== string.Empty ||pwd== string.Empty)
  {
    MessageBox.Show("用户名和密码不能为空!","提示");
```

```
        return;
    }
    if (comboBox1.SelectedIndex == 0)      //选择教师用户
    {
        strsql = "select * from teacher where teacherid='" + id + "' and
password='" + pwd + "'";
        command = new SqlCommand(strsql,conn);
        reader = command.ExecuteReader();     //从 Command 对象中返回一个 DataReader 实例
        if (reader.Read())
        {
        MessageBox.Show("欢迎使用学生选课管理系统!","提示");
         this.Hide();
         FrmMain fm = new FrmMain();
         fm.Show();
        }
        else
        {
        MessageBox.Show("用户名和密码错误,请重新输入");
        textBox1.Text = "";
        textBox2.Text = "";
        }
    }
    else                                   //选择学生用户
    {
        strsql = "select * from students where stuid='" + id + "' and
password='" + pwd + "'";
        command = new SqlCommand(strsql,conn);
        reader = command.ExecuteReader();
        if (reader.Read())
        {
        MessageBox.Show("欢迎使用学生选课管理系统!","提示");
         this.Hide();
         CourseInfo fm = new CourseInfo();
         fm.Show();
        }
        else
        {
        MessageBox.Show("用户名和密码错误,请重新输入");
        textBox1.Text = "";
```

```
        textBox2.Text = "";
      }
    }
  reader.Close();                              //关闭 DataReader 对象
  conn.Close();
}
```

💬 **知识拓展**

（1）ADO.NET 中的 DataReader 对象与 DataSet 对象有何不同？

使用 DataReader 与 DataSet 都可以从数据源读取数据。两者区别如下。

1）DataReader 本身是通过 Command 对象的 ExecuteReader( )方法进行构建的，而 DataSet 则是通过 DataAdapter.Fill( )方法进行填充。

2）两者的工作方式有明显的不同。DataReader 的执行过程不能脱离数据库连接，也就是在 DataReader 读取数据的时候不能够使用 Close()方法关闭数据库连接。而在使用 DataSet 获取数据时，可以断开数据库的连接。因此，在开发数据库相关程序时需要特别注意，使用 DataReader 获取数据后，应该主动地关闭数据库连接，否则可能出现数据库连接池溢出的异常。

（2）使用 Command 对象、DataReader 对象更新数据库中的数据。例如,在课程管理模块中,可以使用 Command 对象和 DataReader 对象实现修改课程信息功能,当用户选择一个课程代码后,在下面的控件中显示该课程的相关信息,用户修改信息后,单击"修改"按钮,完成对数据库的更新,程序运行界面如图 6-13 所示。

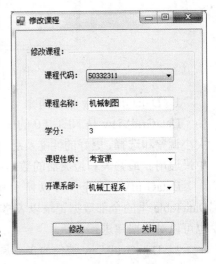

思路分析与实施步骤：

（1）在项目中添加 ModifyCourse.cs。设计界面如图 6-13 所示。课程信息表中，课程代码是主键不允许修改，用户只能修改课程其他信息。可以通过设置 ComboBox 控件的 DropDownStyle 属性实现。其中，课程代码与 courses 表中 courseid 字段绑定，开课系部与 cdepartments 字段绑定。

（2）通过编写 ComboBox1_SelectedIndexChanged 事件代码，使用 SqlDataReader 对象实现当用户选择一个课程代码后，在下面的控件中显示该课程的相关信息的功能。

图 6-13　"修改课程"界面

（3）修改课程信息可以通过对数据库执行 Update 命令，通过调用 Command 对象的 ExecuteNonQuery 方法实现。

"修改课程"功能由读者自己实现。

模块 2　应用数据控件

ADO.NET 的 DataGridView 控件提供一种强大而灵活的以表格形式显示数据的方式。可以使用 DataGridView 控件来显示少量数据的只读视图,也可以对其进行缩放以显示特大数据集的可编辑视图。

在不使用 DataGridView 控件来显示数据情况下,一般要使用多个可视组件来显示数据,如图 6-14 所示,显示课程信息时需要使用多个文本框、列表框等基础控件。这样使用带来了一些问题,例如,需要配置多个可视组件,工作复杂;多个可视组件的数据绑定,操作的编码工作量大;界面不容易规划美观等。那么,如何把 DataSet 对象中某个数据表 DataTable 里的所有数据记录以表格的形式显示出来呢?这里,我们可以使用 DataGridView 控件,它可以将某个数据表整个显示在某个窗体界面上,方便用户查看、操作数据。

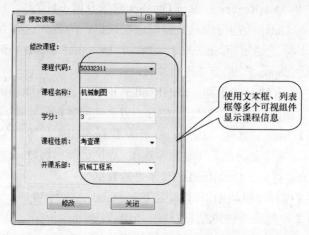

图 6-14　使用多个控件显示数据界面

1. DataGridView 控件简介

DataGridView 是.NET 2.0 的一个新控件,它支持大量自定义和细致的格式设置、灵活的大小调整和选择、更好的性能及更丰富的事件模型。ADO.NET DataGridView 控件是 WinForm 中最通用、最强大和最灵活的数据控件。

DataGridView 控件可以显示和操作数据。既可以将数据集 DataSet 中的某个数据表 DataTable 里的全部数据记录以表格的形式一并全部显示在一个窗体界面上,方便用户查看。也可以对数据库进行更新。

2. DataGridView 控件的工作原理

DataGridView 控件可以与数据集等数据源进行相互绑定。"数据绑定"是指将数据源的元素映射到图形界面组件,从而该组件可以自动使用这些数据。这个绑定过程可以在窗体设计阶段通过设置 DataGridView 控件的 DataSource、DataMember 等属性完成,也可以在程序中对其编码直至运行时完成绑定,进行了数据绑定的 DataGridView 控件与数据源有相同的数据列。程序运行后,数据源中被填充了数据,DataGridView 控件就会立即显示数据源中的数据。

此外,DataGridView 控件还支持编辑功能。当某数据记录需要修改时,可以在 DataGridView 控件中直接修改数据,数据源中的数据也会得到相应的修改。

3. DataGridView 控件的特点

DataGridView 控件提供了一种强大而灵活的方式来显示或修改 DataSet 中的数据。其特点主要表现如下。

（1）以表格形式、灵活地显示数据。

（2）数据绑定简单（只需一行代码即可实现）。

（3）轻松定义控件外观。

（4）可视化操作。

任务 1　使用 DataGridView 控件显示学生基本信息

学习目标

◇ 了解 DataGridView 控件的常用属性、方法

◇ 会使用 DataGridView 实现数据绑定

任务描述

本任务将修改"显示课程信息"窗体，将窗体上的 ListView 控件删除，使用 DataGridView
控件显示课程信息，以及查询结果。运行界面如图 6-15 所示。

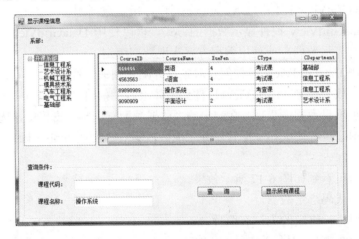

图 6-15　"显示课程信息"界面

知识准备

DataGridView 控件可以实现复杂绑定，即将多个数据元素绑定到该控件上。该控件自动
为数据源中的每个字段创建一个列，并使用字段名作为列标题，以表格的形式显示绑定的数
据，当然也可设置其只显示需要的行和列。

1. DataGridView 控件的常用属性和方法

DataGridView 控件的常用属性和方法如表 6-17 所示。

表 6-17　　　　　　　　　　　DataGridView 控件的常用属性和方法

属　　性	说　　明
AllowUserToAddRows	获取或设置一个值，该值指示是否向用户显示添加行的选项
AllowUserToDeleteRows	获取或设置一个值，该值指示是否允许用户从 DataGridView 中删除行

续表

属　　性	说　　明
AllowUserToOrderColumns	获取或设置一个值，该值指示是否允许通过手动对列重新定位
AllowUserToResizeColumns	获取或设置一个值，该值指示用户是否可以调整列的大小
AllowUserToResizeRows	获取或设置一个值，该值指示用户是否可以调整行的大小
DataMember	指示要在 DataGridView 控件中显示的 DataSource 的子列表
DataSource	获取或设置 DataGridView 所显示数据的数据源
Columns	获取一个包含控件中所有列的集合
ReadOnly	描述是否可以编辑单元格

2. 使用 DataGridView 控件显示数据

（1）使用 DataGridView 控件显示数据的一般步骤如下。

1）向窗体添加 DataGridView 控件。

2）设置 DataGridView 控件和其中各列的属性。

3）设置 DataGridView 控件的 DataSource 属性，指定数据源。

（2）使用 DataGridView 控件显示数据的方式。可以使用 DataGridView 控件创建对象，并配置相关属性来显示数据，或使用编程方式实现数据绑定。

方式一：使用 DataGridView 控件创建对象，并配置相关属性。

从工具箱中拖放一个 DataGridView 控件到窗体上。在弹出的菜单项中执行以下操作："选择数据源——添加项目数据源"项，在弹出的"数据源配置向导"窗口中，选择数据源类型、数据库模型、数据连接等完成相关配置，并生成数据集对象实例 scdbDataSet。操作界面如图6-16 所示。

运行程序，即可看到如图 6-17 所示效果。

方式二：使用代码绑定数据。

在程序中编码进行绑定的方法有两种。

（1）直接用 DataTable 对象为 DataGridView 控件的 DataSouce 属性进行赋值。例如：

```
DataSet ds = new DataSet();
dataGridView1.DataSource=ds.Tables[0];
```

或

```
DataTable  dt=new  DataTable();
dt=ds.Tables[0];
dataGridView1.DataSource=dt;
```

（2）用 DataSet 对象为 DataGridView 控件的 DataSouce 属性进行赋值，再用 DataSet 对象中的 DataTable 对象为 DataGridView 控件的 DataMember 属性进行赋值。例如：

```
dataGridView1.DataSource = ds;              //ds 为已经创建的 DataSet 对象
dataGridView1.DataMember = "Titles";        //Titles 是表名
```

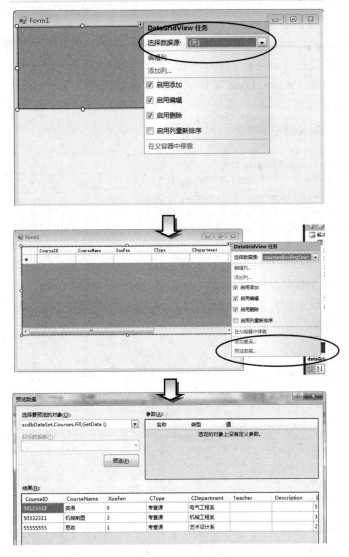

图 6-16　配置 DataGridView 控件

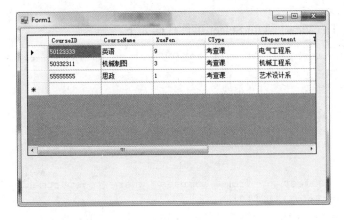

图 6-17　预览数据窗口

≋ 任务实施

步骤 1：打开 ShowCourse.cs 文件，将"显示课程"窗体上的"显示方式"标签、ComboBox 控件、ListView 控件等控件删除，并在右侧放置一个 DataGridView 控件。

步骤 2：修改 ShowCourse_Load 事件代码如下，也就是将代码中设置 ListView 控件"显示方式"的代码删除。

```csharp
private void ShowCourse_Load(object sender,EventArgs e)
{
  conn = db.GetConnection();
  strsql = "select * from courses ";
  command = new SqlCommand(strsql,conn);
  dataadapter = new SqlDataAdapter();
  dataadapter.SelectCommand = command;
  ds = new DataSet();
}
```

同时也要删除 ComboBox1_SelectedIndexChanged 事件代码。

步骤 3：修改"显示所有课程"按钮的 Click 事件，当单击"显示所有课程"时在 Data GridView1 中显示出课程信息表中所有记录。（可以按前述两种方法进行数据绑定，此处使用编码方式绑定数据）

```csharp
private void button2_Click(object sender,EventArgs e)
{
  strsql = "select * from courses";
  command = new SqlCommand(strsql,conn);
  dataadapter.SelectCommand = command;
  ds = new DataSet();
  dataadapter.Fill(ds);
  conn.Close();
  //使用数据集的 DataTable 对象进行赋值
  dataGridView1.DataSource = ds.Tables[0];
  //或:先用数据集对象指定数据源,再通过 DataMember 属性指定要绑定的表。
  //dataGridView1.DataSource = ds;
  //dataGridView1.DataMember = "table";
}
```

步骤 4：修改 TreeView1_AfterSelect 事件代码如下。

```csharp
private void treeView1_AfterSelect(object sender,TreeViewEventArgs e)
{
  if (e.Node.Text == "开课系部")
  {
    button2_Click(sender,e);
  }
  else
  {
    strsql = "select * from courses where cdepartment='" + treeView1.
SelectedNode.Text.Trim() + "'";
    dataadapter = new SqlDataAdapter(strsql,conn);
    ds = new DataSet();
```

```
    dataadapter.Fill(ds);
    conn.Close();
    dataGridView1.DataSource = ds.Tables[0];
  }
}
```

步骤 5：编写"查询"按钮的 Click 事件代码，实现按课程代码或课程名称查询课程的功能。

```
private void button1_Click(object sender,EventArgs e)
{
  if (textBox1.Text == "" && textBox2.Text == "")
  {
    MessageBox.Show("请选择查询条件");
    return;
  }
  else if (textBox1.Text != "" && textBox2.Text == "")
  {
    strsql = "select * from  courses  where courseid='" + textBox1.Text.Trim()
+ "'";
  }
  else if (textBox1.Text == "" && textBox2.Text != "")
  {
    strsql = "select *  from  courses  where coursename='" + textBox2.
Text.Trim() + "'";
  }
  else
  {
    strsql = "select * from  courses  where courseid='" + textBox1.Text.Trim()
+ "'  and  coursename='" + textBox2.Text + "'";
  }
  command = new SqlCommand(strsql,conn);
  dataadapter.SelectCommand = command;
  dataadapter.Fill(ds);
  conn.Close();
  dataGridView1.DataSource = ds.Tables[0];
}
```

步骤 6：运行、调试程序。

代码分析与知识拓展

（1）使用 Fill()方法填充 DataSet 中的表时，有以下两种方法。

方法一：DataAdapter 对象.Fill（数据集对象）；

Fill()方法用于把从数据源中选取的行添加到数据集中。创建一个名为"Table"的表，可以通过 `DataTable dt=ds.Tables[0];`或 `DataTable dt=ds.Tables["Table"];`获得对表的引用。注意：在 DataSet 中 DataTable 对象的 TableName 值默认为"Table"。

方法二：DataAdapter 对象.Fill（数据集对象,"数据表名称字符串"）；

指定在 DataSet 中要填充的表的名称，如果指定的表不存在，则在 DataSet 中以指定名称创建一个新表。如 `dataadapter.Fill(ds,"course");`，此处的 course 表示数据集中的表名。

例如，任务实施第 3 步中以下代码，先用数据集对象指定数据源，再通过 DataMember

属性指定要绑定的表。

```
dataadapter.Fill(ds);
dataGridView1.DataSource = ds;
dataGridView1.DataMember = "table";
```

（2）使用 DataGridView 控件显示数据的注意点。使用 DataGridView 控件显示少量数据（如执行查询）比较合适。如果数据量大，那么 DataSet 会产生较大的内存开销，影响程序性能。许多软件结合使用 ListView、DataReader 来显示数据，如本任务之前的做法，这样比较符合多数用户的使用习惯。

任务 2　使用 DataGridView 控件插入、更新、删除数据

学习目标

◇ 掌握 DataGridView 控件的基本操作
◇ 能使用 DataGridView 控件插入、修改和删除数据的方法

任务描述

本学习任务利用 DataGridView 控件和 ADO.NET 技术完成课程信息的插入、修改、删除功能。程序运行界面如图 6-18 所示。

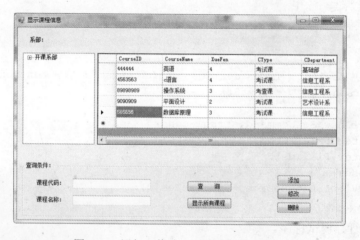

图 6-18　添加、修改、删除课程信息界面

知识准备

DataGridView 控件提供了一个类似于 Excel 表格的界面，还支持编程功能，使用户能可视化编辑 DataSet 中的数据。当某数据记录需要修改时，可在 DataGridView 中直接修改数据。但要注意的是，在 DataGridView 控件中修改数据，实际上只是修改了内存中的 DataSet 中的数据。还需要通过数据适配器的 Update( )方法，将 DataSet 中所做的修改提交到数据源。

1. 数据的基本操作

应用程序对数据库表中数据的基本操作有插入、修改、删除等，实现方法有以下两种。

第一，通过 Command 对象，设置 SQL 语句，调用 ExecuteNonQuery( )方法一次执行一

条 SQL 语句，直接对数据源进行操作。例如，前面任务中添加、修改、删除课程信息的操作。

第二，通过 DataGridView 控件插入、更新和删除记录。即修改支持数据绑定控件中的数据，再通过 DataAdapter 对象的 Update( )方法实现对数据库的编辑。还可以采用 SqlCommandBuilder 对象自动生成 SQL 语句，批量执行多条 SQL 语句。本任务中主要介绍这种方法。

2. DataGridView 控件常用的属性

在代码编写过程中，DataGridView 控件常用的属性有以下几种。

CurrentCell.RowIndex：当前活动的单元格的行的索引。

SelectedRows：选中行的集合。

SelectedColumns：选中列的集合。

SelectedCells：选中单元格的集合。

CurrentRow.Index：获得包含当前单元格的行的索引。

3. 更新数据源

（1）使用 DataGridView 控件更新数据源的过程。

首先，使用新信息（新记录、已更改的记录或已删除的记录）更新数据集。由于数据集中的每个记录都由一个 DataRow 对象来表示，所以对数据集的更改通过更新和删除个别行来完成。另外，通过将新的 DataRow 对象添加到 DataTable 对象的 Rows 集合中，可以将新记录插入数据集。

然后，使用 DataAdapter 的 Update( )方法数据集 DataSet 中修改过的数据提交到数据源。在更新数据源时，会对目标数据集的行进行从头到尾的循环。只要发现被更改的行，就会发出适当的更新命令（INSERT\DELETE\UPDTAE）。

注意：DataAdapter.Update( )方法通过调用相应的命令 InsertCommand、UpdateCommand、DeleteCommand 实现 DataGridView 控件内的被更新数据的回传和保存工作。在调用数据适配器的 Update( )方法前，要确保为数据适配器的 InsertCommand、DeleteCommand、UpdateCommand 属性指定了正确的命令对象。前面提到，.net 提供的命令生成器 SqlCommandBuilde 可以通过数据适配器的 SelectCommand 属性自动设置 InsertCommand、DeleteCommand、UpdateCommand 属性。

（2）使用 SqlCommandBuilder 批量更新数据源的步骤。首先，要创建数据库连接对象 conn、数据适配器对象 adap、数据集对象 ds 等，然后自动生成用于更新数据的相关命令，最后使用 Update( )方法将 DataSet 的数据提交到数据源。例如：

```
SqlCommandBuilder  cmdbuilder = new  SqlCommandBuilder ();
cmdbuilder.DataAdapter = adap;
```

或

```
SqlCommandBuilder cmdbuilder = new  SqlCommandBuilder(adap);
adap.Update(ds);   //使用 Update()方法将 DataSet 的数据提交到数据源
```

〰 任务实施

步骤 1：修改"显示课程信息"窗体界面，添加三个 Button，分别为"添加、修改、删除"。

步骤 2：在 ShowCourse.cs 代码文件中，添加 SqlDataAdapter dataadapter;。

步骤 3：编写"添加"按钮的 Click 事件代码如下。

```
private void button3_Click(object sender,EventArgs e)
{
    cmb = new SqlCommandBuilder();
    cmb.DataAdapter = dataadapter;
    dataadapter.Update(ds.Tables[0].GetChanges());
    //Update()方法使用数据集更新数据源。GetChanges()方法获取自上次加载以来或调用
AcceptChanges()方法来对该数据集进行的所有更改。
    MessageBox.Show("数据更新成功!");
    ds.Tables[0].AcceptChanges();  //DataTable 接受更改,以便为下次更改做准备,即:提
交自上次调用 AcceptChanges()以来对表进行的所有更改}
    dataGridView1.DataSource = ds.Tables[0];
}
```

图 6-19 共享事件处理程序窗口

思考：以上带阴影代码的作用是什么？

如果删除这条语句，添加、修改、删除一条记录后，数据的更改被更新到数据库，但必须将程序关闭再重新运行一次才能看到删除的效果。而以上代码的作用是使 DataGridView 控件重新获取数据集中的数据，这样就能起到刷新数据的效果。

步骤 4："修改"按钮的 Click 事件与"添加"按钮的 Click 事件代码相同，可以共享事件处理程序。操作界面如图 6-19 所示，选中"修改"按钮，在"属性"窗口中，单击事件图标，在 Click 事件后选择 Button3_Click。

步骤 5：编写"删除"按钮的 Click 事件代码如下。

```
private void button5_Click(object sender,EventArgs e)
{
    cmb = new SqlCommandBuilder();
    cmb.DataAdapter = dataadapter;
    if (MessageBox.Show("确定要删除当前行数据?","",MessageBoxButtons.OKCancel)
== DialogResult.OK)
    {
        ds.Tables[0].Rows[dataGridView1.CurrentRow.Index].Delete();
                                    //从 DataTable 中删除当前选中的行
        dataadapter.Update(ds.Tables[0].GetChanges());
                                    //将更改的数据更新到数据源中
        MessageBox.Show("数据删除成功!");
        ds.Tables[0].AcceptChanges();    //DataTable 接受更改,以便为下次更改做准备
    }
    else
    {
        ds.Tables[0].RejectChanges();    //取消对 DataTable 的更改
    }
    dataGridView1.DataSource = ds.Tables[0];
```

}

步骤 6：运行程序，窗体加载时在 DataGridView1 控件中能显示所有系部的课程信息，可以在 DataGridView1 控件中修改、添加、删除课程信息。

💬 **知识拓展**

1. 用 Update( )方法更新数据

用 Update( )方法将数据集修改过的数据提交到数据源有以下两种方法。

（1）每执行一个操作就访问数据库。如执行了 insert 后，访问数据库将修改后的数据写入，然后又执行了 delete 后，再次访问数据库将修改后的数据写入，即一条一条执行。

（2）用 SqlCommandBuilder 批量更新数据库 ，即在执行了编辑、删除、更新等多条命令后，最后一次性提交给数据库。

以上两种方法的适用场合可以这样理解：如果每次需要执行的命令条数很少，如一次执行一条，就没必要使用 SqlCommandBuilder 对象。在命令执行后，直接对数据库进行访问。如果每次需要执行多个操作，如 insert/delete 等，可以使用 SqlCommandBuilder 对象，批量更新，可提高效率。

注意：使用 SqlCommandBuilder 对象时，数据库表必须要有主键，否则无法通过编译。

2. 数据导航

在数据库应用程序中，数据导航为用户提供了一种方便的浏览数据的方式。可以通过 BindingNavigator 控件和 BindingSource 控件来绑定数据。可以将一个数据集合与该控件绑定，以进行数据联动的显示效果。下面以"修改课程信息"窗体为例介绍数据导航的应用。

操作步骤如下。

（1）修改"修改课程信息"窗体界面如图 6-20 所示。其中，添加一个 DataGridView 控件、一个 BindingSource 控件、一个 BindingNavigator 控件。BindingNavigator 控件实际上就是一个 ToolStrip 控件，包含多个按钮，可以自行添加别的按钮，也可以隐藏按钮。例如，此处将 BindingNavigator 控件的"添加记录"、"删除记录"两个按钮的 Visible 属性设为 false。

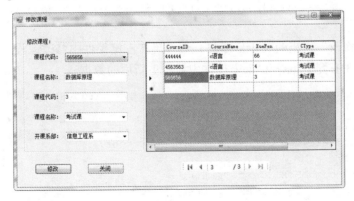

图 6-20　"修改课程信息"界面

（2）在代码窗口中添加代码，声明全局对象。

```
DBConnection db = new DBConnection();
SqlConnection conn;
```

```
SqlCommand command;
SqlDataReader reader;
SqlDataAdapter adapter;
string strsql;
DataSet ds;
```

（3）添加 ModifyCourse_Load 事件代码如下。

```
private void ModifyCourse_Load(object sender,EventArgs e)
{
  conn = db.GetConnection();
  adapter = new SqlDataAdapter();
  strsql = "select * from courses";
  command = new SqlCommand(strsql,conn);
  adapter.SelectCommand = command;
  ds = new DataSet();
  adapter.Fill(ds);
  //将 DataSet 指定为 BindingSource 控件的数据源
  bindingSource1.DataSource = ds.Tables[0];
  //为 DataGridView 控件设置数据源。注意，为了实现记录导航功能，不要将数据源设为 DataSet
对象,而应将 BindingSource 控件指定为 DataGridView 控件的数据源
  dataGridView1.DataSource = bindingSource1;
  //为导航控件 bindingNavigator1 设置绑定源(BindingSource),从而可以通过导航控件实现
定位。
  bindingNavigator1.BindingSource = bindingSource1;
  //将各个字段分别与控件绑定
  comboBox1.DataSource = bindingSource1;         //绑定控件 comboBox
  comboBox1.DisplayMember = "courseid";          //comboBox 前台显示的值
  comboBox1.ValueMember = "courseid";            //comboBox 后台实际绑定的值
  textBox1.DataBindings.Add("Text",bindingSource1,"coursename");
  textBox2.DataBindings.Add("Text",bindingSource1,"xuefen");
  comboBox2.DataBindings.Add("Text",bindingSource1,"ctype");
  //将 comboBox3 与当前记录的系部绑定
  comboBox3.DataBindings.Add("Text",bindingSource1,"cdepartment");
}
```

（4）编写"修改"按钮的 Click 事件代码，当在左侧控件中修改课程信息时，可以更新
到数据源，同时在右侧 DataGridView 控件中显示更新后的数据。

```
private void button1_Click(object sender,EventArgs e)
{
  conn = db.GetConnection();
  string courseid,coursename,ctype,cdepartment;
  int xuefen;
  courseid = comboBox1.Text.Trim();
  coursename = textBox1.Text.Trim();
  xuefen = int.Parse(textBox2.Text);
  ctype = comboBox2.SelectedItem.ToString();
  cdepartment = comboBox3.Text.Trim();
  strsql = "update courses set coursename='" + coursename + "',xuefen=" +
xuefen + ",ctype='" + ctype + "',cdepartment='" + cdepartment + "'  where
courseid='" + courseid + "'";
```

```
    command = new SqlCommand(strsql,conn);
    command.ExecuteNonQuery();
    //以下代码用于刷新数据控件中数据
    dataGridView1.CurrentRow.Cells["coursename"].Value = coursename;
    dataGridView1.CurrentRow.Cells["xuefen"].Value =xuefen;
    dataGridView1.CurrentRow.Cells["ctype"].Value =ctype;
    dataGridView1.CurrentRow.Cells["cdepartment"].Value = cdepartment;
    dataGridView1.Refresh();
    conn.Close();
}
```

（5）运行、调试程序。

项目 7　应用程序打包与部署

　　开发好的应用程序，通过打包和部署形成安装程序，可以使之能正常地安装在客户的操作系统上。利用 Microsoft Visual Studio 2010 制作的安装程序可以根据用户计算机的运行环境，分为包括.NET Framework 组件和不包括.NET Framework 组件两种形式。如果用户计算机已经安装了.NET Framework，则可以在制作安装程序时不打包.NET Framework 组件。另外，我们还需要考虑通过打包和部署形成卸载程序，方便用户将应用程序卸载。

【主要内容】
　◇ 打包与部署的概念
　◇ 打包与部署的方法

【能力目标】
　◇ 了解打包和部署的概念
　◇ 掌握应用程序打包与部署的方法
　◇ 能对应用程序进行简单的打包和部署

【项目描述】
　　本项目介绍应用程序打包和部署的概念、方法和步骤，并通过任务实施介绍如何进行简单的 Windows 应用程序的打包和部署。

任务　　应用程序打包与部署

学习目标

　◇ 了解打包和部署的概念
　◇ 了解如何配置应用程序文件夹、应用程序菜单、用户桌面快捷文件及图标
　◇ 了解配置卸载快捷文件的基本步骤
　◇ 掌握如何生成安装卸载包文件

任务描述

　　本任务将完成的学生选课管理系统打包，生成带有卸载功能的安装程序，用户可以在不同的机器上面运行。

知识准备

　　打包 Windows 应用程序，首先创建一个安装项目，然后把要打包的 Windows 应用程序添加到该应用程序中。如果该 Windows 应用程序带有数据库文件，还可以把数据库文件添加到项目

中。如果 Windows 应用程序带有特定文件，即用户桌面文件、收藏夹文件等，也可把这些特殊文件添加到项目中。如果 Windows 应用程序带有注册表信息，也可把该信息文件添加到项目中。

1. 打包应用程序

Windows 应用程序的打包步骤如下。

（1）创建 Windows 项目。

（2）制作 Windows 安装程序。

（3）为安装程序建立快捷方式。

（4）为安装程序添加注册表项。

（5）生成 Windows 安装程序。

2. 创建部署项目

新建部署项目的步骤如下。

（1）打开现有或新的 Windows 应用程序。

（2）单击"文件"→"新建"→"项目"命令，打开"新建项目"对话框。

（3）从"项目类型"列表中选择"安装与部署"文件夹，在对话框右侧的"模板"列表中选择所需的部署项目类型。类型包括以下几种。

安装项目：用于为 Windows 应用程序创建安装程序。

Web 安装项目：Visual Studio.NET 还支持在 Web 服务器上部署。使用此方法在 Web 服务器上安装文件，将自动处理与注册和配置相关的问题。

合并模块项目：可以由多个应用程序共享的程序包和组件。例如，如果应用程序有五个实用程序文件，则可以将它们打包到一个合并模块中，然后合并到任何应用程序中。

安装向导：它是一个向导，指导用户快速完成创建安装程序的步骤。

CAB 项目：生成用于下载到 Web 浏览器的 CAB 文件。

⋙ 任务实施

步骤 1：添加安装和部署。启动 Visual Studio 2010，在"文件"菜单下，选择"新建"→"项目"命令，弹出如图 7-1 所示的"新建项目"对话框，在左侧选择"其他项目类型"选项，然后选择"安装和部署"，在右侧选择"安装向导"选项，为安装项目起一个名称，再选择一个安装位置，单击"确定"按钮。

图 7-1　新建项目对话框

　　在"新建项目"对话框中单击"确定"按钮后，可弹出"安装向导（第1步，共4步）"对话框。在对话框中单击"下一步"可弹出如图7-2所示的"安装向导（第2步，共4步）"对话框，选择默认设置，接着进入安装向导第3、4步，或直接单击"完成"按钮。

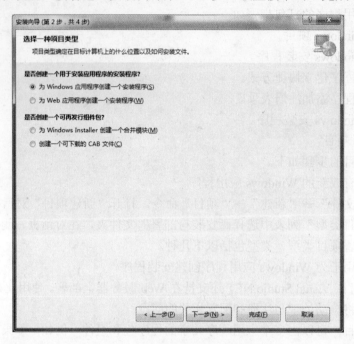

图 7-2 　"安装向导"对话框

　　步骤 2：配置应用程序文件夹。选中应用程序文件夹，在右边空白位置单击右键，执行"添加"→"文件"命令，如图7-3所示。把学生选课管理系统的可执行文件 E4_1.exe（在当前项目的 bin\Debug 目录下）和 SQL Server 数据库添加进来。

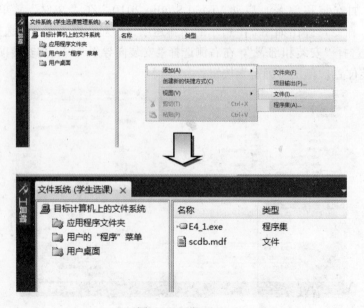

图 7-3 　添加项目

　　如果程序中用到了外部的文件，那么可以单击右键，执行"添加"→"文件"命令，选择要添加的文件。还可以用类似的方法再为快捷方式添加一张图片，作为快捷方式的图标。

　　步骤 3：创建快捷方式。选择项目的.exe 文件，右击创建快捷方式，重命名为"学生选课系统"。选择"学生选课系统"快捷方式，打开"属性窗口"，通过 Icon 属性设置快捷方式的图标为上一步添加的图片，如图 7-4 所示。

图 7-4　添加快捷方式及图片

　　步骤 4：将设置好的快捷方式剪切到左边"用户的'程序'菜单"和用户桌面中。

　　步骤 5：右击左边的"应用程序文件夹"打开属性对话框，设置 DefaultLocation 属性来更改默认的安装目录。例如，将 DefaultLocation 属性值更改为"d：\program"。

　　步骤 6：应用程序打包时，如果需要把对应的.NET Framework 打到安装包中，可以进行如下操作：右键单击安装项目名项，执行"属性"→"系统必备"命令，勾选对应的系统必备组件，然后指定系统必备组件的安装位置。例如，打开解决方案管理器，右击项目名称"学生选课"，选择"属性"命令，弹出如图 7-5 所示的"学生选课 属性页"对话框。

　　步骤 7：在"学生选课 属性页"对话框中选择"系统必备"选项，弹出如图 7-6 所示的"系统必备"对话框。在"系统必备"对话框上的"指定系统必备组件的安装位置"中勾选"从与我的应用程序相同的位置下载系统必备组件"，在生成的安装文件包中包含.NET Framework 组件。注意，如果选"从组件供应商的网站上下载系统必备组件"安装客户端时，计算机需联网。

　　步骤 8：添加卸载程序功能。类似添加可执行文件一样，在应用程序文件夹右边空白处单击右键，选择"添加"→"文件"命令，选择 c：\windows\system32 文件夹下的 msiexec.exe 文件。然后重命名为 Uninstall.exe，改不改名字都可以。为卸载程序添加一个快捷方式，重命名为"卸载学生选课系统"。

　　步骤 9：在"解决方案资源管理器"窗口中用鼠标右键单击安装项目名，打开属性窗口，查看其 ProductCode 属性（ProductCode 指产品代码，为程序的唯一标识符，不同人开发的系统的 ProductCode 值不一样），然后复制该属性的值{C3BDEEAC-7F75-44F1-AB91-61B6886F873B}。然后打开刚创建的那个卸载快捷方式的属性对话框，在 Aguements 属性中输入"/x {ProductCode}"，将 ProductCode 替换为刚粘贴的值{C3BDEEAC-7F75-44F1-AB91-61B6886F873B}。

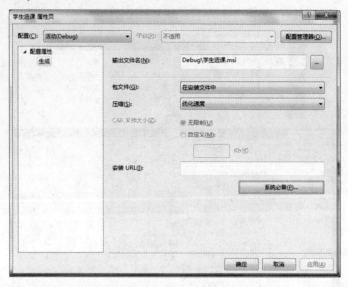

图 7-5　属性页对话框

图 7-6　"系统必备"设置对话框

步骤 10：单击"生成"菜单，选择"生成解决方案"命令，即可生成带有卸载功能的安装程序。

在生成的安装程序包中，运行 Debug 下的 setup.exe 即可完成安装。程序安装成功后，也可以通过卸载功能随时卸载。

参 考 文 献

［1］陈佳雯，胡声丹．C#程序设计简明教程．北京：电子工业出版社，2011.

［2］邵鹏鸣．C#面向对象程序设计．北京：清华大学出版社，2008.

［3］钱哨，李挥剑，李继哲．C# WinForm 实践开发教程．北京：中国水利水电出版社，2010.

［4］宋楚平，周建辉．　C#面向对象基础教程．北京：人民邮电出版社，2010.

［5］谭恒松．C#程序设计与开发．北京：清华大学出版社，2010.